四川高速公路建设生态环境保护指南

蜀道投资集团有限责任公司　组织编写

西南交通大学出版社
·成都·

图书在版编目（CIP）数据

四川高速公路建设生态环境保护指南 / 四川藏区高速公路有限责任公司主编. —成都：西南交通大学出版社，2022.12

ISBN 978-7-5643-9080-8

Ⅰ. ①四… Ⅱ. ①四… Ⅲ. ①高速公路－道路建设－生态环境－环境保护－四川－指南 Ⅳ. ①X322.261-62

中国版本图书馆 CIP 数据核字（2022）第 246460 号

Sichuan Gaosu Gonglu Jianshe Shengtai Huanjing Baohu Zhinan
四川高速公路建设生态环境保护指南

四川藏区高速公路有限责任公司　**主编**

责任编辑	王同晓
封面设计	李俊卓　原谋书装

出版发行	西南交通大学出版社
	（四川省成都市金牛区二环路北一段 111 号
	西南交通大学创新大厦 21 楼）
邮政编码	610031
发行部电话	028-87600564　028-87600533
网址	http://www.xnjdcbs.com
印刷	成都市金雅迪彩色印刷有限公司

成品尺寸	185 mm×260 mm
印张	22
字数	424 千
版次	2022 年 12 月第 1 版
印次	2022 年 12 月第 1 次
定价	135.00 元
书号	ISBN 978-7-5643-9080-8

ICS 13.020.01

CCS Z00/09

企业标准

Q

Q/SD. 20. 3. 01-2023

四川高速公路建设
生态环境保护指南

2023-02-15 发布   2023-02-15 实施

蜀道投资集团有限责任公司发布

《四川高速公路建设生态环境保护指南》

编写委员会

主　任：唐　勇

副主任：张　胜　李永林　杨如刚　陈其学　陈　渤　黄　兵

委　员：舒永熙　廖知勇　江勇顺　牟　力　袁飞云　刘家民

　　　　郑　斌　方仁义　王茜茜　管春光　包俊杰　谭昌明

　　　　张　谦　陈志姣　黎　璟

编写组

主　编：刘家民

副主编：谭昌明　车　玲　刘冬梅　向彩梦　涂为民

成　员：狄海波　代枪林　谭书平　宋　炜　唐书培　刘玉达

　　　　邵方丽　陈智寅　罗　鹏　纪亚英　张文居　张原嘉

　　　　莫　飞　肖励之　赵长林　苟名家　高晓龙　阳　帆

　　　　张骞棋　周　瑞

前　言

为加强高速公路建设施工期的生态环境保护工作，切实做好事中环境管理，响应交通强国及标准体系建设系列决定要求，践行国家生态文明建设理念，提升高速公路建设生态环境保护水平，在蜀道投资集团有限责任公司的组织下，四川藏区高速公路有限责任公司主编，四川省公路规划勘察设计研究院有限公司、四川省环境政策研究与规划院、四川省生态环境评估中心、四川省水土保持生态环境监测总站、四川省公路生态环境工程技术研究中心、四川久马高速公路有限责任公司、四川泸石高速公路有限责任公司参编，共同编写了《四川高速公路建设生态环境保护指南》（以下简称《指南》）。

《指南》本着客观、公正、科学、实用的思想，充分贯彻国家生态环境保护法律法规、政策制度、标准规范、规划计划及工程技术相关要求，旨在对自工程建设施工准备至竣工环保验收阶段的生态环境保护工作实施全过程管理，坚持污染防治与生态保护并重，突出重点，兼顾一般的原则。

《指南》共六个分册，六个分册篇目分别为：第一分册生态环境风险识别与评价；第二分册工程技术；第三分册工程造价；第四分册建设管理；第五分册政策法规汇编；第六分册为通用参考图。《指南》适用于高速公路建设项目，高速公路项目配套连接线或代建项目也可参照使用。

《指南》针对高速公路主体工程施工、临时工程建设和运行过程中的临时生态环境保护措施，在现行高速公路建设标准化的基础上，充分吸纳四川省内高速公路建设生态环境保护工作的经验和成果，结合四川省高速公路建设生态环境保护工作实际，研究了高速公路建设生态环境政策法规及风险识别，总结了近年来工程建设行之有效的生态环境保护工艺、设施、设备和管理制度措施，体现了现代高速公路建设生态环境保护的具体要求。

《指南》并未包含高速公路建设全部生态环境保护技术、造价和管理的内容，未涉及的内容应按照有关现行法规和技术标准执行。各分册术语仅适用于本《指南》。

《指南》可供高速公路各参建单位相关人员使用，各项目公司对其中的具体指标可根据实际情况进一步细化或强化要求，对未尽事宜应予以补充完善。使用过程中发现的问题和修改意见，请反馈至蜀道投资集团有限责任公司安全环保与应急管理部，以便修订时改进。

目 录

第一分册　生态环境风险识别与评价

第二分册 工程技术

第三分册 工程造价

第四分册 建设管理

第五分册　政策法规汇编

第六分册　通用参考图集

第一分册
生态环境风险识别与评价

1 规范性引用文件

本分册内容引用了下列文件或其中的条款，凡是不注明日期的引用文件，其有效版本适用于本分册。

1.1 国家有关的法律、法规、条例、办法

（1）《中华人民共和国环境保护法》；

（2）《中华人民共和国环境影响评价法》；

（3）《中华人民共和国大气污染防治法》；

（4）《中华人民共和国噪声污染防治法》；

（5）《中华人民共和国水污染防治法》；

（6）《中华人民共和国固体废物污染环境防治法》；

（7）《中华人民共和国水土保持法》；

（8）《建设项目环境保护管理条例》；

（9）《建设项目环境影响评价分类管理名录》；

（10）《中华人民共和国环境保护税法》；

（11）《中华人民共和国自然保护区条例》；

（12）《自然资源部 生态环境部 国家林业和草原局 关于加强生态保护红线管理的通知（试行）》；

（13）《水利部办公厅关于印发〈生产建设项目水土保持问题分类和责任追究标准〉的通知》；

（14）《企业突发环境事件隐患排查和治理工作指南（试行）》；

（15）《突发环境事件信息报告办法》。

1.2 地方性法规

（1）《四川省环境保护条例》；

（2）《四川省〈中华人民共和国水土保持法〉实施办法》；

（3）《四川省〈中华人民共和国大气污染防治法〉实施办法》；

（4）《四川省饮用水水源保护管理条例》；

（5）《四川省自然保护区管理条例》；

（6）《四川省风景名胜区条例》；

（7）《四川大熊猫国家公园管理办法》。

1.3　技术规范及导则

（1）《生产建设项目水土保持技术标准》（GB 50433—2018）；

（2）《生产建设项目水土流失防治标准》（GB/T 50434—2018）；

（3）《生产建设项目水土保持监测与评价标准》（GB/T 51240—2018）；

（4）《企业突发环境事件风险分级办法》（HJ 941—2018）。

2 术语和定义

2.0.1 高速公路建设生态环境保护管理

高速公路建设各参建单位依据国家和地方制定的有关自然资源与生态保护的法律、法规、条例、技术规范、标准等，对高速公路建设施工过程中履行生态环境保护要件手续，落实生态环境保护、环境污染防治和水土保持对策和措施等生态环境保护工作进行计划、组织、执行、检查、协调和处理的过程。

2.0.2 参建单位

参与高速公路项目建设的所有单位，具体包括建设、设计、监理、施工、环保咨询（监理）、环境监测、水保监理、水保监测等单位。

2.0.3 高速公路建设生态环境类要件手续

高速公路项目建设前按照相关法律法规要求需办理的环境影响评价和水土保持文件。

2.0.4 高速公路建设生态环境保护

高速公路建设施工过程中对项目沿线环境敏感区、动植物、地表水、环境空气、声、土壤等环境保护目标采取的保护对策及措施。

2.0.5 高速公路建设环境污染防治

预防和治理高速公路建设施工产生噪声、废气、污废水、固体废弃物等环境污染物的对策与措施。

2.0.6 高速公路建设水土保持

预防和治理高速公路建设施工产生的水土流失等水土保持综合措施。

2.0.7 环境影响评价

简称"环评"，指对规划和建设项目实施后可能造成的环境影响进行分析、预测和评估，提出预防或者减轻不良环境影响的对策和措施，进行跟踪监测的方法与制度。

在建设项目开工前应取得环境影响评价文件批复。

2.0.8　水土保持方案

简称水保方案，指在生产建设项目实施后，对因自然因素和人为活动造成的水土流失进行分析、预测，并提出具有指导性、针对性的预防、治理、后续监测措施和投资等内容的咨询报告。

在生产建设项目开工前应取得水土保持方案批复。

2.0.9　未批先建

指建设单位未依法报批建设项目环境影响报告书、报告表，或者未重新报批或者报请重新审核环境影响报告书、报告表；建设项目环境影响报告书、报告表未依法经审批部门审查或者审查后未予批准；超过5年未动工的项目决定开工建设，其环评文件未经原审批部门重新审核同意；建设单位未依法备案建设项目环境影响登记表，擅自开工建设的违法行为。

2.0.10　批建不符

指在项目建设、运行过程中产生不符合经审批的环境影响评价文件的情形。

2.0.11　未验先投

指按照建设项目环境影响报告书、报告表要求，需要配套建设的环境保护设施未建成、未经验收或者验收不合格，建设项目即投入生产或者使用，或者在环境保护设施验收中弄虚作假的违法行为。

2.0.12　环境敏感区

指依法设立的各级各类保护区域和对建设项目产生的环境影响特别敏感的区域，主要包括下列区域：

（1）国家公园、自然保护区、风景名胜区、世界文化和自然遗产地、海洋特别保护区、饮用水水源保护区；

（2）除（1）外的生态保护红线管控范围，永久基本农田、基本草原、自然公园（森林公园、地质公园、海洋公园等）、重要湿地、天然林，重点保护野生动物栖息地，重点保护野生植物生长繁殖地，重要水生生物的自然产卵场、索饵场、越冬场和洄游通道，天然渔场，水土流失重点预防区和重点治理区、沙化土地封禁保护区、封闭及半封闭海域；

（3）以居住、医疗卫生、文化教育、科研、行政办公为主要功能的区域，以及文物保护单位。

2.0.13　禁建区

国家公园核心保护区、自然保护区的核心区和缓冲区、风景名胜区核心景区、饮用水水源一级保护区等法律法规禁止施工建设的区域。

2.0.14　非禁建区

国家公园一般控制区、自然保护区实验区、风景名胜区核心景区以外范围、饮用水水源二级保护区或准保护区等经批准后可施工建设的区域。

3　风险源确定

结合高速公路建设实际环境问题，根据高速公路建设生态环境保护要求，将风险源分为要件手续类、生态环境保护类、环境污染防治类和水土保持类等四类。

3.1　要件手续类风险源

各参建单位在高速公路建设中未按相关法律法规要求履行管理职责，未在环境影响评价、环境保护"三同时"制度、环保税、环境信息公开和环境管理体系以及水土保持方案编报和设计、水土保持监理监测、水土保持设施自主验收等方面按需要办理要件和手续的风险。这一类风险源统称为要件手续类风险源。

3.2　生态环境保护类风险源

各参建单位在高速公路建设中未按相关法律法规要求履行生态保护职责，未按照禁建区、非禁建区、非生态环境敏感区相关要求开展建设活动，从而对生态环境产生破坏的风险。这一类风险源统称为生态环境保护类风险源。

3.3　环境污染防治类风险源

各参建单位在高速公路建设中未按相关法律法规要求履行环境污染防治职责，未依据相关法律法规以及项目环评、水保、设计等要求开展环境污染防治工作和未妥善处置固体废物和危险废物等，从而对水环境、土壤环境、大气环境、声环境产生污染的风险。这一类风险源统称为环境污染防治类风险源。

3.4　水土保持类风险源

各参建单位在高速公路建设中未按相关法律法规要求履行水土保持职责，未依据相关法律法规以及项目水保方案、水保设计等要求对开展水土保持工作，从而造成水土流失的风险。这一类风险源统称为水土保持类风险源。

4　风险辨识

4.1　辨识要素

目前我国环境保护法律体系已较为完善，对生态环境保护、环境影响保持、环境保护措施"三同时"制度、设备和工艺采期淘汰制度，清洁生产、排污许可、环境污染防治、限期治理、污染事故报告、环境保护责任追究、竣工环境保护验收、环境信息公开等制度都作了相应规定，环境保护管理必须严格遵守各项环境保护法律、法规。

高速公路建设的生态环境风险辨识要素主要有三类，分别为：

（1）工程施工手续的合法性；

（2）环境保护工作机制的完善性；

（3）法律法规要求的生态环境保护和水土保持措施落实的有效性。

4.2　辨识方法

针对高速公路建设各阶段呈现的主要生态环境风险，可采取不同且有针对性的风险辨识方法。具体地，分为管理程序辨识和专项辨识。

管理程序辨识是参建单位对本单位生产经营活动中开展生态环境保护和水土保持施工作业或建设项目需要提交的手续要件完整性进行风险辨识。

专项辨识是参建单位对本单位生产经营活动范围内部分领域或部分生产经营环节开展的生态环境保护和水土保持工作进行风险辨识。

高速公路建设前期，以管理程序辨识为主，其辨识对象主要为未按相关法律法规要求报批行政手续，导致出现违法施工等问题，例如未依法报批环评、水保、弃渣手续，出现未批先建、未验先投等现象。

建设施工期，高速公路会对沿线和一定区域内的生态环境造成实质性影响，包括对生态环境、声环境、大气环境、地表水和地下水环境、土壤环境和社会环境等产生影响，以专项辨识为主，其辨识对象主要为环保措施落实不力，例如未有效落实环评中所要求的环水保设施设备，违法排放污染物等。

5 风险评价

5.1 评价方法

风险评价包括可能性分析和后果严重性分析两部分，本指南使用风险矩阵分析法（LS）进行定性、定量评价，并根据评价结果划分等级。

5.2 风险可能性分析

可能性划分为两个级别，分别是高和低两种，并对等级进行赋分，可能性判断标准见表1-1。

表1-1 风险发生的可能性（L）判定准则

可能性级别	发生的可能性	标准	等级赋分
高	易	危害的发生不容易被发现，容易被忽视，或在现场有控制措施，但未有效执行或控制措施不当	2
低	不大可能	有充分、有效的防范、控制、监测、保护措施，或员工安全卫生意识相当高，严格执行操作规程；极不可能发生事故或事件	1

5.3 风险后果严重性

风险后果严重程度统一划分为四个级别，严重、较严重、一般、不严重，并对等级进行赋分，后果严重程度判断标准表见表1-2。

表1-2 风险后果严重性（S）判定准则

后果严重程度等级	工程进度	影响范围	等级赋分
严重	建设项目整体停工	发生重大生态环境事件，或对企业形象造成不良社会影响	4
较严重	部分标段停工	对区域生态环境持续产生较大影响，或引起群众反复投诉	3

后果严重程度等级	工程进度	影响范围	等级赋分
一般	施工现场责令整改	对施工区域周边生态环境产生影响	2
不严重	几乎没有影响	几乎没有影响	1

5.4　风险等级评估参考和标准

1. 风险等级划分参考

参考生态环境部制定的《企业突发环境事件风险分级办法》（HJ 941—2018）和水利部办公厅印发《关于生产建设项目水土保持问题分类和责任追究标准的通知》，本指南将生态环境保护和水土保持风险源划分为重大、较大和一般等三个等级。

2. 风险等级分级标准

高速公路建设环境保护与水土保持风险源等级（R）由高到低统一划分为三级：重大风险源（红）、较大风险源（黄）、一般风险源（蓝）。风险等级大小（R）由风险事件发生的可能性（L），后果严重程度（S）两个指标决定。

$$R = L \cdot S$$

风险等级取值区间见表1-3。

表1-3　风险源等级（R）判定准则

风险等级	风险值
重大风险源	8
较大风险源	3、4、6
一般风险源	1、2

6　风险源评价结果

根据目前四川高速公路建设生态环境实际问题，共识别出高速公路建设生态环境风险源111个，其中重大风险源32个，较大风险源45个，一般风险源34个。

6.1　重大风险源

重大风险源是指发生风险危害程度大，造成重大生态环境问题；或对企业形象造成严重不良影响；或造成建设项目停工的风险源。其中，要件手续类11个，生态环境保护类4个，环境污染防治类10个，水土保持类7个，共计32个。

6.1.1　要件手续类（11个）

（1）环评（3个）：未依法报批建设项目环境影响报告书、环境影响报告表；项目发生重大变更后，未依法报批建设项目环境影响报告书、环境影响报告表未经批准，或者未经原审批部门重新审核同意，建设单位擅自开工建设；项目发生重大变更后，应当编制环境影响报告书或者报告表的建设项目，擅自降低环境影响评价等级，填报环境影响登记表并办理备案手续。

（2）水保方案（2个）：未完成水土保持方案报批手续，先行开工建设；未履行水土保持方案变更报批手续，擅自进行变更。

（3）水保设计（1个）：未组织完成水土保持初步设计和施工图设计。

（4）水保监测（1个）：未组织开展水土保持监测。

（5）水保监理（1个）：未开展水土保持监理（征占地在200公顷及以上或者挖填土石方总量在200万立方米及以上的生产建设项目）。

（6）水土保持验收（2个）：未完成水土保持设施自主验收或者验收不合格，工程投产使用或通过竣工验收；不满足验收标准和条件而通过水土保持设施自主验收。

（7）水土保持补偿费（1个）：未依法依规缴纳水土保持补偿费。

6.1.2　生态环境保护类（4个）

禁建区影响（4个）：生态保护红线内自然保护地核心保护区内开展施工建设；自然保护区的核心区和缓冲区内开展施工建设；国家公园核心保护区内开展施工建设；风景

名胜区核心区内开展施工建设。

6.1.3 环境污染治理类（10个）

（1）水环境（5个）：违法排放污染物，造成或可能造成严重环境污染，拌和站、砂石料场、隧道湿喷站等临时工程运转产生的生产废水，直排、偷排进入附近水体造成或可能造成严重环境污染事故，桥梁、隧道等主体工程施工产生的生产废水、泥浆等直排偷排进入附近水体造成或可能造成严重环境污染事故，其他排污行为造成或可能造成严重水环境污染事故；在饮用水水源、地表水水源各级保护区及准保护区内倾倒废弃物；在饮用水水源保护区内新建、改建、扩建与供水设施和保护水源无关的建设项目等，并导致环境污染；造成突发水污染事故以及水污染事故处置不当，对造成或可能造成水污染事故的事件，未采取应急措施，未上报当地行政主管部门，造成更严重水污染事故；被责令改正后继续违法排放水污染物。

（2）大气环境（2个）：不配合接受监督检查；未有效落实尾气处理设备，尾气超标排放，造成严重环境污染。

（3）土壤环境（1个）：将重金属或者其他有毒有害物质含量超标的工业固体废物、生活垃圾或者污染土壤用于土地复垦。

（4）固体废物（1个）：在环境敏感区内，建设工业固体废物集中贮存、利用、处置的设施、场所和生活垃圾填埋场或倾倒废弃物的。

（5）危险废物（1个）：未按照规定处置拌和站、砂石料场、路基施工区、桥梁施工区等产生废机油等的危险废物。

6.1.4 水土保持类（7个）

（1）弃土弃渣堆置（2个）：新设弃渣场又不征求水行政主管部门同意的；弃渣场存在严重水土流失危害或隐患。

（2）组织管理（5个）：不配合水行政主管部门的监督检查；未按要求完成水行政主管部门提出的整改要求；在易造成水土流失地区从事生产建设活动的；造成水土流失危害却又不进行治理的；违反水土保持法造成水土流失危害，未及时有效处置。

6.2 较大风险源

较大风险源是指发生风险危害程度较大，包括可能造成部分标段项目停工；或出现持续时间长、影响范围大的生态环境污染或破坏事件；或群众反复投诉，造成不良社会影响的风险源。其中，要件手续类4个，生态环境保护类17个，环境污染防治类17个，水土保持类7个，共计45个。

6.2.1　要件手续类（4个）

（1）环保"三同时"（2个）：公路建设中涉及的输变电工程、连接线、大型临时工程（料场、拌和站、预制厂、加工厂等）等项目，未按照地方生态环境部门要求做"小环评"；建设项目配套建设的环境保护设施未与主体工程同时投入使用的或建设项目需要配套建设的环境保护设施未建成、未经验收或者经验收不合格，主体工程正式投入生产或者使用的。

（2）水保方案（2个）：水土保持方案报告书未通过审查审批；承诺制项目被撤销准予许可决定。

6.2.2　生态环境保护类（17个）

非禁建区影响（17个）：生态保护红线内、自然保护地核心保护区外开展施工建设，未办理生态保护红线不可避让论证等有关手续；未按照河道管理权限，将工程建设方案报送河道主管机关审查；河道管理范围内建设项目，未按要求编制行洪论证与河势稳定评价报告；生态保护红线内、自然保护地核心保护区外无法避让的建设临时用地使用结束后，未及时开展生态修复；自然保护区实验区内施工建设，造成自然保护区污染事故或引起自然保护区环境质量下降；在除风景名胜区核心区以外的区域施工，未经风景名胜区管理机构审核后，依照有关法律、法规的规定办理审批手续；在除风景名胜区核心区以外的区域，未采取有效措施，保护植被、水体、地貌的，工程结束后未及时清理场地，恢复植被；国家公园一般控制区内施工建设，未征求省级管理机构意见；临时使用国有土地或者农民集体所有的土地，未经县级以上人民政府自然资源主管部门批准；临时用地上修建永久性建（构）筑物或逾期未修复；临时占用草原，未经县级以上地方人民政府草原行政主管部门审核同意；临时占用草原，修建永久性建筑物、构筑物的，占用期届满，用地单位不予恢复草原植被的；临时使用的林地，未经县级以上人民政府林业主管部门审核同意，擅自改变林地用途的；临时使用的林地，经人民政府林业主管部门审核同意，但未办理建设用地审批手续擅自占用林地的；临时使用的林地上修建永久性建筑物，或者临时使用林地期满后一年内未恢复植被或者林业生产条件的；擅自占用国家重要湿地；占用湿地，期限超过2年或临时占用期限届满，未对所占湿地限期进行生态修复。

6.2.3　环境污染治理类（17个）

（1）水环境（7个）：拒绝、阻挠监督检查，或者在接受水污染监督检查时弄虚作假；未按照规定对所排放的水污染物自行监测；桥梁施工、隧道施工等主体工程或施工驻地、拌和站等临时工程，在饮用水水源保护区内设置排污口；超过水污染物排放标准或者超过重点水污染物排放总量控制指标排放水污染物；未按规定制定水污染事故的应急预案；实验室、拌和站等产生酸性或油类废水排入附近水体；拌和站、砂石料场、隧道湿喷站、钢筋加工场、料场等临时工程施工材料或产生废弃物或路基挖填方、桥梁、隧道等主体工程施工材料或产生废弃物倾倒到水体中。

（2）土壤环境（3个）：未单独收集、存放开发建设过程中剥离的表土；拒不配合土壤污染检查，或者在接受检查时弄虚作假；临时工程拆除后未进行土壤修复。

（3）大气环境（1个）：机动车维修未设置废气污染防治设施并保持正常使用，影响周边环境的行为。

（4）声环境（3个）：拒不接受噪声污染检查或在检查时弄虚作假的行为；建设施工噪声超过噪声排放标准排放或未按照规定取得证明，在噪声敏感建筑物集中区域夜间进行产生噪声的建筑施工作业；擅自拆除或者闲置噪声污染防治设施导致环境噪声超标。

（5）固体废物（2个）：拒不接受固体废物污染检查或在检查时弄虚作假的；建设项目未按环评要求配套建设的固体废物污染环境防治设施、未经验收或者验收不合格，主体工程即投入生产或者使用，拌和站、钢筋厂、梁场、砂石料场等产生固废的场所未规范设置固废间的行为，砂石料场、拌和站等产生危废场所，未集中设置标准化危废暂存间，施工驻地等未设置生活垃圾收集设施设备的。

（6）危险废物（1个）：未按规定申领、填写危险废物转移联单或未按规定填写、运行、保管危险废物转移单据等行为。

6.2.4　水土保持类（7个）

（1）弃土（渣）堆置（1个）：施工中乱倒乱弃或顺坡溜渣（4处及以上）。

（2）水土保持措施落实（1个）：水土保持工程措施或植物措施、临时措施落实到位不足50%。

（3）监测监理（4个）：水土保持监测滞后或中断6个月及以上；水土保持监测季报三色评价结论或者总结报告结论与实际不符；对项目实施中出现的较严重问题未向生产建设单位及施工单位提出监测意见；对工程施工中出现的严重问题未及时制止和督促处理。

（4）组织管理（1个）：技术成果弄虚作假，隐瞒问题，编造或者篡改数据。

6.3　一般风险源

一般风险源是指发生风险危害程度较小，包括未按照有关部门及行业监管要求开展环水保措施建设，但未造成严重影响；或未进行文明施工的风险源。其中，要件手续类6

个，生态环境保护类2个，环境污染防治类9个，水土保持类17个，共计34个。

6.3.1　要件手续类（6个）

（1）环境税（1个）：未按规定缴纳环境保护税。

（2）环保信息公开（2个）：未依法公开建设项目环境信息；未依法向社会公开环境保护设施验收报告。

（3）环境管理体系（1个）：未建立建设项目环境保护管理工作机制及管理制度体系。

（4）水保设计（1个）：未依据水土保持方案和标准规范进行设计，或水土保持设计工作严重滞后。

（5）水保验收（1个）：水土保持设施验收报告的内容不符合相关规定。

6.3.2　生态环境保护类（2个）

（1）非禁建区影响（1个）：高速公路建设阻塞河道和妨碍行洪或河道管理范围内进行工程建设，工程出渣、物资堆放不符合防洪要求。

（2）非环境敏感区影响（1个）：在自然保护区外围开展的建设施工损害自然保护区内的环境质量。

6.3.3　环境污染治理类（9个）

（1）水环境（2个）：拌和站、砂石料场、隧道湿喷站等临时工程出现场地积水、沉淀池过满或施工驻地厕所、厨房及其他可能造成超标生活污水或隧道涌水等超标排放；不完全符合环境影响评价文件要求，未采取有效污染物防治措施，污染物防治措施不完善，环境保护设施设备台账记录不完全，拌和站、砂石料场、隧道湿喷站、机修点等临时工程，未落实雨污分流体系、未配套设置满足处理需求的污水处理设施设备、雨水沉砂池、污水沉淀池等环评要求的环保措施，隧道施工未落实雨污分流体系、废水处理设施设备不满足需求，桥梁施工区泥浆池不满足要求等其他主体工程环水保设施设备不满足环评要求。

（2）土壤环境（1个）：砂石料场、拌和站等产生清掏底泥、生产废水、生活污水等废弃物进入土壤造成土壤污染；发电机、油桶等施工器械及材料出现油污泄漏或固体废弃物等造成周边土壤污染。

（3）大气环境（1个）：未有效落实环评中所要求的环水保设施设备，违法排放污染物，拌和站、隧道湿喷站、砂石料场等储存易产生扬尘物料场所未采取封闭处理，拌和站进出口、隧道进出口、国省干道交叉口、施工便道等易产生扬尘区域未落实雾炮、喷淋、洒水降尘、人工清扫等降尘措施的行为，路基施工区、砂石料场、拌和站等涉及原料堆放区和裸土，未及时并采取生态恢复，工程运输车辆、施工器械设备未采取有效降尘措施造成扬尘污染，在储存、加工、运输、拌和、摊铺、压实以及使用过程中造成沥青烟气污染。

（4）声环境（1个）：公路施工过程中道路铺装、砂石料场、拌和站、钢筋厂、料场、土石方作业、隧道爆破、钢筋加工场等临时工程运转等未按照噪声污染防治实施方案采取有效措施，减少振动、降低噪声，出现噪声影响周围居民和环境。

（5）固体废物（2个）：临时工程运行产生固体废物未妥善处置或施工活动结束后，固体废物未清理或清理不及时；未按照项目所在地主管部门要求处理生活垃圾或施工驻地、砂石料场等易产生生活垃圾的场所，未签订生活垃圾转运协议，清运不及时，随意堆放。

（6）危险废物（2个）：未完善危废暂存间标识标牌、危废台账不规范未及时更新、未及时转运危废或不设置危险废物识别标志；路基、桥梁、隧道、拌和站、砂石料场等施工区域的施工器械产生油污洒漏，造成环境污染。

6.3.4　水土保持类（17个）

（1）弃土（渣）堆置（2个）：施工中乱倒乱弃或顺坡溜渣（4处以下）；弃渣堆放未按要求分级堆放、分层碾压等。

（2）水土保持措施落实（8个）：未按照生产建设单位、监测单位、监理单位等提出的要求对存在的水土保持问题进行整改；未严格控制施工扰动范围扩大施工扰动区域面积达到1000平方米及以上；未按要求实施表土剥离与保护面积达到1000平方米及以上；水土保持临时防护措施（拦挡、排水、苫盖、植草、限定扰动范围等）落实不及时、不到位；水土保持工程措施（拦挡、截排水、工程护坡、土地整治等）落实不及时、不到位；水土保持工程措施存在如下问题之一的（一是拦渣措施存在垮塌倾覆或贯穿性开裂；二是挡渣墙标准、断面尺寸、布设方式等明显不合理；三是排水沟标准、断面尺寸、布设方式等明显不合理；四是截排水沟中断、不能顺接和未设置消能防冲设施；五是削坡开级不符合要求，形成高陡边坡）；土地整治措施（场地清理、土地平整、松土覆土、防风固沙等）未落实面积达到1000平方米及以上；植物措施未落实或者已落实的成活率、覆盖率不达标面积达到1000平方米及以上。

（3）监测监理（6个）：未按时提交水土保持监测季报；水土保持监测季报、总结报告的内容不符合相关规定；水土保持监测原始记录和过程资料不完整；未开展水土保持监理（征占地在200公顷及以下或者挖填土石方总量在200万立方米以下的生产建设项目）；未按规定开展施工监理和设计变更管理；水土保持设施验收报告的内容不符合相关规定。

（4）组织管理（1个）：水土保持档案资料不完整、不规范。

7　风险防控要求

7.0.1　把握环水保政策法规，认清风险，源头管控

（1）加强宣传教育，普及环境保护及水土保持方针、政策、法律法规；

（2）熟悉环水保政策文件，掌握环水保管理潜在风险；

（3）建立环境风险管控清单，做好源头管控。

7.0.2　落实环水保工程技术，规范施工，过程管控

（1）加强高速公路施工过程的生态环境保护和水土保持标准化技术系统集成研究；

（2）强化管理层和施工作业层的业务技能水平，加强建设期的环水保过程管理。

7.0.3　明确环水保工程费用，保障资金，费用管控

（1）编制高速公路建设期环境保护工程造价指南，提出相对规范统一和公平合理的费项内容和造价标准；

（2）保障施工单位的环水保工程费用合理和充足，确保环水保工作落地。

7.0.4　抓实环水保管理体系，规范程序，科学管理

（1）抓实环水保管理体系建设，建立健全标准化管理体系、明确参建方职责；

（2）细化工作程序，夯实全过程有效管理，确保环水保工程有效开展；

（3）持续提升环水保基础管理水平，促使管理工作规范化、科学化。

8　高速公路建设生态环境风险识别及防控建议清单

表1-4　高速公路建设生态环境风险识别及防控建议清单

序号	风险源	类型	风险问题	政策法规依据	风险等级（评分）	风险后果	防控措施	责任主体	关联单位
1			未依法报批建设项目环境影响报告书、报告表或环境影响报告书、报告表	《中华人民共和国环境影响评价法》第二十五条	重大（2×4=8）	责令停止建设、罚款（《中华人民共和国环境影响评价法》第三十一条）	按照法律法规要求，报批环评手续	建设单位	施工单位、工程监理单位
2	要件手续类	环境影响评价	项目发生重大变更后，未依法报批建设项目环境影响报告书、报告表或环境影响报告书、报告表未经批准或者未经原审批部门重新审核同意，建设单位擅自开工建设	《关于印发环评管理中部分行业建设项目重大变动清单的通知》环办〔2015〕52号；《中华人民共和国环境影响评价法》第二十四条、第二十五条；《中华人民共和国环境保护法》第六十一条和第六十三条；《建设项目环境保护事中事后监督管理办法（试行）》第十三条	重大（2×4=8）	责令停止建设、罚款（《中华人民共和国环境影响评价法》第三十一条）	按照法律法规要求，重新报批环评手续	建设单位	施工单位、工程监理单位
3			项目发生重大变更后，应当编制环境影响报告书或者报告表的建设项目，擅自降低环境影响评价等级，填报环境影响登记表并办理备案手续	《建设项目环境影响评价分类管理名录（2021年版）》第四条；《建设项目环境影响登记表备案管理办法》第十条	重大（2×4=8）	责令停止建设、罚款（《建设项目环境影响登记表备案管理办法》第二十条；《中华人民共和国环境保护法》第六十一条；《中华人民共和国环境影响评价法》第三十一条）	按照法律法规要求，编制、填报、办理环境文件	建设单位	工程监理单位

续　表

序号	风险源	类型	风险问题	政策法规依据	风险等级（评分）	风险后果	防控措施	责任主体	关联单位
4	要件手续类	水土保持方案	未完成水土保持方案报批手续，先行开工建设	《中华人民共和国水土保持法》第二十六条	重大（2×4=8）	责令改正、罚款、行政处罚（《中华人民共和国水土保持法》五十三条）	按照法律法规要求，限期补办手续	建设单位	
5		水土保持方案	未履行水土保持方案变更报批手续，擅自进行变更	《中华人民共和国水土保持法》第二十五条	重大（2×4=8）	责令改正、罚款、行政处罚（《中华人民共和国水土保持法》五十三条）	按照法律法规要求，限期补办变更相关手续	建设单位	
6		水土保持设计	未组织完成水土保持初步设计和施工图设计	《开发建设项目水土保持方案编报审批管理规定》第三条	重大（2×4=8）	通报批评	补充完成相关设计	建设单位	
7		水保监测	未组织开展水土保持监测	《中华人民共和国水土保持法》第四十一条；《四川省〈中华人民共和国水土保持法〉实施办法》第三十一条	重大（2×4=8）	行政处罚（《四川省〈中华人民共和国水土保持法〉实施办法》第三十八条）	按照法律法规要求，开展水土保持监测工作	建设单位	
8		水保监测	未开展水土保持监理（征占地在200公顷及以上或者挖填土石方总量在200万立方米及以上的生产建设项目）	《水利部关于进一步深化"放管服"改革全面加强水土保持监管的意见》水保〔2019〕160号	重大（2×4=8）	通报批评	按照法律法规要求，开展水土保持监理工作	建设单位	
9		水土保持验收	未完成水土保持设施自主验收或者验收不合格，工程投产使用或通过竣工验收	《中华人民共和国水土保持法》第二十七条	重大（2×4=8）	责令停止生产或者使用、罚款（《中华人民共和国水土保持法》第五十四条）	按照水土保持法律法规和技术规范要求，开展水土保持设施验收	建设单位	

续　表

序号	风险源	类型	风险问题	政策法规依据	风险等级（评分）	风险后果	防控措施	责任主体	关联单位
10	要件手续类	水土保持验收	不满足验收标准和条件而通过水土保持设施自主验收	《水利部关于加强事中事后监管规范生产建设项目水土保持设施自主验收的通知》水保〔2017〕365号；《水利部办公厅关于实施生产建设项目水土保持信用监管"两单"制度的通知》办水保〔2020〕157号	重大（2×4=8）	通报批评	按照生产建设项目水土保持设施自主验收的程序和标准开展自主验收	建设单位	验收报告编制单位
11		水保补偿费	未依法依规缴纳水土保持补偿费	《中华人民共和国水土保持法》第三十二条	重大（2×4=8）	责令限期缴纳、行政处罚（《中华人民共和国水土保持法》第五十七条）	按照法律法规要求，缴纳水土保持补偿费	建设单位	
12		"三同时"	公路建设中涉及的输变电工程、连接线、大型临时工程（料场、拌和站、预制厂、加工厂等）等项目，未按照地方生态环境部门要求做"小环评"	《阿坝州建设项目环境影响评价文件审批工作规程》《甘孜州工程建设项目审批制度改革实施方案》	较大（2×3=6）		需主动对接属地生态环境部门，进行环境影响评价报告表的编制和报批	施工单位	工程监理单位
13			建设项目配套建设的环境保护设施未与主体工程同时投入使用的或建设项目需要配套建设的环境保护设施未建成、未验收或者经验收不合格，主体工程正式投入生产或者使用的	《中华人民共和国环境保护法》第四十一条；《建设项目环境保护管理条例》第十五条	较大（2×3=6）	责令停止生产、罚款（《建设项目环境保护管理条例》第二十三条；《建设项目环境保护事中事后监督管理办法（试行）》第十四条）	按照法律法规要求，实施"三同时"制度	建设单位	施工单位、工程监理单位

续　表

序号	风险源	类型	风险问题	政策法规依据	风险等级（评分）	风险后果	防控措施	责任主体	关联单位
14	要件手续类	水土保持方案	水土保持方案报告书未通过审查审批	《开发建设项目水土保持方案编报审批管理规定》第七条	较大（2×3=6）	约谈	按照水保方案编制要求，重新编制方案报审	方案编制单位	建设单位
15			承诺制项目被撤销准予许可决定	《开发建设项目水土保持方案编报审批管理规定》第二条；《水利部办公厅关于实施生产建设项目水土保持信用监管"两单"制度的通知》办水保〔2020〕157号	较大（2×3=6）	约谈	按照承诺制项目管理要求，重新完成相关工作	建设单位	方案编制单位
16		环境税	未按规定缴纳环境保护税	《中华人民共和国环境保护税法》第二条、第三条	一般（1×2=2）	补交税款、罚款	按要求缴纳环境保护税	建设单位	
17		环保信息公开	未依法公开建设项目环境信息	《中华人民共和国环境保护法》第五十五条；《建设项目环境保护事中事后监督管理办法（试行）》第十条；《四川省环境保护条例》第七十二条	一般（1×2=2）	责令公开、罚款（《中华人民共和国环境保护法》第六十二条）；《建设项目环境保护事中事后监督管理办法（试行）》第十六条；《四川省环境保护条例》第八十二条、第八十三条）	依法公开建设项目环境信息	建设单位、施工单位	
18			未依法向社会公开环境保护设施验收报告	《建设项目环境保护管理条例》第十七条	一般（1×2=2）	责令公开、罚款（《建设项目环境保护管理条例》第二十三条）	依法向社会公开环境保护设施验收报告	建设单位、工程监理单位	竣工环境保护验收单位

续　表

序号	风险源	类型	风险问题	政策法规依据	风险等级（评分）	风险后果	防控措施	责任主体	关联单位
19		环境管理体系	未建立建设项目环境保护管理工作机制及管理制度体系	《建设项目环境保护事中事后监督管理办法（试行）》第六条	一般（1×2=2）	通报批评	按要求建立建设项目环境保护管理工作机制及管理制度体系	建设单位、工程监理单位	
20	要件手续类	水土保持方案	未依据水土保持方案和标准规范进行设计，或水土保持设计工作严重滞后	《开发建设项目水土保持方案编报审批管理规定》第三条	一般（1×2=2）	责令整改	按照规范标准重新设计	设计单位	
21		水保验收	水土保持设施验收报告的内容不符合相关规定	《四川省水利厅转发水利部关于加强事中事后监管规范生产建设项目水土保持设施自主验收的通知》川水函〔2018〕887号；《水利部办公厅关于实施生产建设项目水土保持信用监管"两单"制度的通知》办水保〔2020〕157号	一般（1×2=2）	责令整改	严格按照自主验收要求，规范报备程序和完善报备材料	验收报告编制单位	
1	生态环境保护	禁建区影响	生态保护红线内自然保护地核心保护区内开展施工建设	《生态保护红线管理办法》第八条；各类自然保护地法律法规要求	重大（2×4=8）	责令停止建设、罚款、刑事处罚（按照各类自然保护地法律法规要求执行）	禁止在该区域施工建设	施工单位	建设单位

续 表

序号	风险源	类型	风险问题	政策法规依据	风险等级（评分）	风险后果	防控措施	责任主体	关联单位
2	生态环境保护	禁建区影响	自然保护区的核心区和缓冲区内开展施工建设	《中华人民共和国自然保护区条例》第三十二条；《四川省自然保护区管理条例》第二十四条	重大（2×4=8）	责令停止建设、罚款、刑事处罚（《中华人民共和国自然保护区条例》第四十条；《四川省自然保护区管理条例》第三十三、第三十六条；《中华人民共和国刑法》第三百四十二条）	禁止在该区域施工建设	施工单位	建设单位
3			国家公园核心保护区内开展施工建设	《四川省大熊猫国家公园管理办法》第十五条	重大（2×4=8）	责令停止建设、罚款、刑事处罚（《中华人民共和国刑法》第三百四十二条）	禁止在该区域施工建设	施工单位	建设单位
4			风景名胜区核心区内开展施工建设	《风景名胜区条例》第四十条第一款	重大（2×4=8）	责令停止、罚款		施工单位	建设单位
5		非禁建区影响	生态保护红线内、自然保护地核心保护区外开展施工建设，未办理生态保护红线不可避让论证等有关手续	《生态保护红线管理办法》第九条	较大（2×3=6）	责令停止建设、罚款（按照各类自然保护地法律法规要求执行）	开展生态保护红线不可避让论证，并完成相关手续	施工单位	建设单位
6			未按照河道管理权限，将工程建设方案报送河道主管机关审查	《中华人民共和国河道管理条例》第十一条；《四川省河道管理实施办法》第七条	较大（2×3=6）	责令纠正违法行为、构成犯罪的，依法追究刑事责任（《中华人民共和国河道管理条例》第四十四条）	按照河道管理权限，报送工程建设方案	施工单位	建设单位

续　表

序号	风险源	类型	风险问题	政策法规依据	风险等级（评分）	风险后果	防控措施	责任主体	关联单位
7			河道管理范围内建设项目，未按要求编制行洪论证与河势稳定评价报告	《河道管理范围内建设项目管理的有关规定》第五条	较大（2×3=6）	责令纠正违法行为、构成犯罪的，依法追究刑事责任（《中华人民共和国河道管理条例》第四十四条）	按要求编制行洪论证与河势稳定评价报告，并向报送河道主管机关审查	建设单位	
8	生态环境保护	非禁建区影响	生态保护红线内、自然保护地核心保护区外无法避让的建设临时用地使用结束后，未及时开展生态修复	《生态保护红线管理办法》第十二条第六款	较大（2×3=4）	责令停止建设、罚款（按照各类自然保护地法律法规要求执行）	及时开展生态修复，将对生态环境的影响降到最低	施工单位	建设单位
9			自然保护区实验区内施工建设，造成自然保护区污染事故或引起自然保护区环境质量下降	《中华人民共和国自然保护区条例》第三十二条；《四川省自然保护区管理条例》第二十四条	较大（2×3=6）	责令停止建设、罚款、刑事处罚（《中华人民共和国自然保护区条例》第四十条；《四川省自然保护区管理条例》第三十三、第三十六条；《中华人民共和国刑法》第三百四十二条）	严格履行环评报告书的环境保护措施，保障生态环境质量不降低	施工单位	建设单位
10			在除风景名胜区核心区以外的区域施工，未经风景名胜区管理机构审核后，依照有关法律、法规的规定办理审批手续	《风景名胜区条例》第二十八条；《四川省风景名胜区条例》第三十三条	较大（2×3=6）	责令停止建设、罚款（《风景名胜区条例》第四十一条）	按要求办理相关手续	施工单位	建设单位

续　表

序号	风险源	类型	风险问题	政策法规依据	风险等级（评分）	风险后果	防控措施	责任主体	关联单位
11			在除风景名胜区核心区以外的区域，未采取有效措施，保护植被、水体、地貌的；工程结束后未及时清理场地，恢复植被	《风景名胜区条例》第三十条；《四川省风景名胜区条例》第三十五条	较大（1×4=4）	罚款、责令停止施工（《风景名胜区条例》第四十六条）	采取有效措施，保护植被、水体、地貌的；工程结束后及时清理场地，恢复植被	施工单位	建设单位
12			国家公园一般控制区内施工建设，未征求省级管理机构意见	《四川省大熊猫国家公园管理办法》第十七条	较大（2×3=6）		按要求办理相关手续，征求有关管理机构意见	施工单位	建设单位
13	生态环境保护	非禁建区影响	临时使用国有土地或者农民集体所有的土地，未经县级以上人民政府自然资源主管部门批准	《中华人民共和国土地管理法》第五十七条	较大（2×3=6）	停止建设、罚款、刑事处罚（《中华人民共和国土地管理法》第七十七条）	按要求办理用地手续	施工单位	建设单位
14			临时用地上修建永久性建（构）筑物或逾期未修复	《中华人民共和国土地管理法》第五十七条；《中华人民共和国土地管理法实施条例》第二十条、《关于全面实行永久基本农田特殊保护的通知》国土资源〔2018〕1号第八条、第九条	较大（2×3=6）	责令整改、罚款（《中华人民共和国土地管理法实施条例》第五十二条）	按照临时使用土地合同约定的用途使用土地，并不得修建永久性建筑物；原则上临时使用土地期限不超过二年	施工单位	建设单位
15			临时占用草原，未经县级以上地方人民政府草原行政主管部门审核同意	《中华人民共和国草原法》第四十条	较大（2×3=6）	罚款、刑事处罚（《中华人民共和国草原法》第六十五条）	按法律法规要求办理相关手续	施工单位	建设单位

续　表

序号	风险源	类型	风险问题	政策法规依据	风险等级（评分）	风险后果	防控措施	责任主体	关联单位
16	生态环境保护	非禁建区影响	临时占用草原，修建永久性建筑物、构筑物的；占用期届满，用地单位不予恢复草原植被的	《中华人民共和国草原法》第四十条	较大（1×4=4）	责令整改、罚款（《中华人民共和国草原法》第七十一条）	依法不得修建永久性建筑物，占用期满恢复草原植被	施工单位	建设单位
17			临时使用的林地，未经县级以上人民政府林业主管部门审核同意，擅自改变林地用途的	《中华人民共和国森林法》第三十八条	较大（1×4=4）	责令停止建设、罚款（《中华人民共和国森林法》第七十三条）	按法律法规要求办理相关手续	施工单位	建设单位
18			临时使用的林地，经人民政府林业主管部门审核同意，但未办理建设用地审批手续擅自占用林地的	《中华人民共和国土地管理法》第二十五条	较大（1×4=4）	责令停止建设、罚款（《中华人民共和国森林法》第七十三条）	按法律法规要求办理相关手续	施工单位	建设单位
19			临时使用的林地上修建永久性建筑物，或者临时使用林地期满后一年内未恢复植被或者林业生产条件的	《中华人民共和国森林法》第三十八条；《中华人民共和国森林法实施条例》第十七条	较大（1×4=4）	责令整改、罚款（《中华人民共和国森林法》第七十三条）	依法不得修建永久性建筑物，占用期满恢复草原植被	施工单位	建设单位
20			擅自占用国家重要湿地	《中华人民共和国湿地保护法》第二十条	较大（1×4=4）	责令停止、罚款（《中华人民共和国湿地保护法》第五十二条）	按法律法规要求办理相关手续	施工单位	建设单位
21			占用湿地，期限超过2年或临时占用期限届满，未对所占湿地限期进行生态修复	《中华人民共和国湿地保护法》第二十条；《湿地保护管理规定》第三十条	较大（1×4=4）	责令整改、罚款（《中华人民共和国湿地保护法》第五十三条）	依法不得修建永久性建筑物，占用期满恢复草原植被	施工单位	建设单位

续 表

序号	风险源	类型	风险问题	政策法规依据	风险等级（评分）	风险后果	防控措施	责任主体	关联单位
22	生态环境保护	非禁建区影响	高速公路建设阻塞河道和妨碍行洪或河道管理范围内进行工程建设，工程出渣、物资堆放不符合防洪要求	《四川省河道管理实施办法》第二十六条或第二十七条	一般（2×1=2）	责令整改	及时清淤、疏浚	施工单位	建设单位
23		非环境敏感区影响	在自然保护区外围开展的建设施工损害自然保护区内的环境质量	《中华人民共和国自然保护区条例》第三十二条；《四川省自然保护区管理条例》第二十四条	一般（2×1=2）	罚款（《中华人民共和国自然保护区条例》第三十八；《四川省自然保护区管理条例》第三十三条）	严格环境影响评价报告书文件，文明施工，降低生态环境影响	施工单位	建设单位
1	环境污染防治	水环境	违法排放污染物，造成或可能造成严重环境污染；拌和站、砂石料场、隧道湿喷站等临时工程运转产生的生产废水，直排、偷排进入附近水体造成或可能造成严重环境污染事故；桥梁、隧道等主体工程施工产生的生产废水、泥浆等直排偷排进入附近水体造成或可能造成严重环境污染事故；其他排污行为造成或可能造成严重水环境污染事故	《中华人民共和国环境保护法》第四十二条；《四川省环境保护条例》第二十三条、第四十三条	重大（2×4=8）	责令停止建设、罚款、行政处罚（《中华人民共和国环境保护法》第六十条、第六十三条；《四川省环境保护条例》第七十九条、第八十条）	严格环境影响评价报告书文件，文明施工，降低环境污染	建设单位	施工单位、监理单位

序号	风险源	类型	风险问题	政策法规依据	风险等级（评分）	风险后果	防控措施	责任主体	关联单位
2	环境污染防治	水环境	在饮用水水源、地表水水源各级保护区及准保护区内倾倒废弃物	《四川省饮用水水源保护管理条例》第二十一条、第二十二条；《饮用水水源保护区污染防治管理规定》第十八条、第十九条	重大（2×4=8）	责令停止、罚款（《四川省饮用水水源保护管理条例》第三十八条；《中华人民共和国水污染防治法》第八十五条）	禁止在该区域倾倒废弃物	施工单位	建设单位、监理单位
3			在饮用水水源保护区内新建、改建、扩建与供水设施和保护水源无关的建设项目等，并导致环境污染	《中华人民共和国水污染防治法》第六十五条、第六十六条、第六十七条；《饮用水水源保护区污染防治管理规定》第十二条、第十九条	重大（2×4=8）	责令整改、罚款（《中华人民共和国水污染防治法》第八十四条）	禁止在饮用水水源保护区内建设施工	建设单位	设计单位、施工单位
4			造成突发水污染事故以及水污染事故处置不当；对造成或可能造成水污染事故的事件，未采取应急措施，未上报当地行政主管部门，造成更严重水污染事故	《中华人民共和国水污染防治法》第七十八条	重大（2×4=8）	责令整改、关闭、罚款、行政处罚（《中华人民共和国水污染防治法》第九十三条、第九十四条）	采取应急措施，降低环境污染	建设单位	施工单位
5			被责令改正后继续违法排放水污染物	《中华人民共和国环境保护法》第五十九条	重大（2×4=8）	责令改正、罚款（《中华人民共和国水污染防治法》第九十五条）	依照法律法规，按要求整改	建设单位	施工单位、监理单位

续　表

序号	风险源	类型	风险问题	政策法规依据	风险等级（评分）	风险后果	防控措施	责任主体	关联单位
6			拒绝、阻挠监督检查，或者在接受水污染监督检查时弄虚作假	《中华人民共和国水污染防治法》第三十条	较大（2×3=6）	责令改正、罚款（《中华人民共和国水污染防治法》第八十一条）	按照法律法规接受检查	建设单位	施工单位、监理单位
7			未按照规定对所排放的水污染物自行监测	《中华人民共和国水污染防治法》第二十三条、第二十四条；《排污许可管理办法（试行）》第十九条、第三十四条	较大（2×3=6）	责令限期改正、罚款、停产整治（《中华人民共和国水污染防治法》第八十二条）	对排放的水污染物自行监测	建设单位	施工单位、环保监测单位
8	环境污染防治	水环境	桥梁施工、隧道施工等主体工程或施工驻地、拌和站等临时工程，在饮用水水源保护区内设置排污口	《中华人民共和国水污染防治法》第六十四条；《中华人民共和国水法》第三十四条；《四川省饮用水水源保护管理条例》第十六条、第二十条	较大（2×3=6）	责令限期拆除、罚款、停产整治（《中华人民共和国水污染防治法》第八十四条；《中华人民共和国水法》第六十七条；《四川省饮用水水源保护管理条例》第三十八条）	禁止在饮用水水源保护区内设置排污口	施工单位	建设单位、监理单位
9			超过水污染物排放标准或者超过重点水污染物排放总量控制指标排放水污染物	《中华人民共和国水污染防治法》第十条	较大（2×3=6）	责令限制生产、停产整治、罚款、责令关闭（《中华人民共和国水污染防治法》第八十三条；《排污许可管理条例》第三十四条）	严格按照排污许可，排放污染物	施工单位	建设单位、监理单位

续 表

序号	风险源	类型	风险问题	政策法规依据	风险等级（评分）	风险后果	防控措施	责任主体	关联单位
10			未按规定制定水污染事故的应急预案	《中华人民共和国水污染防治法》第七十六条、第七十七条	较大（2×2=4）	责令改正、罚款（《中华人民共和国水污染防治法》第九十三条）	按规定制定水污染事故的应急预案	建设单位	施工单位
11			实验室、拌和站等产生酸性或油类废水排入附近水体	《中华人民共和国水污染防治法》第三十三条	较大（1×4=4）	责令停止、罚款（《中华人民共和国水污染防治法》第八十五条）	禁止将油类废水排入水体	施工单位	建设单位、监理单位
12	环境污染防治	水环境	拌和站、砂石料场、隧道湿喷站、钢筋加工场、料场等临时工程施工材料或产生废弃物或路基挖填方、桥梁、隧道等主体工程施工材料或产生废弃物倾倒到水体中	《中华人民共和国水污染防治法》第三十七条	较大（1×4=4）	责令停止、罚款（《中华人民共和国水污染防治法》第八十五条）	禁止废弃物倾倒到水体中	施工单位	建设单位、监理单位
13			拌和站、砂石料场、隧道湿喷站等临时工程出现场地积水、沉淀池过满或施工驻地厕所、厨房及其他可能造成超标生活污水或隧道涌水等超标排放	《中华人民共和国水污染防治法》第十条	一般（1×1=1）	通报批评（《中华人民共和国水污染防治法》第八十三条）	按照环评要求，收集污染物、达标排放	施工单位	建设单位、监理单位

续　表

序号	风险源	类型	风险问题	政策法规依据	风险等级（评分）	风险后果	防控措施	责任主体	关联单位
14	环境污染防治	水环境	不完全符合环境影响评价文件要求，未采取有效污染物防治措施，污染物防治措施不完善，环境保护设施设备台账记录不完全；拌和站、砂石料场、隧道湿喷站、机修点等临时工程，未落实雨污分流体系、满足处理需求的污水处理设施设备、雨水沉砂池、污水沉淀池等环评要求的环境措施；隧道施工未落实雨污分流体系、废水处理设施设备不满足需求，桥梁施工区泥浆池不满足要求等其他主体工程环水保设施设备不满足环评要求	《中华人民共和国环境保护法》第四十一条、第四十二条；《四川省环境保护条例》第四十三条	一般（1×1=1）	通报批评、罚款（《中华人民共和国环境保护法》第六十三条）	按照环境影响评价文件要求，文明施工	施工单位	建设单位、监理单位
15		大气环境	拌和站拌和、锅炉等产生废气装置，未有效落实废气处理设备，尾气超标排放，造成严重环境污染	《中华人民共和国大气污染防治法》第十八条	重大（2×4=8）	责令改正或者限制生产、停产整治、罚款（《中华人民共和国大气污染防治法》第九十九条）	按照环境影响评价文件要求，排放废弃物	施工单位	建设单位、监理单位
16			拒不接受大气污染监督检查或在接受监督检查时弄虚作假	《中华人民共和国大气污染防治法》第二十条、第二十九条	重大（2×4=8）	责令改正、行政处罚（《中华人民共和国大气污染防治法》第九十八条）	依法接受有关部门检查	建设单位	施工单位

续 表

序号	风险源	类型	风险问题	政策法规依据	风险等级（评分）	风险后果	防控措施	责任主体	关联单位
17	环境污染防治	大气环境	机动车维修未设置废气污染防治设施并保持正常使用，影响周边环境的行为	《中华人民共和国大气污染防治法》第五十九条	较大（1×4=4）	责令改正、罚款（《中华人民共和国大气污染防治法》第一百零九条）	机动车维修设置废气污染防治设施	施工单位	建设单位、监理单位
18		大气环境	未有效落实环评中所要求环水保设施设备，违法排放污染物；拌和站、隧道湿喷站、砂石料场等储存易产生扬尘物料场所未采取封闭处理；拌和站进出口、隧道进出口、国省干道交叉口、施工便道等易产生扬尘区域未落实雾炮、喷淋、洒水降尘、人工清扫等降尘措施的行为；路基施工区、砂石料场、拌和站等涉及原料堆放区和裸土，未及时并采取生态恢复；沥青等有机烃类化合物，在储存、加工、运输、拌和、摊铺、压实以及使用过程中造成沥青烟气污染的；工程运输车辆、施工器械设备未采取有效降尘措施造成扬尘污染	《中华人民共和国环境保护法》第四十一条、第四十二条；《四川省环境保护条例》第二十三条、第四十三条；《中华人民共和国大气污染防治法》第六十九条、第七十条	一般（1×1=1）	责令改正、罚款（《中华人民共和国大气污染防治法》第一百一十五条、第一百一十六条、第一百二十三条）	按照环境影响评价文件要求，文明施工	施工单位	建设单位、监理单位
19		声环境	拒不接受噪声污染检查或在检查时弄虚作假的行为	《中华人民共和国环境噪声污染防治法》第二十九条	较大（2×3=6）	责令改正、罚款（《中华人民共和国环境噪声污染防治法》第七十一条）	依法接受检查	施工单位	建设单位

续　表

序号	风险源	类型	风险问题	政策法规依据	风险等级（评分）	风险后果	防控措施	责任主体	关联单位
20	环境污染防治	声环境	擅自拆除或者闲置噪声污染防治设施导致环境噪声超标	《中华人民共和国环境噪声污染防治法》第十五条	较大（2×3=6）	责令改正、罚款（《中华人民共和国环境噪声污染防治法》第五十条）	禁止善治拆除或闲置声污染防治设施	施工单位	建设单位、监理单位
21			建设施工噪声超过噪声排放标准排放或未按照规定取得证明，在噪声敏感建筑物集中区域夜间进行产生噪声的建筑施工作业	《中华人民共和国环境噪声污染防治法》第四十三条	较大（1×4=4）	责令改正、罚款（《中华人民共和国环境噪声污染防治法》第七十七条）	取得相关证明后，方可夜间施工	施工单位	建设单位
22			公路施工过程中道路铺装、砂石料场、拌和站、钢筋厂、料场、土石方作业、隧道爆破、钢筋加工场等临时工程运转等未按照噪声污染防治实施方案采取有效措施，减少振动、降低噪声，出现噪声影响周围居民和环境	《中华人民共和国环境噪声污染防治法》第四十条	一般（1×1=1）	责令改正、罚款（《中华人民共和国环境噪声污染防治法》第七十八条）	按照环境影响评价文件要求，文明施工	施工单位	建设单位、监理单位
23		土壤环境	将重金属或者其他有毒有害物质含量超标的工业固体废物、生活垃圾或者污染土壤用于土地复垦	《中华人民共和国土壤污染防治法》第三十三条	重大（2×4=8）	责令改正、罚款（《中华人民共和国土壤污染防治法》第八十九条）	禁止将污染的废弃物用于复垦	施工单位	建设单位、监理单位
24			未单独收集、存放开发建设过程中剥离的表土	《中华人民共和国土壤污染防治法》第三十三条	较大（2×3=6）	责令改正、罚款（《中华人民共和国土壤污染防治法》第九十一条）	按要求收集、存放建设过程中的表土	施工单位	建设单位、监理单位
25			拒不配合土壤污染检查，或者在接受检查时弄虚作假	《中华人民共和国土壤污染防治法》第七十七条	较大（2×3=6）	行政处罚（《中华人民共和国土壤污染防治法》第九十三条）	依法接受检查	施工单位	建设单位、监理单位

续　表

序号	风险源	类型	风险问题	政策法规依据	风险等级（评分）	风险后果	防控措施	责任主体	关联单位
26	土壤环境		临时工程拆除后未进行土壤修复	《中华人民共和国土壤污染防治法》第二十二条	较大（1×3=3）	责令改正、罚款、行政处罚（《中华人民共和国土壤污染防治法》第八十六条、第九十四条）	零时工程拆除后依法进行土壤修复	施工单位	建设单位、监理单位
27		土壤环境	砂石料场、拌和站等产生清掏底泥、生产废水、生活污水等废弃物进入土壤造成土壤污染；发电机、油桶等施工器械及材料出现油污泄漏或固体废弃物等造成周边土壤污染	《中华人民共和国土壤污染防治法》第十九条	一般（1×1=1）	责令改正、罚款、行政处罚（《中华人民共和国土壤污染防治法》第九十一条）	按照环境影响评价文件要求，文明施工	施工单位	建设单位、监理单位
28	环境污染防治		在生态保护红线区域、永久基本农田集中区域和其他需要特别保护的区域内，建设工业固体废物集中贮存、利用、处置的设施、场所和生活垃圾填埋场或倾倒废弃物的	《中华人民共和国固体废物污染环境防治法》第二十一条	重大（2×4=8）	责令改正、罚款、责令停业或者关闭（《中华人民共和国固体废物污染环境防治法》第一百零二条）	禁止在敏感区内倾倒废弃物	建设单位、施工单位	
29		固废废物	建设项目未按环评要求配套建设的固体废物污染环境防治设施、未经验收或者验收不合格，主体工程即投入生产或者使用，拌和站、钢筋厂、梁场、砂石料场等产生固废的场所未规范设置固废间的行为，砂石料场、拌和站等产生危废场所，未集中设置标准化危废暂存间；施工驻地等未设置生活垃圾收集设施设备的	《中华人民共和国固体废物污染环境防治法》第十八条；《中华人民共和国环境保护法》第四十一条	较大（2×3=6）	责令改正、罚款、责令停业或者关闭（《中华人民共和国固体废物污染环境防治法》第一百零二条）	按照环境影响评价文件要求，文明施工	施工单位	建设单位、监理单位

续　表

序号	风险源	类型	风险问题	政策法规依据	风险等级（评分）	风险后果	防控措施	责任主体	关联单位
30	环境污染防治	固废废物	拒不接受固体废物污染检查或在检查时弄虚作假	《中华人民共和国固体废物污染环境防治法》第二十六条	较大（2×3=6）	责令改正、罚款、责令停业或者关闭（《中华人民共和国固体废物污染环境防治法》第一百零二条）	依法接受检查	施工单位	建设单位、监理单位
31			路基、隧道、桥梁等主体工程施工作业产生固体废物或拌和站、砂石料场、钢筋加工场、预制梁场等临时工程运行产生固体废物未妥善处置或施工活动结束后，固体废物未清理或清理不及时	《中华人民共和国固体废物污染环境防治法》第二十条	一般（1×2=2）	责令改正、罚款、责令停业或者关闭（《中华人民共和国固体废物污染环境防治法》第一百零二条）	按照环境影响评价文件要求，文明施工	施工单位	建设单位、监理单位
32			未按照项目所在地主管部门要求处理生活垃圾或施工驻地、砂石料场等易产生生活垃圾的场所，未签订生活垃圾转运协议，清运不及时，随意堆放	《中华人民共和国固体废物污染环境防治法》第四十九条	一般（1×1=1）	责令改正、罚款（《中华人民共和国固体废物污染环境防治法》第一百零二条）	按照环境影响评价文件要求，文明施工	施工单位	建设单位、监理单位
33		危险废物	未按照规定处置拌和站、砂石料场、路基施工区、桥梁施工区等产生废机油等的危险废物	《中华人民共和国固体废物污染环境防治法》第七十九条	重大（2×4=8）	责令改正、罚款（《中华人民共和国固体废物污染环境防治法》第一百一十二条）	按规定处置危废	建设单位	施工单位、监理单位
34			未按规定申领、填写危险废物转移联单或未按规定填写、运行、保管危险废物转移单据等行为	《中华人民共和国固体废物污染环境防治法》第八十二条	较大（2×2=4）	责令改正、罚款（《中华人民共和国固体废物污染环境防治法》第一百一十二条）	按规定处置危废	施工单位	建设单位、监理单位

序号	风险源	类型	风险问题	政策法规依据	风险等级（评分）	风险后果	防控措施	责任主体	关联单位
35	环境污染防治	危险废物	路基、桥梁、隧道、拌和站、砂石料场等施工区域的施工器械产生油污洒漏，造成环境污染	《中华人民共和国固体废物污染环境防治法》第一百一十二条	一般（1×2=2）	责令改正、罚款（《中华人民共和国固体废物污染环境防治法》第一百一十二条）	按照环境影响评价文件要求，文明施工	施工单位	建设单位、监理单位
36			未完善危废暂存间标识标牌、危废台账不规范未及时更新、未及时转运危废或不设置危险废物识别标志	《中华人民共和国固体废物污染环境防治法》第七十七条、第七十八条	一般（1×1=1）	责令改正、罚款（《中华人民共和国固体废物污染环境防治法》第一百一十二条）	按规定完善危废暂存间标识标牌、危废台账不规范未及时更新、未及时转运危废	施工单位	建设单位、监理单位
1	水土保持	弃土／渣堆置	在水土保持方案确定的专门存放地以外的区域倾倒砂、石、土、矸石、尾矿、废渣等且未征得县级水行政主管部门同意	《中华人民共和国水土保持法》第二十八条	重大（2×4=8）	限期清理、罚款、行政处罚（《中华人民共和国水土保持法》五十五条）	按照法律法规要求，综合利用废弃物，确需废弃，应堆放在水土保持方案确定的专门存放地，并采取措施保证不产生新的危害	建设单位	施工单位、监理单位
2			弃渣场存在严重水土流失危害或隐患	《中华人民共和国水土保持法》第二十八条；《水利部办公厅关于实施生产建设项目水土保持信用监管"两单"制度的通知》办水保〔2020〕157号	重大（2×4=8）	纳入重点监管名单	积极采取措施，消除水土流失危害或隐患	建设单位	施工单位、监理单位

续　表

序号	风险源	类型	风险问题	政策法规依据	风险等级（评分）	风险后果	防控措施	责任主体	关联单位
3	水土保持	弃土／渣堆置	施工中乱倒乱弃或顺坡溜渣（4处及以上）	《水利部办公厅关于实施生产建设项目水土保持信用监管"两单"制度的通知》办水保〔2020〕157号；《生产建设项目水土保持技术标准》GB 50433—2018	较大（2×2=4）	约谈	按照要求整改，规范施工行为	施工单位	监理单位
4			施工中乱倒乱弃或顺坡溜渣（4处以下）	《水利部办公厅关于实施生产建设项目水土保持信用监管"两单"制度的通知》办水保〔2020〕157号；《生产建设项目水土保持技术标准》GB 50433—2018	一般（2×1=2）	责令整改	按照要求整改，规范施工行为	施工单位	监理单位
5			弃渣堆放未按要求分级堆放、分层碾压等	《生产建设项目水土保持技术标准》GB 50433—2018	一般（1×1=1）	责令整改	按照要求整改，规范堆渣	施工单位	监理单位
6		水土保持措施落实	水土保持工程措施或者植物措施、临时措施落实到位不足50%	《水利部办公厅关于实施生产建设项目水土保持信用监管"两单"制度的通知》办水保〔2020〕157号；《生产建设项目水土保持技术标准》GB 50433—2018	较大（2×3=6）	约谈	按照水保措施设计方案，落实水保措施	建设单位	施工单位、监理单位

序号	风险源	类型	风险问题	政策法规依据	风险等级（评分）	风险后果	防控措施	责任主体	关联单位
7			未按照生产建设单位、监测单位、监理单位等提出的要求对存在的水土保持问题进行整改	《水利部办公厅关于实施生产建设项目水土保持信用监管"两单"制度的通知》办水保〔2020〕157号	一般（1×2=2）	责令整改	对照问题清单，限期整改	施工单位	
8			未严格控制施工扰动范围扩大施工扰动区域面积达到1000平方米及以上	《生产建设项目水土保持技术标准》GB 50433—2018	一般（1×2=2）	责令整改	对照水保方案，严控施工扰动面积	施工单位	
9	水土保持	水土保持措施落实	未按要求实施表土剥离与保护面积达到1000平方米及以上	《生产建设项目水土保持技术标准》GB 50433—2018	一般（1×2=2）	责令整改	按照水保方案要求做好剥离表土	施工单位	
10			水土保持临时防护措施（拦挡、排水、苫盖、植草、限定扰动范围等）落实不及时、不到位	《生产建设项目水土保持技术标准》GB 50433—2018	一般（1×2=2）	责令整改	按照水保方案落实水保临时防护措施	施工单位	
11			水土保持工程措施（拦挡、截排水、工程护坡、土地整治等）落实不及时、不到位	《生产建设项目水土保持技术标准》GB 50433—2018	一般（1×1=1）	责令整改	按照水保方案落实水保工程措施	施工单位	

续　表

序号	风险源	类型	风险问题	政策法规依据	风险等级（评分）	风险后果	防控措施	责任主体	关联单位
12		水土保持措施落实	水土保持工程措施存在如下问题之一：①拦渣措施存在垮塌倾覆或贯穿性开裂；②挡渣墙标准、断面尺寸、布设方式等明显不合理；③排水沟标准、断面尺寸、布设方式等明显不合理；④截排水沟中断、不能顺接和未设置消能防冲设施；⑤削坡开级不符合要求，形成高陡边坡	《生产建设项目水土保持技术标准》GB 50433—2018	一般（1×1=1）	责令整改	按照水保措施设计要求完善工程措施	施工单位	
13	水土保持		土地整治措施（场地清理、土地平整、松土覆土、防风固沙等）未落实面积达到1000平方米及以上	《生产建设项目水土保持技术标准》GB 50433—2018	一般（1×1=1）	责令整改	按照水保方案补充土地整治措施	施工单位	
14			植物措施未落实或者已落实的成活率、覆盖率不达标面积达到1000平方米及以上	《生产建设项目水土保持技术标准》GB 50433—2018	一般（1×1=1）	责令整改	按照水保方案补充植物措施	施工单位	
15		水保监测监理	水土保持监测滞后或中断6个月及以上	《水利部办公厅关于实施生产建设项目水土保持信用监管"两单"制度的通知》办水保〔2020〕157号；《水利部办公厅关于进一步加强生产建设项目水土保持监测工作的通知》办水保〔2020〕161号	较大（2×3=6）	通报批评	按照相关要求，及时开展水保监测工作	监测单位	

序号	风险源	类型	风险问题	政策法规依据	风险等级（评分）	风险后果	防控措施	责任主体	关联单位
16			水土保持监测季报三色评价结论或者总结报告结论与实际不符	《水利部办公厅关于实施生产建设项目水土保持信用监管"两单"制度的通知》办水保〔2020〕157号	较大（2×2=4）	责令改正、罚款、通报批评（《四川省〈中华人民共和国水土保持法〉实施办法》第三十八条）	按照水土保持监测相关技术标准要求开展监测工作	监测单位	
17	水土保持	水保监测监理	对项目实施中出现的较严重问题未向生产建设单位及施工单位提出监测意见	《水利部办公厅关于实施生产建设项目水土保持信用监管"两单"制度的通知》办水保〔2020〕157号；生产建设项目水土保持监测与评价标准GB/T 51240—2018	较大（2×2=4）	约谈	按照监测工作实际开展情况，如实反映存在问题，提出监测意见	监测单位	
18			对工程施工中出现的严重问题未及时制止和督促处理	《水利部办公厅关于实施生产建设项目水土保持信用监管"两单"制度的通知》办水保〔2020〕157号	较大（2×2=4）	约谈	根据监理工作开展情况，及时发现问题并督促整改	监理单位	

续　表

序号	风险源	类型	风险问题	政策法规依据	风险等级（评分）	风险后果	防控措施	责任主体	关联单位
19	水土保持	水保监测监理	未按时提交水土保持监测季报	《水利部办公厅关于印发〈生产建设项目水土保持监测规程（试行）〉的通知》办水保〔2015〕139号；《水利部办公厅关于实施生产建设项目水土保持信用监管"两单"制度的通知》办水保〔2020〕157号	一般（1×2=2）	责令整改	按照水土保持监测成果报送要求，及时提交水保监测季报	监测单位	
20			水土保持监测季报、总结报告的内容不符合相关规定	《生产建设项目水土保持监测规程（试行）的通知》办水保〔2015〕139号	一般（1×2=2）	责令整改	按照水土保持监测成果相关要求，完善监测季报和年度报告	监测单位	
21			水土保持监测原始记录和过程资料不完整	《水利部办公厅关于印发〈生产建设项目水土保持监测规程（试行）〉的通知》办水保〔2015〕139号	一般（1×2=2）	责令整改	及时补充原始记录和过程资料	监测单位	

序号	风险源	类型	风险问题	政策法规依据	风险等级（评分）	风险后果	防控措施	责任主体	关联单位
22		水土保持设施自主验收	未开展水土保持监理（征占地在200公顷以下且挖填土石方总量在200万立方米以下的生产建设项目）	《水利部关于加强大中型开发建设项目水土保持监理工作的通知》水保〔2003〕89号	一般（1×2=2）	责令整改	按照相关要求，开展监理工作	建设单位	
23			未按规定开展施工监理和设计变更管理	《水利部关于加强大中型开发建设项目水土保持监理工作的通知》水保〔2003〕89号；《水土保持工程施工监理规范》SL 523—2011	一般（1×1=1）	责令整改	按照施工监理技术规范要求，进行施工监理和设计变更管理	监理单位	
24	水土保持		水土保持设施验收报告的内容不符合相关规定	《四川省水利厅转发水利部关于加强事中事后监管规范生产建设项目水土保持设施自主验收的通知》川水函〔2018〕887号；《水利部办公厅关于实施生产建设项目水土保持信用监管"两单"制度的通知》办水保〔2020〕157号	一般（1×2=2）	责令整改	严格按照自主验收要求，规范报备程序和完善报备材料	验收报告编制单位	
25		组织管理	在崩塌、滑坡危险区和泥石流易发区从事取土、挖砂、采石等可能造成水土流失的活动	《中华人民共和国水土保持法》第十七条	重大（2×4=8）	责令停止违法行为、罚款、行政处罚（《中华人民共和国水土保持法》第四十八条）	按照法律法规要求，停止违法行为	建设单位	

续　表

序号	风险源	类型	风险问题	政策法规依据	风险等级（评分）	风险后果	防控措施	责任主体	关联单位
26			开办生产建设项目或者从事其他生产建设活动造成水土流失，不进行治理的	《中华人民共和国水土保持法》第三十二条	重大（2×4=8）	责令限期治理、行政处罚（《中华人民共和国水土保持法》第五十六条）	按照法律法规要求，治理水土流失，并承担所需费用	建设单位	
27			违反水土保持法造成水土流失危害的，未及时有效处置	《中华人民共和国水土保持法》第五十六条；〈四川省《中华人民共和国水土保持法》实施办法》第二十七条	重大（2×4=8）	依法承担民事责任、行政处罚（《中华人民共和国水土保持法》第五十六条）	按照法律法规要求，限期治理	建设单位	施工单位、监测单位、监理单位
28	水土保持	组织管理	不配合水行政主管部门的监督检查	《中华人民共和国水土保持法》第四十五条	重大（2×4=8）	通报批评	按照法律法规要求，给予配合，提供有关文件、证照、资料等	建设单位	设计单位、施工单位、监测单位、监理单位、验收报告编制单位
29			未按要求完成水行政主管部门提出的整改要求	《水利部办公厅关于实施生产建设项目水土保持信用监管"两单"制度的通知》办水保〔2020〕157号	重大（2×4=8）	通报批评	按照水行政主管部门提出的整改要求，限期整改	建设单位	设计单位、施工单位、监测单位、监理单位、验收报告编制单位

序号	风险源	类型	风险问题	政策法规依据	风险等级（评分）	风险后果	防控措施	责任主体	关联单位
30	水土保持	组织管理	技术成果弄虚作假，隐瞒问题，编造或者篡改数据	《水利部办公厅关于实施生产建设项目水土保持信用监管"两单"制度的通知》办水保〔2020〕157号	较大（2×2=4）	通报批评	按实际情况整改	方案编制单位	设计单位、监理单位、验收报告编制单位
31			水土保持档案资料不完整、不规范	《水利部办公厅关于印发〈生产建设项目水土保持监测规程（试行）〉的通知》办水保〔2015〕139号	一般（2×1=2）	责令整改	按要求补充完善	建设单位	设计单位、施工单位、监测单位、监理单位、验收报告编制单位

第二分册

工程技术

1　总　则

1.0.1　为提高高速公路建设环境保护技术水平，规范高速公路建设过程中的环境保护行为，做好生态环境保护、环境污染防治以及水土保持工作，特制定本指南。

1.0.2　高速公路建设施工环境保护技术指建设过程中临时性的环境保护措施及施工环境保护行为。高速公路建设施工环境保护技术应本着"预防为主，源头管控、同步治理、标准规范"的理念，建立以管理为核心，以功能可达、技术可行为前提，以措施标准、使用安全、养护简便、行为规范、经济合理为原则的成套体系，确保施工过程满足环境保护要求，支撑施工环境保护工作，提高管理水平。

1.0.3　高速公路建设施工环境保护技术应贯彻国家绿色低碳发展理念，倡导和鼓励采用节能、节地、节水、节材、绿色的施工组织和施工建造技术，鼓励使用新技术、新工艺、新方法、新设备和新材料，应充分利用风能、光能等新型能源，大力推行油改电等绿色低碳施工技术。

1.0.4　本指南所列环境保护措施、环境保护行为及水土保持措施应进一步结合具体项目的环境影响评价报告、水土保持方案报告、相关专项报告、勘察设计文件、环境保护专项方案以及现场实际工程情况予以优化细化。

1.0.5　高速公路建设施工环境保护技术除应符合本指南的规定外，尚应符合国家和行业现行有关标准和规范的规定。

2　规范性引用文件

2.0.1　政策规定

《四川省交通运输厅关于印发实施〈四川省公路水运建设工程施工扬尘防治导则（试行）〉的通知》（川交函〔2021〕205号）

《四川省交通运输厅关于进一步加强和规范我省高速公路建设项目环境保护费用管理工作的通知》（川交函〔2021〕260号）

《四川省交通运输厅关于进一步加强公路水运建设项目环境保护及污染防治工作的通知》（川交函〔2017〕297号）

《四川省交通运输厅关于进一步规范我省公路水运建设项目弃土弃渣管理工作的通知》（川交函〔2021〕311号）

《四川省住房和城乡建设厅关于推进建筑工程扬尘（噪声）在线监测管理的通知》（川建质安发〔2020〕328号）

《四川省交通运输厅关于进一步规范我省公路水运建设项目表土资源收集与利用工作的通知》（川交函〔2022〕194号）

《四川省建筑工程扬尘污染防治技术导则（试行）》（四川省住房和城乡建设厅、四川省生态环境厅）

2.0.2　标准规范

《公路环境保护设计规范》（JTG B04—2010）

《公路隧道设计规范》（JTG 3370.1—2018）

《公路桥涵设计通用规范》（JTG D60—2015）

《公路工程基本建设项目设计文件编制办法》（交公路发〔2007〕358号，中华人民共和国交通部）

《公路工程标准施工招标文件》（2018年版）（中华人民共和国交通运输部）

《预拌混凝土绿色生产及管理技术规程》（JGJ/T 328—2014）

《预拌混凝土搅拌站废水废浆回收利用技术规程》（DB51/T 2681—2020）

《四川省施工场地扬尘排放标准》（DB51/ 2682—2020）

《高速公路施工标准化技术指南》（交通运输部公路局公路工程施工标准化指南系列）

3　术语和定义

3.0.1　主体及附属工程施工环保措施

高速公路建设过程中路基、路面、桥梁、立交、隧道等主体工程以及交通安全、绿化和环保、房建工程等附属工程施工环节需要采取的环境保护措施以及应遵循的环境保护行为。

3.0.2　临时工程环保措施

高速公路建设过程中桥梁施工场地、隧道施工场地、施工驻地、混凝土拌和站、水稳和沥青拌和站、钢筋加工场、预制梁（板）场及预制构件场、采石场、砂石加工场、取土场、弃土场等临时工程在场地布局、建设及使用过程中需要采取的环境保护措施。

3.0.3　施工环保专项措施

高速公路建设中对经过环境敏感区或施工过程对环境保护有特殊要求的专项环境保护措施。本指南仅对专项施工环境保护措施重点注意事项予以要求，具体工程需结合项目环境敏感区专项报告、环评报告及批复、水土保持方案报告及批复和主体设计资料以及现场实际情况予以细化及深化设计。对项目环评文件要求增加的但本指南未规定的施工环境保护专项方案可参照执行。

4 主体及附属工程施工环保措施

4.1 路基工程

4.1.1 路基工程在施工前应做好施工界限标识，尤其是邻近环境敏感区路段，须严格控制施工作业区域，禁止超范围施工、堆渣以及堆放材料。路基工程施工界限宜采用彩旗，彩旗标识设置要求及相关参数：旗杆采用2 m高普通竹竿，入地深度0.5 m；旗帜尺寸0.6 m×0.9 m，材质为涤纶布，采用白色尼龙绳串旗；彩旗间隔一般为8 m，施工单位可根据场地实际情况进行适当加密。

4.1.2 路基工程开挖前应对表土进行剥离并保存于设计的表土堆放场，集中、规整放置，四周设置临时排水土边沟，并采取0.6 m高的编织袋挡护，3天以上未动土的裸土区域应采用密目网、无纺布或生态毯等覆盖（图2-1），堆放时间1个月以上的应撒播草籽进行绿化，以保持土壤肥力，同时立牌公示，注明该区域为表土临时堆放区；也可就近堆放于标段专用表土堆放场，纳入其管理范围。表土剥离保存示意图见图2-2。

4.1.3 路基表土堆放场临时排水可采用土排水沟，尺寸为宽×深：0.6 m×0.4 m。临时挡护措施可采用编织袋，成品购买，装袋材料为土石方，尺寸为0.4 m×0.6 m。临时覆盖宜采用植物纤维毯、秸秆纤维毯、植被毯等生态毯扬尘防护措施。植物纤维毯、秸秆纤维毯和植被毯，成品购买，须抗冲刷、防流失、具有较好的景观效果和促进生态修复能力；颜色为绿色；采用无缝搭接。

图2-1 生态毯示意

图2-2 表土剥离保存示意

4.1.4 因高原草甸的剥离和保存专业性要求高，纳入施工环保专项措施，详见本分册第6章专项措施。

4.1.5 路基开挖前应做好边沟、截水沟、沉砂池等临时排水设施，并与永久性排水系统相结合，与工程影响范围内的自然排水系统相协调，避免积水冲刷边坡，减少降雨径流对水环境产生不利影响。

4.1.6 路基土石方开挖、爆破、回填、平整、运输、卸载、地基处理等施工过程中，应在作业面采取喷雾或洒水措施，保持土石方表面湿润，做到不泥泞、不起尘。施工时，将开挖范围严格控制在施工范围内，不得破坏用地红线外的植被。路基爆破时，应注意施工噪声对周边环境敏感点的影响，严格控制施工作业时间并事前做好公示及沟通工作。

4.1.7 路基土石方开挖宜随挖随运，土方回填应及时平整压实，尽量减少开挖和回填过程中土石方裸露面积和时间，大规模场地作业应分区有序进行，成形坡面应及时恢复，尽量在雨季来临前完成边坡工程防护和植被恢复工作。

4.1.8 临河路基应做好边坡防护、遮盖以及临河挡防，严禁渣土下河。

4.1.9 施工现场裸土及其他易起尘物料宜采取密闭、覆盖防尘网（布）等临时覆盖措施，避免产生扬尘，裸土待绿化区域，宜采用植物纤维毯、秸秆纤维毯、植被毯等生态毯扬尘防护措施。植物纤维毯、秸秆纤维毯和植被毯可直接购买成品，须抗冲刷、防流失、具有较好的景观效果和促进生态修复能力，颜色为绿色，采用无缝搭接方式。

4.1.10 未及时防护或绿化的路基边坡应在大雨前采取临时覆盖措施，以减少雨水对边坡的冲刷，防止水土流失，一般可采取彩条布或塑料薄膜，大雨结束后应揭下覆盖物，尽快开展防护和绿化工作。

4.1.11 旱季路基施工应尽可能减少扬尘污染，应采取必要的洒水降尘措施，尤其是在居民区路段，应加大洒水频次，在重污染天气时应暂停路基土石方施工，大风和灰霾天气土石方施工应采取湿法作业。

4.1.12 施工现场物料运输车辆，要严格控制装车高度，并保证装载无外漏、无抛撒、无扬尘；运送易散落、飞扬、流漏建筑材料的车辆应采取密闭或覆盖措施；对出入施工现场的各种车辆进行限速，防止车速过快产生扬尘；路基纵向运输通道应随时进行洒水或采取其他抑尘措施，确保不出现明显的扬尘；运输车辆在经过居民区等声环境敏感点区域时，应控制车速，禁止鸣笛；合理规划运输路线，夜间尽量减少运输作业。

4.1.13 路基开挖产生的废弃土石方应及时转运至弃渣场，生活垃圾及时清理，路基施工机械设备维修产生的废机油、废弃油料等应按照危险废物管理，统一运至标段临近危废暂存间，定期交由具备相关处理资质的单位处置，禁止乱堆乱弃。

4.1.14 路基工程施工周期长，应在重点交叉道口设置环境保护公示牌，公布环境保护责任人及联系方式，在交通干线可见的路基施工区域设置环水保宣传标语，其标语内容主要包括国家相关政策、地方相关要求、企业社会形象等。

4.2 路面工程

4.2.1 路面工程施工设置的沥青混凝土拌和站的环保措施应标准化，详见本分册第5章临时工程环保措施。

4.2.2 路面施工所需的集料应集中、统一堆置，不得随意堆放在路基上。

4.2.3 沥青运输过程中应谨慎行驶，避免发生车辆事故等情况导致沥青外泄进入自然水体，应按照指定路线运输，运输路线经过学校、医院、居民聚居区等声环境敏感点时，注意调整作业时间，避免交通噪声扰民；同时，沥青运输过程中做好相关洒水抑尘工作。

4.2.4 沥青摊铺前，应对摊铺区域周边的土壤表面铺设临时覆盖物，对于沥青可能影响的植被，应采取措施进行防护。

4.2.5 路面摊铺产生的废弃沥青混合料不得直接倾倒在路基边坡或土路肩上，应统一运至废弃沥青存放间，定期回收利用，禁止乱堆乱弃。

4.2.6　路面养护过程中洒水应控制水量，避免溢出施工范围；养护使用的覆盖物应定点堆存、定期回收，存放点应有防雨和排水措施。

4.3　桥梁工程

4.3.1　桥梁工程应在用地红线边界设置施工界限，严格控制施工作业区域，禁止超范围施工、堆渣以及堆放材料。桥梁工程施工界限宜采用彩旗，彩旗标识设置要求及相关参数与路基一致。临河涉水桩基施工应对临水平台设置临时防护措施，可采用吨袋、铅丝（钢筋）石笼。水流缓慢路段建议使用吨袋防护，水流湍急路段采用铅丝（钢筋）石笼，防护高度需高于水面0.5 m，不得影响河流通畅排水。

4.3.2　涉水桥梁的基础和下部结构应尽量选择在枯水季节施工，避开鱼类繁殖季节，施工期应加强人员教育，禁止非法捕捞野生动物。

4.3.3　施工作业面位于洪水位以下的桩基成孔产生的泥浆废水以及渣土，须及时转运至河流洪水位以上区域，并集中设置泥浆晾晒池进行沉淀处理，泥浆晾晒池现场就地开挖，要求开挖方正，现场整洁美观，废水通过沉淀处理后上层水回用于生产或洒水降尘，干化泥浆直接用于桥下绿化用土，多余渣土运往弃渣场，严禁渣土和废水污染河道；施工作业面位于洪水位上方的坡地桩基施工应优化施工工艺，严格控制渣土及泥浆，禁止顺坡溜渣破坏坡面生态环境。

4.3.4　桥梁桩基采用循环灌注桩工艺的，应对泥浆废水进行沉淀处理。结合近年来环境保护要求，临河、涉水以及施工作业面位于洪水位以下的桥梁桩基施工泥浆废水应采用钢箱沉淀池作为泥浆循环池对泥浆废水进行沉淀处理，其他区域泥浆循环池不做要求。

4.3.5　钢箱沉淀池（图2-3）可重复利用以及多个桩基共用，其设置数量可结合冲桩机的数量进行配套设置，钢箱沉淀池具体参数详见通用参考图集。

4.3.6　桩群密集及雨季施工时，应综合考虑泥浆产生量及突降暴雨等情况，现场宜设置泥浆集中压滤设备（泥浆分离机），提升泥浆处理效率，避免突发降雨导致泥浆溢流至外部环境造成影响。

图2-3 钢箱沉淀池示意

4.3.7 桥梁桩基位于黏土、粉土、砂土以及部分卵石碎石地层等区域时，桥梁桩基施工应首选施工速度快、噪声污染周期短、干法作业、无泥浆产生的旋挖钻进行施工，以减少泥浆处理量。

4.3.8 桥梁桩基基坑地下渗水的上部清水可直接就地排放至附近水系，下部浑浊水体集中设置简易沉淀池进行沉淀处理后可直接排放。排放水体原则上不得对沿线水域水质产生影响。

4.3.9 桥梁施工应严禁在施工现场清洗混凝土罐车，禁止废弃物、泥浆、废油等倾倒在河流、湖泊和水库内，污染水环境和土壤环境。

4.3.10 应加强桥梁施工现场固废、危废管控，集中收集，规范堆存。定期清运施工现场建筑废材、生活垃圾，冲击钻等机械维修养护产生的废油应运至危废暂存间，并交由具备相关处理资质的单位处置。

4.3.11 桥梁养护废水施工场地环保措施参见本分册第5章临时工程环保措施。对穿越水生自然保护区、集中式饮用水水源保护区、水产种质资源保护区，以及Ⅰ、Ⅱ水体且涉及深水施工的桥梁，因其水中基础施工难度大，泥浆废水量大，可能对水环境产生较大影响，需采用专项污水处理设施设备方能满足环保要求，参见本分册第6章施工环保专项措施。

4.3.12 一般涉水桥梁施工应采取围堰施工，有效防止泥土进入水体，采用筑岛围堰施工的桥梁，在施工结束后应及时拆除围堰，清理河道范围内的筑岛材料，恢复河道原貌。

4.3.13　桥梁上部结构施工时应妥善收集电焊废渣、废弃建材等施工废材，避免乱丢乱弃进入河道。

4.3.14　桥梁桩基施工或支架拆除过程中应合理安排施工时间，控制施工工艺，有效减少施工噪声污染。

4.3.15　施工完毕后，应对桥梁下部区域土地进行整治，可绿化区域应采用撒播草籽或灌草结合的方式进行绿化。

4.3.16　应在特大桥等重点桩基施工区域设置环水保宣传标语，其标语内容主要包括国家相关政策、地方相关要求、企业社会形象等。

4.4　立交工程

4.4.1　立交工程中的路基及桥梁工程应按照本分册4.1和4.3节执行。

4.4.2　立交工程施工区域大，应做好施工现场施工时序安排，控制泥浆综合处理及扬尘防治，施工便道及时进行洒水或采取其他抑尘措施，未硬化部分建议采用碎石或其他不易起尘的材料铺筑。

4.4.3　应规范堆存并定期清运施工现场建筑废材、生活垃圾等固体废物。

4.5　涵洞工程

4.5.1　涵洞工程中施工界限等应参照本分册4.1执行。

4.5.2　涵洞工程施工过程中产生的废料应做到"工完料清"，及时清运场地内的垃圾。

4.5.3　涵洞工程应管控施工行为，不得造成水体污染，禁止将建渣、废油等倾倒在疏导水体内。

4.6　隧道工程

4.6.1　隧道施工应提前策划，选择合理进洞方案和开挖工艺，贯彻"零开挖"的原则，洞顶应先设置截水沟，并及时对仰坡开展生态修复，最大限度减少工程建设对自然山体和植被的破坏。

4.6.2　隧道工程在施工前应做好施工界限标识，尤其是邻近环境敏感区路段，须严格控制施工作业区域，禁止超范围施工、堆渣以及堆放材料。隧道工程施工界限等设置应参照本分册4.1执行。

4.6.3　隧道洞口施工临建场地应硬化，四周做好截水沟，场内做好雨污分流，场区应做好冲洗、洒水降尘、喷洒抑尘剂和凝固剂、绿化等扬尘污染防治措施，保持硬化区域干净和清爽；非硬化区域需做好洒水降尘、人工清扫等扬尘污染防治措施。

4.6.4　隧道施工水环境保护应贯彻"以堵为主、堵排结合、清污分流、限量排放、综合治理"原则，并依据设计文件做好相关涌水量初判和超前探水工作，务必做好清污分流，从源头减少涌水废水产生量，以降低隧道涌水处理成本。

4.6.5　排水渠道清污分流措施：顺坡掘进的隧洞内应完备排水系统，中央排水沟排放涌水、两侧边沟排放施工废水；反坡掘进的隧道，应在隧道内设置清水、废水两套引水收集、抽排水系统，如图2-4所示。清洁涌水进入清水池观测后排放，施工废水进入污水处理系统处理后优先回用。

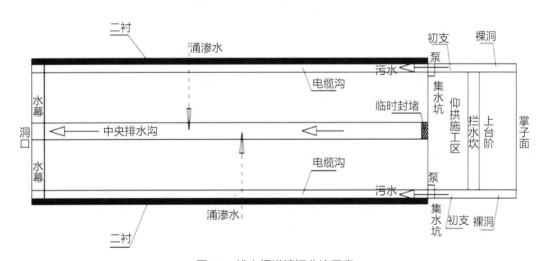

图2-4　排水渠道清污分流示意

4.6.6　隔离主要污染途径措施：初支喷浆回弹料会导致涌水pH呈碱性，其余施工环节以泥沙等悬浮物为主，在保障安全的前提下，在洞内设置排水引水设施，或对喷浆段涌出洁净水进行遮盖、引流，减少施工影响，可有效保障涌水的洁净度，达到污染物总量控制的目的。隧洞内机械转运渣土会导致隧道涌水的悬浮物及石油类增加，需及时抽排涌水，防止涌水在地面积水，减少施工干扰。

4.6.7　涌水位置分流引水措施：侧壁及洞顶股状涌水插入管道、直接利用管道引流，沿洞壁固定布设，直接引入中央排水沟；洞顶呈雨点状下落的涌水，应先采用防水板集中部分较大涌水，分两侧设置汇水口，再采用引水方式进入中央排水沟。侧壁漫流的涌水，应在合理位置开槽汇集水流，于合适位置设置管口引水；涌水位置低于地面的，应在安全的前提下，设置集水坑，周边铺设防水板防止其他污染物进入，直接抽入中央排水沟。每阶段应整体布局降低施工难度，管道大小依据实际涌水情况进行调整；顺坡掘进时宜在拱脚处或水量集中处设置水箱汇水，再进行集中抽排。

4.6.8　隧道爆破施工过程中应加强管理，合理安排爆破作业时间，应加强对附近居民的宣传告知，减少在夜间进行隧道爆破和机械施工作业。

4.6.9　隧道出渣尽量做到纵向调运或综合利用；含水渣土禁止沿途撒漏运输；干渣运输时需保持渣土湿润状态，降低扬尘污染。

4.6.10　隧道施工外加剂储存应做好防渗措施，避免土壤污染。场地应设置危废暂存间集中贮存危废，其数量应满足存储要求，其设置数量应不少于1个；危废暂存间宜购买成品。施工单位应与具有相应类别危废处理资质的单位签订协议，严格实行危险废物转移联单管理制度，建立转运台账，定期交由资质单位处置。

4.6.11　宜在特长隧道施工区域设置环水保宣传标语，其内容主要包括国家相关政策、地方相关要求、企业社会形象等。

4.7　交通安全工程

4.7.1　交通安全工程施工过程中产生的废料、废油等应做到"工完料清"，生活垃圾和建筑垃圾等应及时清运，临时堆放的建筑材料应在硬化地面并覆盖。

4.8　绿化及环保工程

4.8.1　绿化及环保工程材料包装物等应在安装后及时回收，产生的废料做到"工完料清"。

4.8.2　绿化施工中洒漏的种植土、泥浆等应及时清理。栽植树种、种植土、泥浆均应按照设计要求逐一落实，不得擅自栽植树种和随意挖土作为种植土。

4.8.3 绿化植物养护采用的覆盖物应及时清理，运至固定地点定期回收；养护产生的残枝碎叶应及时清扫回归自然。

4.8.4 绿化工程养护洒水应适量，不应产生大量泥浆溢流情况。

4.9 机电工程

4.9.1 施工过程中产生的废料应做到"工完料清"。

4.9.2 临时堆放建筑材料应在硬化地面并覆盖。

4.10 房屋建筑工程

4.10.1 房屋建筑工程施工前应严格控制施工红线，宜结合永久性护栏或围墙等明确施工界限标识，有隔声要求的应采用实体墙。围墙护栏为成品购买，材料为锌钢，颜色应用蓝白相间式样，高度应不低于1.8m。护栏下部基础为高宽0.3 m×0.2 m的C20混凝土堡坎，安装可采用机械式胀栓、化学螺检等方式将立柱钢衬底板固定在下部基础的中心部位。在距离居民区较近的工地应在围栏上配置喷雾除尘设施，并应优化施工时序，减少夜间施工，邻近居民点一侧可调整永久性围栏形式，先行修筑砖墙等，满足隔声要求。

4.10.2 房屋建筑施工前应合理规划场区布局，空置场地用于临时材料堆放且应分区、有序堆放并覆盖，易产生扬尘物料设置仓库存放，各类固体废弃物设置专用仓库临时堆存，定期回收。

4.10.3 施工区域应做好截排水等临时排水措施，雨水终端设置沉砂池，雨水经沉淀后进入自然水系，排水沟及沉砂池需定期清掏。

4.10.4 房屋建筑工程的临时施工驻地应优先采用租用方式，若要设置施工驻地，应结合永久性的污水处理设施，先行施工化粪池等，确保生活污水妥善处置。

4.10.5 房屋建筑工程混凝土应使用商混或标段拌和站混凝土，不得擅自现场搅拌。

4.10.6 房屋建筑工程的土石方开挖填筑参照本分册4.1执行。

5　临时工程环保措施

5.1　通用措施

5.1.1　生态环境和水土保持

（1）在临时场站规划建设中，应结合其既有用地性质，提前考量使用完毕后复垦或还林等恢复措施，除生产设施等房屋建筑和道路外，绿化区域应尽可能栽植经济果木，或用作菜地，还可当作绿化苗圃育苗育种，后期移植至临近互通或房建设施区域。该部分应作为标准化场站建设重要的生态环境保护措施，同时还可以作为场站内生活污水处理后的消纳途径。

（2）临建工程场平前应对表土进行剥离和保存，按照本分册4.1.2和4.1.3执行。

（3）施工作业结束后，应对临建工程的硬化地坪进行破除，产生的弃渣清运至弃渣场并根据原占地类型进行土地整治和植被恢复，植被恢复应选取乡土化物种，避免生物入侵。

5.1.2　水污染防治

（1）临建场地在场平后应立即规划排水系统，做好截排水设施，做到雨污分流，场外设置截水沟，避免雨水进入场地内。场内造坡排水设排水沟，集中收集场内废水及雨水。结合现场实际及成功经验，场外截水沟末端应设置沉砂池并定期清理；场内应在场地低洼水体汇流处设置切水井，并同步配套设置2套切水闸门。非雨水天气时，通往场外截排水沟的切水闸门关闭，通往沉淀池的切水闸门开启，场地冲洗废水、生产作业废水通过排水沟引入隔油沉淀池；下雨天，初期雨水（10 mm降雨量）进入隔油沉淀池，后期清洁雨水通过闸门转换，进入场外截排水沟，经沉砂池沉淀后排放。排水边沟及沉砂池须定期进行淤泥清掏，确保其正常运行。

（2）施工驻地场内还需实施雨污分流，雨水全部通过明沟排放，废水全部通过管道收集，雨水通过排水沟及截水沟汇流至沉砂池沉淀后直接排入自然水系。

（3）临建场地进出口应结合现场条件设置洗车设施。可使用洗轮机（图2-5）、洗车机（图2-6），并就地同步配设隔油沉淀池。隔油沉淀池可配套场地隔油沉淀池合并设置。洗轮机、洗车机可成品购买，应能满足承重及限宽要求，并确保在施工期能够正常运行。配套沉淀池宜采用三级简易沉淀池，其长宽高宜为3.0 m×3.0 m×2.0 m，C30混凝土。

图2-5　洗轮机

图2-6　龙门架式洗车机

（4）临建场地切水井、三级隔油沉淀池、斜坡式五级隔油沉淀池等水污染防治措施详见通用参考图集。

5.1.3　扬尘防治

（1）拌和站场界和堆料区、砂石加工场场界、隧道施工场地等易产尘区域应配备高压微雾除尘加湿器（图2-7）、扬尘在线监测设备，宜成品购买，施工期应确保设备能正常运行。

（2）施工便道与国省干线交叉口、拌和站、砂石加工场进出口等应设置雾炮、冲洗设备等降尘措施，雾炮、冲洗设备为成品购买。

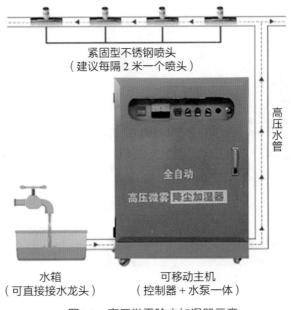

图2-7　高压微雾除尘加湿器示意

5.1.4　固体废物处理

（1）临建场地应设置垃圾临时存放点，应确保所有的固体废物分类得当，及时集中收集存储，做到场地整洁清爽，并及时清运。

（2）生活垃圾存放点应设置加盖四分类垃圾桶（图2-8），并结合场地生活垃圾产生量、转运频率等实际情况确定垃圾桶个数，宜集中设置在场地地势较高处，且与当地垃圾处理厂等资质单位签订协议，建立转运台账，集中收集后定期运送至各乡镇及城市生活垃圾处理场集中处理，不得随意丢弃。

（3）临建场地建筑垃圾应集中收集，设置堆料场，并做到防雨防渗。

（4）路基、路面、隧道标段应结合实际情况集中设置危废暂存间（图2-9），其数量应满足存储要求，其设置数量应不少于1个，且尽量设置在拌和站内。危废暂存间宜购买成品，其功能及样式详见通用参考图集。各个标段应与具有相应类别危废处理资质的单位签订协议，严格实行危险废物转移联单管理制度，建立转运台账，定期交由有相关资质单位处置。

（5）临建场地若使用发电机，发电机及油桶底部应配套设置钢托盘等防漏油设施，并定期清理油污，防止油料污染土壤；若为露天使用，发电机房应采取防雨、防渗措施，上方搭建雨棚、下部可采用钢托盘等防渗措施进行防渗、防流失。移动式雨棚可成品购买，雨棚大小应满足完全遮蔽发电机及油桶；钢托盘可成品购买，托盘大小应结合发电机及油桶尺寸进行定制。

图2-8　四分类加盖垃圾桶示意

图2-9　危废暂存间示意

5.1.5　噪声污染防治

（1）禁止高噪声机械夜间（22：00—6：00）施工作业，严格限制夜间进行有强振动的施工作业。距离公路较近的居民区路段的施工作业应酌情调整施工时间。必须连续施工作业的工点，施工单位应视具体情况及时与当地生态环境主管部门取得联系，按规定申领夜间施工证，同时发布公告最大限度地争取民众支持。

（2）临建场地内的运输车辆在经过居民区等声环境敏感点区域时，应控制车速，禁止鸣笛；合理规划运输路线，夜间尽量减少运输作业。

（3）尽量采用低噪声的施工机械和工艺，振动较大的固定机械设备应加装减振机座，固定强噪声源应考虑加装隔音罩（如发电机、空压机等）。

（4）避免多台高噪音的机械设备在同一工场和同一时间使用；对排放高强度噪声的施工机械设备工场，应在靠近敏感点一侧设置隔声挡板或吸声屏障。

5.1.6　土壤环境污染防治

（1）各临时工程施工场地应做好污水处理，尽量回用，废弃钢筋等堆放场所应做到防渗防雨避免直接进入土壤，造成污染。

5.2　桥梁施工场地

5.2.1　桥梁墩柱养护产生的废水碱性强并含有少量脱模剂，在墩柱四周或整个场地布置排水沟，设置简易沉淀池对养护废水进行收集处理，废水处理后回用于墩柱养护。

5.2.2　墩柱模板刷脱模剂时应在四周铺设塑料膜或吸油毡，涂刷脱模剂完成后，应及时将刷子、脱模剂及塑料膜收回库房，即用即取。

5.3　隧道施工场地

5.3.1　一般隧道施工场地废水及涌水处理的隔油沉淀池容量及级数应满足场地废水收集要求，宜采用斜坡式五级隔油沉淀池，并需结合水质监测情况增加絮凝措施以及pH调节措施，待出水达标后排放或存储于清水池中回用。

5.3.2　斜坡式五级隔油沉淀池单池宜采用长×宽×高：4.0 m×4.0 m×5.0 m，具体尺寸大小及设置方式可结合隧道实际情况进行布设，需现场修建，池体采用C20混凝土浇筑，沉淀池隔墙采用空心砖。池子第一级为斜坡式沉淀池，便于推土机清理沉渣，斜坡开口方向可与第二级至第四级沉淀池方向一致，也可与之垂直。沉淀池的选型及容量大小应结合场地实际情况以及废水产生量进行调整。

5.3.3 当隔油沉淀池尚不能满足达标排放指标时，应结合水质水量的实际情况，增加絮凝沉淀和中和处理工艺，选择不同的絮凝剂和酸进行沉淀和pH调节，隧道废水常用絮凝剂有PAM和PAN等，中和酸类通常采用草酸。

5.3.4 涌水废水经沉淀处理后宜进入清水池，清水池一般采用混凝土池体，池体规格为长×宽×高：8 m×6 m×5 m，观察清澈度、测试pH等，达标后排放或回用。

5.3.5 隧道施工场地生态、水、扬尘、噪声和固体废物通用措施详见本分册5.1，环保设施布置及环保措施详见通用参考图集。

5.4 施工驻地

5.4.1 施工驻地生活污水中的厕所污水、厨余废水与洗浴洗衣废水应分类单独收集、处理。厕所污水和经油水分离器后的厨余废水排入化粪池，定期清掏，处理后用于农林灌溉，洗浴洗衣废水经洗浴废水一体化处理设备处理后，清水池集中收集，处理达标后回用于驻地绿化、洒水降尘和周边林、草灌。

5.4.2 施工驻地产生的生活污水应采用成品化粪池进行收集，化粪池购买成品，选择玻璃钢化粪池（图2-10），每个场地配置2套，容量应根据施工驻地人数进行选择，具体配置方式可参考表2-1。

表2-1 玻璃钢化粪池方量配置

施工驻地人数/人	玻璃钢化粪池方量/m³
小于50	30
50~100	60
100以上	90

5.4.3 施工驻地厨余废水应设油水分离器进行油水分离，油类物质作为厨余垃圾进入分类加盖垃圾桶，废水和厕所污水一并进入化粪池。油水分离器（图2-11）为成品购买，设备型号大小可根据施工驻地人数进行选择。

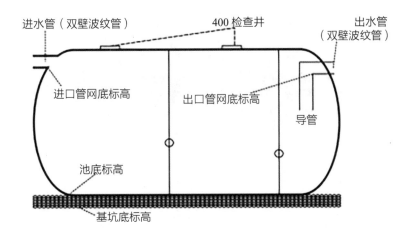

进水管（双壁波纹管）　400 检查井　出水管（双壁波纹管）

进口管网底标高　出口管网底标高　导管

池底标高

基坑底标高

图2-10　玻璃钢化粪池示意

油水分离器

图2-11　油水分离器示意

5.4.4　多个施工驻地在有条件时应共用一套生活污水一体化污水处理设备，提高污水处理设备处理效率，降低设备维护和管理费用。一体化污水处理设备（图2-12）为成品购买，其设备处理能力应与污水产生量相匹配并应考虑冬季加热保温功能。

图2-12　一体化污水处理设备示意

5.4.5　厨房食堂油烟应配备油烟净化器（图2-13）为成品购买，其设备处理能力应根据施工驻地人数进行选择。

图2-13　油烟净化器示意

5.4.6　施工驻地应配备加盖四分类垃圾桶，集中收集驻地生活垃圾，定期清运处理。

5.4.7　施工驻地生态、水、扬尘、噪声和固体废物通用措施详见本分册5.1，环保设施通用布置及环境保护措施详见通用参考图集。

5.5　拌和站

5.5.1　拌和站生产废水、场地冲洗废水、洗罐废水等应集中收集进入隔油沉淀池处理后回用于生产或场地冲洗。

5.5.2　隔油沉淀池宜采用斜坡式五级隔油沉淀池，结合现有工地先进经验，其要求如下：

（1）斜坡式五级隔油沉淀池第一级采用斜坡式沉淀池，场地所有生产废水均应进入该池体；

（2）混凝土罐车洗罐废水和搅拌机清洗废水均由罐车直接转运至砂石分离机进行分离处理，分离后砂石回收利用，废水排入第一级斜坡式沉淀池；

（3）五级沉淀池第二级沉淀池安装搅拌机，将含大量悬浮物的废水搅拌均匀后形成浆液，由污水泵抽入板框压滤机进行压滤，泥饼由人工或装载机转运进入斜坡式污泥池中转，无害化处置后集中清运至弃渣场。无害化处置方法可采用水泥固化法。压滤机出水经重力流排入斜坡式五级隔油沉淀池第三、四级继续进行沉淀处理，于第五级设置清水泵按需要将清水进行回用于场地冲洗、硬化地面降尘、生产设备冲洗和生产作业，酸碱中和后可用作道路洒水，禁止外排。

（4）经沉淀或压滤处理后的生产废水用作混凝土拌和用水时，应符合下列规定：与取代的其他混凝土拌和用水按实际生产用比例混合后，水质应符合现行行业标准《混凝土用水标准》JGJ 63的规定，掺量应通过混凝土试配确定；生产废水应经专用管道和计量装置输入搅拌主机。

5.5.3　砂石分离机为成品购买，通常有滚筒式和振动式两种类型。滚筒砂石分离机（图2-14）处理速度慢，检修较困难，常用于罐车量小的拌和站；振动砂石分离机（图2-15）处理速度快，易检修，使用较为方便。大型拌和站宜采用双车位形式的振动砂石分离机。

5.5.4　板框压滤机（图2-16）成品购买。板框压滤机是一种间歇式固液分离设备，可通过提高处理时间达到提高处理量的作用，设备的选型宜结合拌和站的情况进行选择。

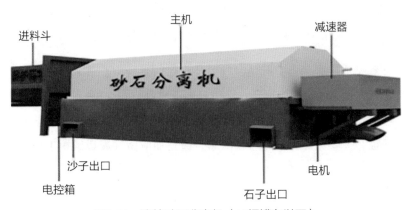

图2-14　滚筒砂石分离机（16辆罐车以下）

图2-15　振动砂石分离机（宜采用双车位形式）

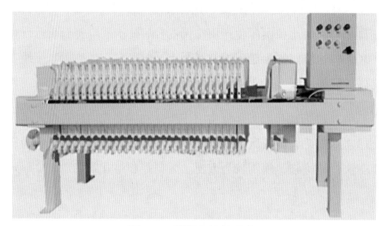

图2-16　板框压滤机示意

5.5.5　湿喷站等受限的场站，场地生产废水采用三级沉淀池处理，污水经三级沉淀后回用于场地洒水降尘，处理后的泥浆渣土运至弃渣场填埋处理。经处理后的污水如无法达到回用要求，建议依托混凝拌和站污水处理设备处进行处理。

5.5.6　拌和站应结合现场实际情况设置环水保信息展板。环水保宣传标语设置相关要求：其尺寸与广告商确定，场地环水保信息展板数量宜在6~8块，展板内容主要为场地相关手续、环水保措施平面布局图、环水保措施介绍、环水保新工艺、新方法和新材料介绍等，其展板相关参数详见通用参考图集。施工期应做好展板维护工作，确保展板干净整洁。

5.5.7　沥青拌和应采用密封式并配备有消烟装置的沥青拌和设备；隧道湿喷站的搅拌设备均应加装脉冲除尘器或袋式除尘器，并做好滤芯更换台账记录。对大气环境有特殊要求的区域，应每半年就沥青拌和站的大气环境质量开展一次监测工作，具体监测指标以监测技术规范要求为准。

5.5.8 沥青拌和站在燃料、加工原料等材料方面应尽可能选择绿色环保、经济成本可控的原辅材料。燃料不宜使用重油以及煤炭，建议使用LNG。做好沥青拌和站管路日常维护保养，禁止出现"跑、冒、滴、漏"现象。

5.5.9 路面沥青废料、施工中边角余料、桥梁伸缩缝施工产生的沥青废弃物、尾粉和摊铺废料等，应回收利用，储存时应单独设置废料存放间，存放间尺寸应结合废料产量以及清运频率进行设置。

5.5.10 水稳、沥青拌和站、隧道湿喷站等拌和场地施工界限、喷淋系统、洗轮机、雾炮、环水保宣传展板等其他措施参见通用措施及通用参考图集。

5.5.11 拌和站生态、水、扬尘、噪声和固体废物通用措施详见本分册5.1，场地通用布置及环境保护措施详见通用参考图集。

5.6 钢筋加工场

5.6.1 钢筋加工过程集中产生废弃钢筋、焊渣等废料较多，应加强废料的收集与管理，按照国有资产要求进行回收。

5.6.2 钢筋加工场生态、水、噪声和固体废物通用措施详见本分册5.1。环保设施通用布置及环境保护措施详见通用参考图集。

5.7 预制梁（板）场及预制构件场、钢结构桥梁施工场地

5.7.1 预制梁（板）场及预制构件场养护废水量依据单日需养护梁板数量进行估算，废水进行隔油、沉淀处理，回用于梁板养护及场地降尘，因碱性较重，不得用于外部道路洒水降尘；

5.7.2 钢结构桥梁施工场地应做好施工打围，严格控制施工作业时间，降低施工噪声对周围噪声敏感点的影响；焊接区域同时应配备移动式焊接烟尘净化器。

5.7.3 预制梁（板）场及预制构件场生态、水、扬尘、噪声和固体废物通用措施详见本分册5.1，环保设施通用布置及环境保护措施详见通用参考图集。

5.8　施工便道

5.8.1　所有硬化施工便道应按照水土保持报告及设计文件要求，严格控制线路及保护沿线生态环境，设置排水沟及沉砂池，雨后及时清理；靠山坡侧应修建简易排水沟将积水导排，引入路旁天然沟道。施工便道开挖时，开挖形成的裸露坡面应同步开展创面修复工作，如撒播草籽绿化、喷播植草等措施；禁止渣土进河以及边坡挂渣。

5.8.2　所有与国省干线交叉的施工便道出入口必须进行硬化，硬化长度应不低于80 m，设置"泥不上路"公示牌。

5.8.3　施工便道与国省干线交叉口应设置洗轮机、喷淋系统等。洗轮机长度不应低于4.8 m，喷淋系统喷淋长度应不低于80 m。

5.8.4　施工结束后，需及时对施工便道进行迹地原貌恢复工作，尽量恢复原有生态面貌，占用原乡村道路或牧道的应移交地方政府。

5.8.5　施工便道生态、水、扬尘、噪声和固体废物通用措施详见本分册5.1，环保设施通用布置及环境保护措施详见通用参考图集。

5.9　采石场

5.9.1　采石场应按照水土保持报告及设计文件要求设置排水沟以及沉砂池。

5.9.2　在场地汇水处设置斜坡式五级隔油沉淀池，对场区内雨水带入的泥沙及少量废油进行隔油、沉淀处理。斜坡式五级隔油沉淀池容量宜选用360 m³，单个池子尺寸长×宽×高：4.0 m×4.0 m×5.0 m。处理后水回用于湿法作业、场地及便道洒水降尘。

5.9.3　采石场生态、水、扬尘、噪声和固体废物通用措施详见本分册5.1，环保设施布置及环境保护措施详见通用参考图集。

5.10　砂石加工场

5.10.1　砂石加工场生态、水、扬尘、噪声和固体废物通用措施详见本分册5.1，环保设施布置及环境保护措施详见通用参考图集。

5.11　取土场

5.11.1　取土场应按照水土保持报告及设计文件要求在场地边界设置截水沟、沉砂池等水土保持措施。

5.11.2　取土场应按照水土保持报告及设计文件要求，根据取土量、最大取土高度、坡面坡比等进行分级取土。

5.11.3　取土场生态、水、扬尘、噪声和固体废物通用措施详见本分册5.1。

5.12　弃土场、临时堆场及表土堆放场

5.12.1　弃土场应按照水土保持报告及设计文件要求在场地边界设置截水沟、沉砂池等水土保持措施。

5.12.2　遵循"先挡后弃"的原则，弃渣土前在弃土场下边坡或沟口按照设计图纸要求落实挡防措施。

5.12.3　弃渣土过程中应及时对堆放的裸露渣土进行整平、覆盖，严格按照设计坡比进行分级削坡，施工一级平整一级，具备条件的渣体应及时覆盖表土后进行绿化；严禁超弃，弃渣土结束后根据占地类型恢复为耕地、林地和草地。

5.12.4　弃土场生态、水、扬尘、噪声和固体废物通用措施详见本分册5.1。

6　施工环保专项措施

6.1　涉敏路段生态保护专项措施

6.1.1　针对环评、水保、专项报告及其批复等要求必须采取生态保护专项措施的涉敏路段应计列专项保护费用，并在施工前结合现场实际、敏感区特点及专项要求等情况开展专项方案设计工作，确保各项措施满足专项报告、环评报告及批复要求，切实保护生态环境。

6.1.2　涉敏路段应优先选用临建工程占地少、植被破坏少、施工周期短的施工工艺，如桥梁桩基采用不爆破、噪声小的旋挖钻工艺，上部结构尽量采用预制拼装方案，并加强施工组织策划，缩短施工周期，减少对敏感区的影响。

6.1.3　涉敏路段施工应尽可能避开保护动植物的繁殖季节，尤其是路基、隧道施工爆破等噪声和振动较大的施工环节。

6.1.4　涉敏路段应尽可能选择在永久红线占地内建设临建工程，不得非法新增临时占地，遵循一切与环评、专项不一致的占地、施工等情况均应征求相关主管部门意见，在确认同意后方可实施。

6.1.5　对不得不设置的临建工程应尽可能减少占地，并远离保护对象设置，场地布置应集中，并设置施工界限标识。

6.1.6　涉敏路段的施工界限标识、警示标志等原则上应区别于一般路段，应结合敏感区、保护对象生态习性等特殊性进行专项设计，其材质选取、形式制定、尺寸大小等设计均应与外环境融合协调，不得对保护物种形成干扰，推荐采用植物作为界限标识。

6.1.7　涉敏路段宜在主要施工工点设置涉敏保护对象的宣传标识，加强法制教育，提高保护意识，宣传标识应以环境敏感区独有的元素符号，通过外形、颜色、材质等方式，以标识系统作为宣传展示窗口，宜编制针对涉敏路段的专用环境保护手册。

6.1.8　涉敏路段施工应做到边施工边恢复植被，减少创面暴露时间，植被应选用敏感区内本土化物种，避免生物入侵。

6.1.9　针对可能对所涉敏感区保护动物产生噪声和感光影响的路段宜采用生态型声屏障降低噪声和车辆灯光对动物通行的影响，推荐采用弃土堆、石笼或植被等形式。

6.1.10　涉水生敏感区路段工程尤其是涉水施工应避开鱼类产卵季节。

6.1.11　涉敏路段生态保护专项措施应作为环境监理、环境监测工作的管理重点。

6.2　特殊桥梁泥浆废水处理专项措施

6.2.1　特殊桥梁桩基应首先考虑采取施工周期短、泥浆产生量少的施工工艺、设备。

6.2.2　针对环评、水保、专项报告及其批复等要求必须采取泥浆废水处理专项措施的特殊桥梁应计列专项保护费用，并在施工前结合现场实际、桥梁施工工艺及专项要求等情况开展专项方案设计工作，确保各项措施满足专项报告、环评报告及批复要求，切实保护水体。

6.2.3　特殊桥梁泥浆废水处理专项措施应就近布置在桥梁桩基施工附近，宜集中布置，其布置应本着减少占地，不得影响桩基施工。

6.2.4　特殊桥梁泥浆废水多以悬浮物为主，宜采用物理法处理，选用技术可行、经济合理和实施便捷的施工工艺。处理后的悬浮物应固化后统一运至弃渣场，废水达标后回用或直排，不得污染水体。

6.2.5　废水处理设备应遵循功能齐备、经济合理的选用原则，宜采用租用形式，对一些特殊设备设施应结合现场实际情况予以定制，或现场拼装，应满足相应要求，尽量采用电耗少、维护少、操作便捷的设施设备。

6.2.6　特殊桥梁泥浆废水处理专项措施应加强施工、运营及拆除过程中的安全，不得影响主体工程施工，并避免对施工人员产生安全隐患。

6.2.7　特殊桥梁泥浆废水处理专项措施应由专业单位施工、并派专人维护，在运行中应加强对设施设备维护及调试等技术培训，确保其持续有效运行。

6.2.8　特殊桥梁泥浆废水处理专项措施应作为项目环境监理、环境监测工作的管理重点。

6.2.9　施工完毕后应立即拆除废水处理设施设备，恢复原用地功能。

6.3   特殊隧道涌水废水处理专项措施

6.3.1   特殊隧道涌水是指突涌水自然呈现某些指标超标的情况，处理工艺需依据污染物实际情况进行专项设计，或区域水生生态敏感禁排的隧道涌水，处理后的涌水需引出禁排区域下游排放的涌水。

6.3.2   隧道涌突水优先源头处理，坚持减量化原则，处理过程应尽可能地遵循经济合理、技术可行、实施便捷的原则。出水在满足环评报告要求的标准后外排。

6.3.3   为摸清不同岩层地段的涌突水水质特点，并为后续废水处理施工工艺、药剂投加等技术方案调整提供支撑，应定期开展环境监测，每次监测应至少覆盖一个完整施工工序。

6.3.4   特殊隧道涌水废水处理设备应遵循功能齐备、经济合理的选用原则，宜采用租用形式，对一些特殊设备设施应结合现场实际情况予以定制，或现场拼装，应满足相应要求，尽量采用电耗少、维护少、操作便捷的设施设备。

6.3.5   特殊隧道涌水废水处理专项措施应加强施工、运营及拆除过程中的安全，不得影响主体工程施工，并避免对施工人员产生安全隐患。

6.3.6   特殊隧道涌水废水处理专项措施应由专业单位施工、并派专人维护，在运行中应加强对设施设备维护及调试等技术培训，确保其持续有效运行。

6.3.7   特殊隧道涌水废水处理专项措施应作为项目环境监理、环境监测工作的管理重点。

6.3.8   施工完毕后应立即拆除废水处理设施设备，恢复原用地功能。

6.4   高原草甸剥离和保存专项措施

6.4.1   针对高原高海拔区域的高速公路，宜对路基基底、互通场地、取弃土场和沿线便道的清表草甸进行移植利用。

6.4.2   草甸剥离宜选择项目区气候较湿润、降雨较丰富的季节，该季节通常是草本植被的分蘖期与结实期，具有最强的生命力，且能减少植物冻害、旱害，更易于成活。

6.4.3　草甸剥离时应严格控制好开挖的深度，根据根系深入地下的深度确定所取草甸的厚度，保证所取草甸的厚度大于根系埋入地下的深度，从而保证其完整的根系，同时应带土剥离，使根系与土壤良好结合，以确保剥离后的草甸在一定时间内具有足够的养分补给。

6.4.4　草甸剥离时还应严格控制好分块的大小，为防止分块过小切断草甸根系导致其死亡，同时为便于运输和存放，宜将需剥离的草甸切割成长×宽：30 cm×30 cm的方块。若草甸明显呈凸状，必要时将草甸再次切割，使其块度边长适当减小，保证其表面平顺。

6.4.5　为确保草甸存活率，减少破坏，原则上尽量沿路侧红线范围集中堆放，如路边、桥梁下部非施工界面区域等，若地形等条件不允许，可就近专门设置草甸临时堆放场。

6.4.6　临时存放的主要方式有两种：平铺存放、叠置存放，由施工单位根据现场实际情况制定草甸堆放计划。

6.4.7　占地比较宽裕的区域，剥离的草甸可就近平铺存放在不影响施工和交通运输的空地区域。存放时剥离的表土堆放在下部，草甸平铺在表面，每块草甸间留3~5 cm的间隔，间隔之间覆土，便于草甸生长和后期移植。

6.4.8　占地面积不足以平铺或施工时间较短的区域，施工扰动后除建筑物和道路等永久性占地外，其余裸露的区域可以及时采取绿化措施。剥离的草甸叠置存放不得超过三层，移植后加强养护能在短时间内恢复地表植被。草甸叠置存放时，剥离的表土堆放在下部，草甸一层一层的叠置存放在表面，叠置存放时需要留有一定的空间，以便透气和渗水。

6.4.9　草甸存放区以草甸土块挡墙挡护，为使草甸土块挡墙更加稳固，草甸土块需重叠摆放并形成梯形断面。为了减少坡面来水对地表造成冲刷，草甸土块挡墙周围0.5~1 m布置临时排水沟，采用梯形断面，底宽0.2 m，深0.2 m，坡比1∶0.5，开挖完成后需夯实。

6.4.10　草甸剥离后需在固定区域临时存放，存放期间应配备专人进行养护和管理，采取相应的措施，防止人员踩踏、车辆碾压、牲畜啃食等，同时应根据项目区气候情况及存放区土壤含水量情况进行覆盖、洒水养护，并根据其长势适当施肥。草甸临时存放时应尽量选择背风面、地势平坦的地段，草甸表面以防风透气的密目网进行覆盖，避免大风带走草甸蓄含水分，以保证草甸存活；同时在草甸临时存放区域洒水，保持土壤湿润，保证草甸的需水量。必要时，可在水中添加草甸生长所需的肥料，帮助草甸度过脆弱的假植期。

6.4.11　回铺后的草甸处于恢复期，相对较脆弱，应尽量做到一次铺设到位，减少回铺后对草甸的扰动，根据实际环境条件和回铺草甸生长发育的季节需要，适时对其进行施肥、浇水等养护，以满足其对营养和水分的需求。回铺后恢复较差的区域可相应延长养护期限，使其恢复生长，促使其及时返青。

6.4.12　在具备回铺立地条件后，应尽量在春季开展回铺工作，回铺后应加强洒水、施肥等养护工作，确保回铺成活率。

附录A　主体及附属工程环保措施配置

表A　主体及附属工程环保措施配置

序号	专业	措施/设施		规格型号/要求	配置要求	达标要求
1	路基、桥梁、房建	施工界线		宜选用彩旗：旗杆采用2 m高普通竹竿，入地深度0.5 m；旗帜尺寸0.6 m×0.9 m，材质为涤纶布，采用白色尼龙绳串旗；彩旗间隔8 m，其间距可适当调整	开放性场地需设置施工界线	全线统一标准，整洁美观
2	路基、桥梁	临时覆盖措施	密目网	成品购买，材质为耐老化的HPPE聚乙烯，网目数不低于2000目/100 cm的四针以上密目网，颜色为绿色。采用搭接方式，长边搭接不少于50 cm，短边搭接不少于10 cm	15天以上未作业的裸土区域	压实压牢、拼接严密、覆盖完整
3			生态毯	成品购买，包括植物纤维毯、秸秆纤维毯、植物毯等。	裸土待绿化区域	须抗冲刷、防流失、具有较好景观效果和促进生态修复能力，颜色为绿色，采用无缝搭接方式进行搭接
4	路基、桥梁、隧道	草籽绿化		季节性草籽，15 g/m²	边坡裸露时间3个月以上的区域且季节气候适宜	无大面积裸土区域
5	路基、隧道	围挡		彩钢瓦等围挡	施工场地周边分布居民点及重要国省干道	不影响周边出行
6	路基、路面	洒水车		成品购买或租用，10 km/台	分布有居民区等敏感建筑的硬化道路区域；受施工影响的国省干道	不产生明显扬尘和扬尘投诉事件、道路污染等
7	桥梁	临河防护		吨袋、铅丝石笼等	河岸线以内需进行防护	临河无明显冲刷导致河流浑浊现象
8		泥浆处理		泥浆池、钢箱沉淀池	依据桩径、桩深及日进度配置大小	无泥浆溢流、及时清理
9	隧道	清污分流		洞内设置不低于两套排水系统	清洁涌水排入中央排水沟，浑浊涌水抽排进入电缆沟	中央排水沟不得排放废水
10	所有专业	施工废料、垃圾		设置垃圾桶或及时清理	依据废料产生情况设垃圾桶	工完料净，不得乱丢乱弃
11		截排水		所有场地设置截排水沟，大小依据汇水面积而定	坡面及四周汇水全部引出场地	外部雨水不进入施工场地，排水沟不得淤堵

附录B 临时工程环保措施配置

附表 B-1 桥梁施工场地环保标准措施配备

序号	措施类型	YS型	LS型	SS型	备注
1	泥浆废水污染防治	简易沉淀池	钢箱沉淀池	钢箱沉淀池	详见图ZN1-3
2	上部养护废水处理隔油池	Ⅰ型	Ⅰ型	Ⅰ型	详见图ZN1-4

注：YS型——桩基距河岸线>25m；
　　LS型——桩基距河岸线≤25m；
　　SS型——桩基涉水。

附表B-2 隧道施工场地环保标准措施配备

序号	措施类型	措施内容	S型	M型	L型	备注
1	生态环境和水土保持	表土剥离和保存	—	—	—	按实际土壤情况剥离
2	水污染防治	沉砂池	Ⅰ型	Ⅰ型	Ⅰ型	详见图ZN2-3
3		切水井	Ⅰ型	Ⅰ型	Ⅰ型	详见图ZN2-4
4		切水闸门	成品购买（不小于切水井截断面面积）			成品
5		五级隔油沉淀池（一级除外的单个沉淀池）	Ⅰ型	Ⅱ型	Ⅲ型	详见图ZN2-5~ZN2-7
6		隧道清水池	Ⅰ型	Ⅰ型	Ⅰ型	详见图ZN2-8
7	大气污染防治	高压微雾除尘加湿器	成品购买，功率不低于4.5 kW，除尘率不低于98%			成品
8		进出口冲洗设备	龙门架洗轮机/功率15 kW	龙门架洗轮机/功率15 kW	龙门架洗轮机/功率15 kW	成品
9		雾炮	成品购买，射程不低于20 m，雾粒度处于50~150 μm			成品
10		噪声扬尘在线监测设备	成品购买，须监测粉尘、颗粒物、噪声、温度、风速；测量精度：±2℃或±2%			成品
11	固废污染防治	加盖四分类垃圾桶	240 L，3个	240 L，3个	240 L，3个	成品
12		危废暂存间	宜成品购买：储存容积20 m³	宜成品购买：储存容积20 m³	宜成品购买：储存容积20 m³	成品；详见图ZN2-9
13	环保宣传	环水保信息展板	6~8块	6~8块	6~8块	详见图ZN2-10

注：S型——日涌水量小于1000 m³；
　　M型——日涌水量1000~5000 m³；
　　L型——日涌水量大于5000 m³。

注：附表B中图ZN1-4、ZN2-3等图见本汇篇的第六分册通用参考图。

附表 B-3　施工驻地环保标准措施配备

序号	措施类型	措施内容	S型	M型	L型	备注
1	水污染防治	沉砂池	I型	I型	I型	详见图ZN2-3
2		驻地清水池	I型	I型	I型	详见图ZN3-3
3		玻璃钢化粪池	容积30 m³	容积60 m³	容积90 m³	成品
4		油水分离器	处理能力 1 m³/h	处理能力 2 m³/h	处理能力 5 m³/h	成品
5		生活污水一体化污水处理设备	处理能力 10 m³/d	处理能力 20 m³/d	处理能力 40 m³/d	成品
7	大气污染防治	油烟净化器	处理风量 1000 m³/h 除尘率95%	处理风量 1000 m³/h 除尘率95%	处理风量 1000 m³/h 除尘率95%	成品
8	固废污染防治	加盖四分类垃圾桶	240 L，5个	240 L，8个	240 L，10个	成品

注：S型——驻地人数50人以下；
　　M型——驻地人数50～100人；
　　L型——驻地人数100～200人。

附表B-4　拌和站环保标准措施配备

序号	措施类型	措施内容	S型	M型	L型	备注
1	水污染防治	沉砂池	I型	I型	I型	详见图ZN2-3
2		切水井	I型	I型	I型	详见图ZN2-4
3		切水闸门	成品购买（不小于切水井截断面面积）			成品
4		五级隔油沉淀池（一级除外的单个沉淀池）	I型	II型	III型	详见图ZN2-5～ZN2-7
5		砂石分离器	滚筒/单车位/T30	滚筒/单车位/T40	振动/单车位/T50	成品
6		板框压滤机	过滤面积 20 m²	过滤面积 60 m²	过滤面积 100 m²	成品
7		废水沉淀池	I型	I型	I型	见图ZN4-3
8	大气污染防治	高压微雾除尘加湿器	成品购买，功率不低于4.5 kW，除尘率不低于98%			成品
9		进出口冲洗设备	龙门架洗轮机/功率15 kW	龙门架洗轮机/功率15 kW	龙门架洗轮机/功率15 kW	成品
10		雾炮	成品购买，射程不低于20 m，雾粒度处于50～150 μm			成品

续　表

序号	措施类型	措施内容	S型	M型	L型	备注
11	大气污染防治	噪声扬尘在线监测设备	成品购买，须监测粉尘、颗粒物、噪声、温度、风速；测量精度：±2 ℃或±2%			成品
12	固废污染防治	斜坡式污泥池	I型	I型	I型	详见图ZN4-4
13		加盖四分类垃圾桶	240 L，3个	240 L，3个	240 L，3个	成品
14		危废暂存间	储存容积20 m³	储存容积20 m³	储存容积20 m³	成品购买
15	环保宣传	环水保信息展板	6~8块	6~8块	6~8块	成品

注：S型——日生产量800 m³及以下；
　　M型——日生产量800~1600 m³；
　　L型——日生产量1600~2400 m³。

附表B-5　钢筋加工厂环保标准措施配备

序号	措施类型	措施内容	型号	备注
1	水污染防治	沉砂池	I型	详见图ZN2-3
2	固废污染防治	加盖四分类垃圾桶	240 L，3个	成品

附表B-6　预制场环保标准措施配备

序号	措施类型	措施内容	S型	M型	L型	备注
1	水污染防治	沉砂池	I型	II型	III型	详见图ZN2-3
2		切水井	I型	I型	I型	详见图ZN2-4
3		切水闸门	成品购买（不小于切水井截断面面积）			成品
4		三级隔油沉淀池	I型	II型	III型	详见图ZN6-3~ZN6-4
5	固废污染防治	加盖四分类垃圾桶	240 L，3个	240 L，3个	240 L，3个	成品
6		危废暂存间	宜成品购买：储存容积20 m³	宜成品购买：储存容积20 m³	宜成品购买：储存容积20 m³	详见图ZN2-9

注：S型——日最大养护量<14片；
　　M型——日最大养护量14~28片；
　　L型——日最大养护量>28片。

附表 B-7　施工便道环保标准措施配备

序号	措施类型	措施内容	S型	M型	L型	备注
1	水污染防治	三级隔油沉淀池	I型	II型	III型	见图ZN6-3、ZN6-4

续　表

序号	措施类型	措施内容	S型	M型	L型	备注
2	大气污染防治	高压微雾除尘加湿器	成品购买，功率不低于4.5 kW，除尘率不低于98%			成品
3		进出口冲洗设备	高压水枪供水压力30 MPa	洗轮机/功率7.5 kW	洗轮机/功率7.5kW+高压水枪供水压力30 MPa	成品
4		雾炮	成品购买，射程不低于20 m，雾粒度处于50～150 μm			成品

注：S型——货车车次小于40车次/d；

　　M型——货车车次40~80车次/d；

　　L型——货车车次大于80车次/d；

附表 B-8　采石场环保标准措施配备

序号	措施类型	措施内容	S型	M型	L型	备注
1	生态环境和水土保持	表土剥离和保存	—	—	—	按实际情况剥离
2	水污染防治	沉砂池	I型	I型	I型	详见图ZN2-3
3		切水井	I型	I型	I型	详见图ZN2-4
4		切水闸门	成品购买（不小于切水井截断面面积）			成品
5		五级隔油沉淀池（一级除外的单个沉淀池）	I型	II型	III型	详见图ZN2-5~ZN2-7
6	大气污染防治	高压微雾除尘加湿器	成品购买，功率不低于4.5 kW，除尘率不低于98%			成品
7		进出口冲洗设备	洗轮机/功率15 kW	洗轮机/功率15 kW	洗轮机/功率15 kW	成品
8		雾炮	成品购买，射程不低于20 m，雾粒度处于50～150 μm			成品
9		噪声扬尘在线监测设备	成品购买，须监测粉尘、颗粒物、噪声、温度、风速；测量精度：±2 ℃或±2%			成品
10	固废污染防治	加盖四分类垃圾桶	240 L，3个	240 L，3个	240 L，3个	成品

注：S型——占地面积10亩以下；

　　M型——占地面积10～50亩；

　　L型——占地面积50亩以上。

　　1亩 ≈ 666.67 m²

附表B-9 砂石料场环保标准措施配备

序号	措施类型	措施内容	S型	M型	L型	备注
1	生态	表土剥离和保存	—	—	—	按实际情况剥离
2	水污染防治	沉砂池	I型	I型	I型	详见图ZN2-3
3		切水井	I型	I型	I型	详见图ZN2-4
4		切水闸门	成品购买（不小于切水井截断面面积）			成品
6		五级隔油沉淀池（一级除外的单个沉淀池）	I型	II型	III型	详见图ZN2-5 ~ZN2-7
7		板框压滤机	过滤面积 40 m²	过滤面积 60 m²	过滤面积 100 m²	成品
8		废水沉淀池	I型	I型	I型	详见图ZN4-3
9	大气污染防治	高压微雾除尘加湿器	成品购买，功率不低于4.5 kW，除尘率不低于98%			成品
10		进出口冲洗设备	洗轮机/功率 15 kW	洗轮机/功率 15 kW	洗轮机/功率15 kW	成品
11		雾炮	成品购买，射程不低于20 m，雾粒度处于50~150 μm			成品
12		噪声扬尘在线监测设备	成品购买，须监测粉尘、颗粒物、噪声、温度、风速；测量精度：±2 ℃或±2%			成品
13	固废污染防治	斜坡式污泥池	I型	I型	I型	详见图ZN4-4
14		加盖四分类垃圾桶	240 L，3个	240 L，3个	240 L，3个	成品
15		危废暂存间	宜成品购买：储存容积 20 m³	宜成品购买：储存容积 20 m³	宜成品购买：储存容积 20 m³	成品
16	环保宣传	环水保信息展板	6~8块	6~8块	6~8块	成品

注：S型——日用水量<500 m³；
M型——日用水量500~1000 m³；
L型——日用水量1000~2000 m³。

附表B-10 表土堆放场环保标准措施配备

序号	措施类型	措施内容	备注
1	临时排水	土排水沟宽×深=0.6 m×0.4 m	土建
2	临时挡护	吨袋	成品

附录C 污染防治工艺图

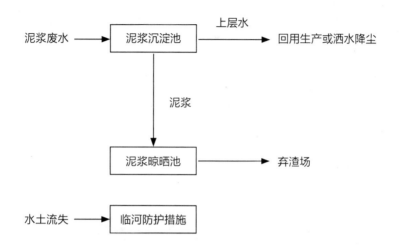

附图C-1 桥梁工程施工环境污染防治工艺方案

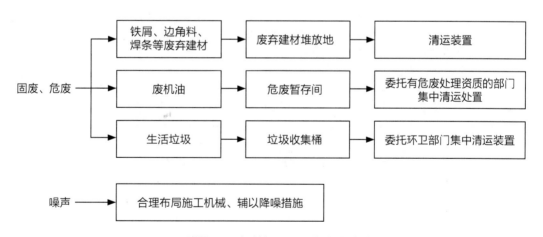

附图C-2 钢筋加工厂污染防治工艺方案

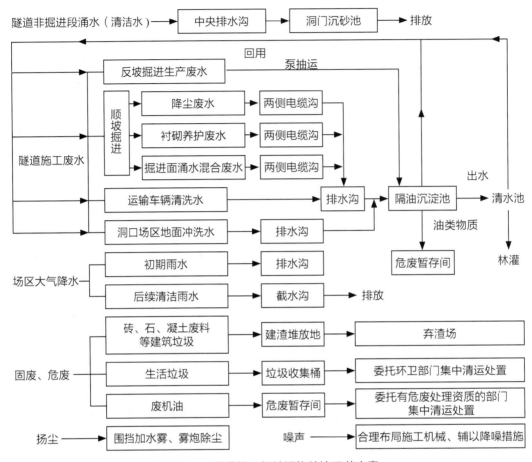

附图C-3 隧道施工场地污染防治工艺方案

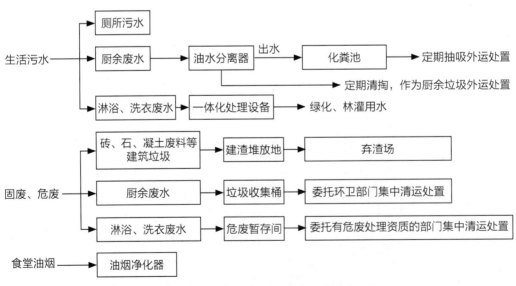

附图C-4 施工驻地污染防治工艺方案

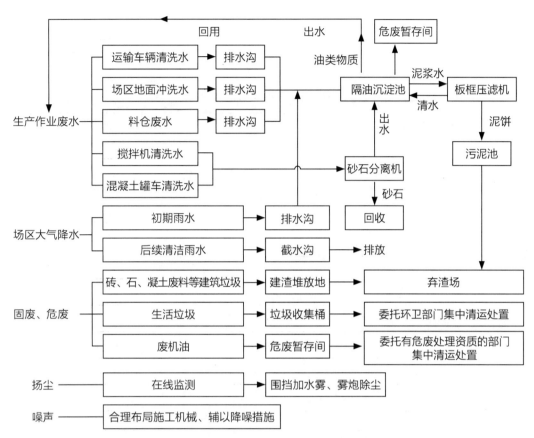

附图C-5　拌和站、砂石料场污染防治工艺方案

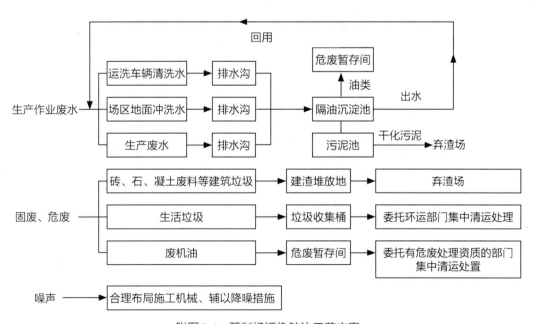

附图C-6　预制场污染防治工艺方案

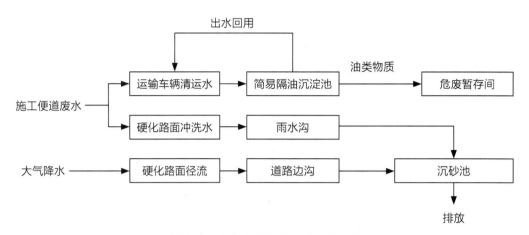

附图C-7　施工便道污染防治工艺方案

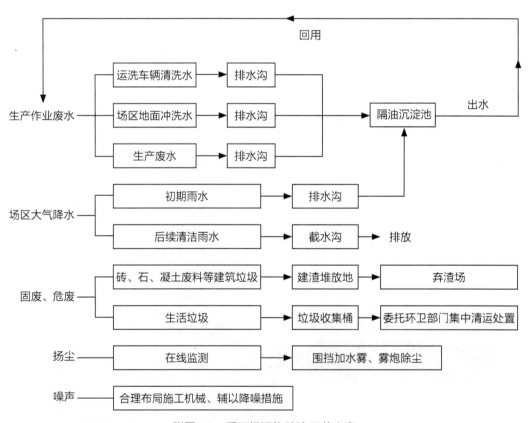

附图C-8　采石场污染防治工艺方案

附录D　典型示范照片

路基工程施工彩旗施工定界（一）

路基工程施工彩旗施工定界（二）

路基边坡裸土覆盖、草籽绿化

路基施工运输车辆覆盖

路面施工洒水

路基施工打围

环水保宣传标语（一）

环水保宣传标语（二）

环水保宣传标语（三）

环水保宣传标语（四）

环水保宣传标语（五）

环水保宣传标语（六）

附图D-1　主体及附属工程施工环保措施

生活污水一体化处理设备

隧道污水处理设备

钢箱沉淀池

板框压滤机

砂石分离机

五级沉淀池

桥梁桩基泥浆池

玻璃钢化粪池

油水分离器

噪声、扬尘在线监测设备

洗轮机

龙门架洗车机

垃圾分类收集点

垃圾集装箱

危废暂存间

废机油托盘

封闭拌和楼

喷淋系统

临建场地迹地恢复（一）

临建场地迹地恢复（二）

临建场地迹地恢复（三）

临建场地迹地恢复（四）

拌和站临时声屏障

拌和站环保静音发电站

附图D-2　临时工程环保措施

草甸剥离养护（一）　　　　　　　草甸剥离养护（二）

草甸回铺利用（一）　　　　　　　草甸回铺利用（二）

附图D-3　施工环保专项措施

第三分册
工程造价

1 总 则

1.0.1 为进一步指导和规范高速公路建设生态环境保护工程计价行为，确保施工环境保护措施费规范计取、保障需要、合理计划、据实支付，为各项环保措施的落实及环境保护管理等提供依据及支撑，制定本指南。

1.0.2 本篇章适用于蜀道投资集团有限责任公司组织建设的高速公路新建和改（扩）建项目在建设前期阶段和招标及实施阶段施工环境保护措施费用计价活动，可供其他单位、地区及公路项目参考。

1.0.3 在招标及实施阶段各建设单位应结合《四川高速公路建设生态环境保护指南 第二分册 工程技术》及《四川高速公路建设生态环境保护指南 第三分册 工程造价》配套使用，也可结合工程实际对清单子目进行补充和完善。

1.0.4 高速公路建设生态环境保护工程造价除应符合本指南的规定外，尚应符合国家、省和行业现行有关标准和规范的规定。

2　规范性引用文件

《公路工程建设项目概算预算编制办法》（JTG 3830—2018）

《公路工程概算定额》（JTG/T 3831—2018）

《公路工程预算定额》（JTG/T 3832—2018）

《交通运输环境保护统计 第二部分：环境保护资金投入统计指标及核算方法》（JT/T 1176.2—2020）

《公路工程标准施工招标文件》（2018年版）（中华人民共和国交通运输部）

《四川省交通运输厅关于进一步加强和规范我省高速建设项目环境保护费用管理工作的通知》（川交函〔2021〕260号）

《四川省交通运输厅关于进一步规范我省公路水运建设项目表土资源收集与利用工作的通知》（川交函〔2022〕194号）

《四川省交通厅关于贯彻执行交通运输部2018年〈公路工程建设项目投资估算、概算预算编制办法〉及配套指标、定额有关事项的通知》（川交函〔2019〕344号）

《四川省公路工程建设项目施工环保费用清单计量规范》

3 术 语

3.0.1 施工环境保护措施费

指高速公路建设过程中在场地布局、建设及使用过程中采取环境保护措施所产生的费用，主要包括施工过程中噪声、水源、大气、固体废物等污染防治设施、措施及环境监控与检测等所需要的费用。

3.0.2 摊销费用

按照资产的使用年限每年或每次分摊的购置成本。本分册中特指施工环境保护措施费用计量过程中，对能周转使用的施工环保材料、机械、设备、设施等，按照其购置成本和使用时间计算出的单位时间平均费用。

3.0.3 折旧年限

指按照国家有关财务规定计算固定资产折旧时所用的年限。

4 建设前期阶段投资控制

4.1 项目投资估算阶段投资控制

4.1.1 按《公路工程建设项目投资估算编制办法》在投资估算中，施工环境保护措施费分别在施工场地建设费、企业管理费基本费用中计列，在编制项目投资估算时应按有关标准和要求合理计列，确保费用不遗漏。

4.1.2 虽然在投资估算文件中已基本包含了施工环境保护措施费，但为全面加强生态环境保护，深入践行绿色发展理念，已陆续有工程针对高速公路建设生态环境保护开展了不同程度的技术改进与项目提升工作。对于在建设中提高环境保护相关工作要求的，建设单位应组织相关单位按建安费一定比例在投资估算文件中科学合理计列施工环境保护措施费，确保费用不遗漏。

4.2 初步设计概算阶段投资控制

4.2.1 按照《公路工程建设项目概算预算编制办法》，在初步设计概算中，施工环境保护措施费分别在施工场地建设费、企业管理费基本费用中以及相关定额中计列，在编制概算时应按有关标准和要求合理计列，确保费用充足。

4.2.2 虽然在初步设计概算文件中已基本包含了施工环境保护措施费，但为全面加强生态环境保护，深入践行绿色发展理念，已陆续有工程针对高速公路建设生态环境保护开展了不同程度的技术改进与项目提升工作。对于在建设中提高环境保护相关工作要求的，建设单位应科学组织相关单位按建安费的一定比例在初步设计概算文件中计列施工环境保护措施费，确保费用不遗漏。经过特殊环境敏感区或对施工过程有特护要求的项目或单体工程，勘察设计单位应结合项目实际及环境保护要求编制专项方案，对相应的施工环境保护措施费予以单独计列。

4.3 施工图预算阶段投资控制

4.3.1 按照《公路工程建设项目概算预算编制办法》，在施工图预算中，施工环境保护措施费分别在施工场地建设费、企业管理费基本费用中以及相关定额中计列，在编制预算时应按有关标准和要求合理计列，确保费用充足。

4.3.2　虽然在施工图预算文件中已基本包含了施工环境保护措施费，但为全面加强生态环境保护，深入践行绿色发展理念，已陆续有工程针对高速公路建设生态环境保护开展了不同程度的技术改进与项目提升工作。对于在建设中提高环境保护相关工作要求的，建设单位应科学组织开展工程项目环境保护及生态修复工程设计，列出详细工程数量；难以提出具体工程数量的可参考类似项目专项分析后在施工图预算文件中预估费用，确保施工环境保护措施费不遗漏。经过特殊环境敏感区或对施工过程有特护要求的项目或单体工程，勘察设计单位应结合项目实际及环境保护要求编制专项方案，对相应的施工环境保护措施费予以单独计列。

5　招标及实施阶段费用管理

5.1　一般规定

5.1.1　施工环境保护措施费清单所列子目单价为完成施工环境保护措施费清单中一个规定计量单位的子目所需的人工，材料，机械设备购置、摊销或租赁，措施费，企业管理费，规费，税金等内容。本分册施工环境保护措施费清单不计利润。

5.1.2　施工环境保护措施费清单金额以人民币为单位，单价保留小数点后两位，合价保留整数。

5.1.3　周转使用的施工环保材料、机械、设备、设施等，按照其摊销年限和在项目中的使用时间计算摊销费用。无法核实其摊销年限的，可按照国家规定的最低年限折旧年限计算摊销年限；无法核实其原值的，可采用市场询价方式按照市场平均租赁价格计算摊销费用。

5.1.4　下列费用不在本分册施工环境保护措施费中计列：

（1）《公路工程建设项目概算预算编制办法》及配套定额中已包含在实体工程正常施工作业或合同工程量清单其他子目综合单价中应予以考虑的相关施工环境保护措施费。

（2）合同工程量清单中已经单列的与施工环境保护措施有关的其他费用。

（3）招标文件约定的其他不列入施工环境保护措施费中支出的费用。

5.2　工程量计算与计量支付

5.2.1　施工环境保护措施费清单所列数量应为承包人发生的并经监理人签字认可的数量。

5.2.2　施工环境保护措施费的计量支付采用以现场计量为主。对于能够以具体单位数量进行计量的施工环境保护措施费，应采用现场计量、据实支付的方式进行计量与支付。

5.3 施工环境保护措施费清单

5.3.1 本清单为工程量清单100章中102-2施工环保费、103-5临时供水与排污、104-1承包人驻地建设以及105施工标准化涉及到施工环境保护相关措施的细化，不可重复计列。

5.3.2 本清单仅供发包人与承包人在计量过程中使用，发包人应在开工前依据本指南结合项目实际情况编制项目施工环境保护措施费清单表，并组织承包人按照发包人提供的施工环境保护措施费清单（表3-1）对施工环境保护措施费清单进行填报。

表3-1 施工环境保护措施费清单

子目编号	子目名称	单位	数量	单价	合价
102-2	**施工环境保护措施费**				
102-2-1	**桥梁施工场地环保措施**				
102-2-1-1	**施工生态保护措施**				
102-2-1-2	**水污染防治措施**				
102-2-2-1-1	隔油沉淀池				
-a	I型隔油沉淀池	个			
102-2-1-3	**大气污染防治措施**				
102-2-1-4	**固体废弃物污染防治措施**				
102-2-1-5	**其他环境保护**				
……	……				
102-2-2	**隧道施工场地环保措施**				
102-2-2-1	**施工生态保护措施**				
102-2-2-1-1	表土剥离和保存	m³			
102-2-2-2	**水污染防治措施**				
102-2-2-2-1	沉砂池				
-a	I型沉砂池	个			
102-2-2-2-2	切水井	个			
102-2-2-2-3	切水阀门	个			

续 表

子目编号	子目名称	单位	数量	单价	合价
102-2-2-2-4	五级隔油沉淀池				
-a	Ⅰ型五级隔油沉淀池	个			
-b	Ⅱ型五级隔油沉淀池	个			
-c	Ⅲ型五级隔油沉淀池	个			
102-2-2-2-5	隧道清水池				
-a	Ⅰ型清水池	个			
102-2-2-3	**大气污染防治措施**				
102-2-2-3-1	进水口冲洗设备				
-a	龙门架功率15 kW	台班			
102-2-2-3-2	高压微雾除尘加湿器	套			
102-2-2-3-3	雾炮	套			
102-2-2-3-4	扬尘噪声在线监测设备	套			
102-2-2-4	**固体废弃物污染防治措施**				
102-2-2-4-1	危废暂存间				
-a	存储容积20 m³	个			
102-2-2-4-2	加盖四分类垃圾桶	个			
102-2-2-5	**其他环境保护**				
102-2-2-5-1	环保信息展板	个			
……	……				
102-2-3	**施工驻地环保措施**				
102-2-3-1	**施工生态保护措施**				
102-2-3-2	**水污染防治措施**				
102-2-3-2-1	沉砂池				
-a	Ⅰ型沉砂池	个			
102-2-3-2-2	驻地清水池				
-a	Ⅰ型清水池	个			
102-2-3-2-3	玻璃钢化粪池				
-a	容积30 m³	个			

子目编号	子目名称	单位	数量	单价	合价
-b	容积60 m³	个			
-c	容积90 m³	个			
102-2-3-2-4	生活污水一体化污水处理设备				
-a	处理能力10 m³/h	台班			
-b	处理能力20 m³/h	台班			
-c	处理能力40 m³/h	台班			
102-2-3-2-5	油水分离器				
-a	处理能力1 m³/h	台班			
-b	处理能力2 m³/h	台班			
-c	处理能力5 m³/h	台班			
102-2-3-3	**大气污染防治措施**				
102-2-3-3-1	油烟净化器				
-a	处理风量1000 m²/h	台班			
-b	处理风量2000 m²/h	台班			
-c	处理风量3000 m²/h	台班			
102-2-3-4	**固体废弃物污染防治措施**				
102-2-3-4-1	加盖四分类垃圾桶	个			
102-2-3-5	**其他环境保护**				
……	……				
102-2-4	**拌和站环保措施**				
102-2-4-1	**施工生态保护措施**				
102-2-4-2	**水污染防治措施**				
102-2-4-2-1	沉砂池				
-a	I型沉砂池	个			
102-2-4-2-2	切水井	个			
102-2-4-2-3	切水阀门	个			
102-2-4-2-4	五级隔油沉淀池				
-a	I型五级隔油沉淀池	个			

续　表

子目编号	子目名称	单位	数量	单价	合价
-b	Ⅱ型五级隔油沉淀池	个			
-c	Ⅲ型五级隔油沉淀池	个			
102-2-4-2-5	砂石分离器				
-a	滚筒/单车位/T30	个			
-b	滚筒/单车位/T40	个			
-c	振动/单车位/T50	个			
102-2-4-2-6	板框压滤机				
-a	过滤面积20 m²	台班			
-b	过滤面积60 m²	台班			
-c	过滤面积100 m²	台班			
102-2-4-2-7	废水沉淀池				
-a	I型废水沉淀池	个			
102-2-4-3	**大气污染防治措施**				
102-2-4-3-1	进水口冲洗设备				
-a	龙门架功率15 kW	个			
102-2-4-3-2	高压微雾除尘加湿器	套			
102-2-4-3-3	雾炮	套			
102-2-4-3-4	扬尘噪声在线监测设备	套			
102-2-4-4	**固体废弃物污染防治措施**				
102-2-4-4-1	斜坡式污泥池				
-a	I型斜坡式污泥池	个			
102-2-2-4-2	危废暂存间				
-a	存储容积20 m³	个			
102-2-2-4-3	加盖四分类垃圾桶	个			
102-2-4-5	**其他环境保护**				
102-2-4-5-1	环保信息展板	个			
	……				
102-2-5	**钢筋加工厂环保措施**				

续 表

子目编号	子目名称	单位	数量	单价	合价
102-2-5-1	**施工生态保护措施**				
102-2-5-2	**水污染防治措施**				
102-2-5-2-1	沉砂池				
-a	I型沉砂池	个			
102-2-5-3	**大气污染防治措施**				
102-2-5-4	**固体废弃物污染防治措施**				
102-2-5-2-2	加盖四分类垃圾桶	个			
102-2-5-5	**其他环境保护**				
……	……				
102-2-6	**预制场环保措施**				
102-2-6-1	**施工生态保护措施**				
102-2-6-2	**水污染防治措施**				
102-2-6-2-1	沉砂池				
-a	I型沉砂池	个			
-b	II型沉砂池	个			
-c	III型沉砂池	个			
102-2-6-2-2	切水井	个			
102-2-6-2-3	切水阀门	个			
102-2-6-2-4	三级隔油沉淀池				
-a	I型三级隔油沉淀池	个			
-b	II型三级隔油沉淀池	个			
-c	III型三级隔油沉淀池	个			
102-2-6-3	**大气污染防治措施**				
102-2-6-4	**固体废弃物污染防治措施**				
102-2-6-3-1	危废暂存间				
-a	存储容积20 m³	个			
102-2-6-3-2	加盖四分类垃圾桶	个			
102-2-6-5	**其他环境保护**				

续　表

子目编号	子目名称	单位	数量	单价	合价
……	……				
102-2-7	**施工便道环保措施**				
102-2-7-1	**施工生态保护措施**				
102-2-7-2	**水污染防治措施**				
102-2-7-2-1	三级隔油沉淀池				
-a	I型三级隔油沉淀池	个			
-b	II型三级隔油沉淀池	个			
-c	III型三级隔油沉淀池	个			
102-2-7-3	**大气污染防治措施**				
102-2-7-3-1	进水口冲洗设备				
-a	高压水枪供水压力30 MPa	台班			
-b	洗轮机/功率7.5 kW	台班			
-c	洗轮机/功率7.5 kW+高压水枪供水压力30 MPa	台班			
102-2-7-3-2	高压微雾除尘加湿器	套			
102-2-7-3-3	雾炮	套			
102-2-7-4	**固体废弃物污染防治措施**				
102-2-7-5	**其他环境保护**				
……	……				
102-2-8	**采石场环保措施**				
102-2-8-1	**施工生态保护措施**				
102-2-8-1-1	表土剥离和保存	m³			
102-2-8-2	**水污染防治措施**				
102-2-8-2-1	沉砂池				
-a	I型沉砂池	个			
102-2-8-2-2	切水井	个			
102-2-8-2-3	切水阀门	个			
102-2-8-2-4	五级隔油沉淀池				
-a	I型五级隔油沉淀池	个			

续 表

子目编号	子目名称	单位	数量	单价	合价
-b	Ⅱ型五级隔油沉淀池	个			
-c	Ⅲ型五级隔油沉淀池	个			
102-2-8-3	**大气污染防治措施**				
102-2-8-3-1	进水口冲洗设备				
-a	功率15 kW	台班			
102-2-8-3-2	高压微雾除尘加湿器	套			
102-2-8-3-3	雾炮	套			
102-2-8-3-4	扬尘噪声在线监测设备	套			
102-2-8-4	**固体废弃物污染防治措施**				
102-2-8-1-1	加盖四分类垃圾	个			
102-2-8-5	**其他环境保护**				
……	……				
102-2-9	**砂石料场环保措施**				
102-2-9-1	**施工生态保护措施**				
102-2-9-1-1	表土剥离和保存	m³			
102-2-9-2	**水污染防治措施**				
102-2-9-2-1	沉砂池				
-a	Ⅰ型沉砂池	个			
102-2-9-2-2	切水井	个			
102-2-9-2-3	切水阀门	个			
102-2-9-2-4	板框压滤机				
-a	过滤面积40 m²	台班			
-b	过滤面积60 m²	台班			
-c	过滤面积100 m²	台班			
102-2-9-2-5	废水沉淀池				
-a	Ⅰ型废水沉淀池	个			
102-2-9-2-6	五级隔油沉淀池				
-a	Ⅰ型五级隔油沉淀池	个			

续　表

子目编号	子目名称	单位	数量	单价	合价
-b	Ⅱ型五级隔油沉淀池	个			
-c	Ⅲ型五级隔油沉淀池	个			
102-2-9-3	**大气污染防治措施**				
102-2-9-3-1	进水口冲洗设备				
-a	功率15 kW	台班			
102-2-9-3-2	高压微雾除尘加湿器	套			
102-2-9-3-3	雾炮	套			
102-2-9-3-4	扬尘噪声在线监测设备	套			
102-2-9-3-5	斜坡式污泥池				
-a	Ⅰ型斜坡式污泥池	个			
102-2-9-4	**固体废弃物污染防治措施**				
102-2-9-4-1	危废暂存间				
-a	存储容积20 m³	个			
102-2-9-4-2	加盖四分类垃圾桶	个			
102-2-9-5	**其他环境保护**				
102-2-9-5-1	环保信息展板	个			
……	……				
102-2-10	**表土堆放场环保措施**				
102-2-10-1	**施工生态保护措施**				
102-2-10-2	**水污染防治措施**				
102-2-10-2-1	土质排水沟	m			
102-2-10-2-2	吨袋	m			
102-2-10-3	**大气污染防治措施**				
102-2-10-4	**固体废弃物污染防治措施**				
102-2-10-5	**其他环境保护**				
……	……				

5.4　施工环境保护措施费清单计量规则

5.4.1　施工环境保护措施费清单包括桥梁施工场地环保措施、隧道施工场地环保措施、施工驻地环保措施、拌和站环保措施、钢筋加工厂环保措施、预制场环保措施、施工便道环保措施、采石场环保措施、砂石料场环保措施、表土堆放场环保措施。

5.4.2　施工环境保护措施费清单所有子目均包括工程完工后临时环境保护设施设备的拆除、清运与恢复费用，详见表3-2。

5.4.3　施工环境保护措施费计量过程中，对能周转使用的施工环保材料、机械、设备、设施等，按照其摊销或租赁费用进行计算。

表3-2　施工环境保护措施费清单计量规则

子目编号	子目名称	单位	工程量计算规则	计价内容
102-2	施工环境保护措施			
102-2-1	桥梁施工场地环保措施			
102-2-1-1	施工生态保护措施			
102-2-1-2	水污染防治措施			
102-2-1-2-1	隔油池	个	按照《通用参考图集》标准图设计，以监理人认可的隔油池大小，按数量计算	1．基坑支护、开挖； 2．施工排水； 3．垫层及结构浇（砌）筑； 4．水池防渗漏处理； 5．模板制作、安装、拆除； 6．钢筋制备、安装； 7．混凝土配运料、拌和、运输、浇筑、振捣、养护； 8．井盖制作、安装； 9．回填； 10．余土（渣）收集、定点堆放
102-2-1-3	大气污染防治措施			
102-2-1-4	固体废弃物污染防治措施			
102-2-1-5	其他环境保护			

续　表

子目编号	子目名称	单位	工程量计算规则	计价内容
……	……			
102-2-2	**隧道施工场地环保措施**			
102-2-2-1	**施工生态保护措施**			
102-2-2-1-1	表土剥离和保存	m³	依据图示位置，按照天然体积以立方米为单位计量	1．机械开挖； 2．挖除、装卸、运输、卸车、堆放； 3．施工排水处理； 4．现场清理； 5．保存养护
102-2-2-2	**水污染防治措施**			
102-2-2-2-1	沉砂池	个	按照《通用参考图集》标准图设计，以监理人认可的沉砂池大小，按数量计算	1．基坑支护、开挖； 2．施工排水； 3．垫层及结构浇（砌）筑； 4．水池防渗漏处理； 5．模板制作、安装、拆除； 6．钢筋制备、安装； 7．混凝土配运料、拌和、运输、浇筑、振捣、养护； 8．井盖制作、安装； 9．回填； 10．余土（渣）收集、定点弃置及场地清理
102-2-2-2-2	切水井	个	依据图示位置及尺寸，区分结构形式及规格，以数量计算	1．基坑开挖； 2．施工排水； 3．垫层及基础施工； 4．切水井砌筑（含钢筋）； 5．井盖及井圈采购、安装； 6．回填； 7．余土（渣）收集、定点弃置及场地清理
102-2-2-2-3	切水阀门	个	以投入的污染防治机械设备，按不同设备种类，经监理认可后，以数量计算	1．购置、摊销或租赁费用； 2．安装、调试

续 表

子目编号	子目名称	单位	工程量计算规则	计价内容
102-2-2-2-4	五级隔油沉淀池	个	按照《通用参考图集》标准图设计，以监理人认可的沉淀池大小，按数量计算	1．基坑支护、开挖； 2．施工排水； 3．垫层及结构浇（砌）筑； 4．水池防渗漏处理； 5．模板制作、安装、拆除； 6．钢筋制备、安装； 7．混凝土配运料、拌和、运输、浇筑、振捣、养护； 8．井盖制作、安装； 9．回填； 10．余土（渣）收集、定点弃置及场地清理
102-2-2-2-5	隧道清水池	个	按照《通用参考图集》标准图设计，以监理人认可的清水池大小，按数量计算	
102-2-2-3	**大气污染防治措施**			
102-2-2-3-1	进水口冲洗设备	台班	以投入的污染防治机械设备，按不同设备种类，经监理认可后，以台班为数量计算	1．购置、摊销或租赁费用； 2．安装、调试； 3．运行、维修
102-2-2-3-2	高压微雾除尘加湿器	套	以投入的污染防治机械设备，按不同设备种类，经监理认可后，以数量计算	1．购置、摊销或租赁费用； 2．安装、调试； 3．运行、维修
102-2-2-3-3	雾炮	套	以投入的污染防治机械设备，按不同设备种类，经监理认可后，以数量计算	1．购置、摊销或租赁费用； 2．安装、调试； 3．运行、维修
102-2-2-3-4	扬尘噪声在线监测设备	套	以投入的污染防治机械设备，按不同设备种类，经监理认可后，以数量计算	1．购置、摊销或租赁费用； 2．安装、调试； 3．运行、维修
102-2-2-4	**固体废弃物污染防治措施**			
102-2-2-4-1	危废暂存间（外购成品）	个	依据图示位置及规格，以监理人认可的危废暂存间大小，以数量计算	1．购置、摊销或租赁费用； 2．安装； 3．运行费用； 4．拆除回收
102-2-2-4-2	加盖四分类垃圾桶	个	以发生的费用为依据，由承包人提供相关票据或者证明资料，经监理人现场确认并签字后，以清单所列单位按照不同规格或型号计算	购置、摊销或租赁费用

续　表

子目编号	子目名称	单位	工程量计算规则	计价内容
102-2-2-5	**其他环境保护**			
102-2-2-5-1	环保信息展板	个	以发生的费用为依据，由承包人提供相关票据或者证明资料，经监理人现场确认并签字后，以清单所列单位按照不同的环境信息内容计量	1. 展板内容设计； 2. 制作； 3. 安装； 4. 场地清理； 5. 回收处理；
……	……			
102-2-3	**施工驻地环保措施**			
102-2-3-1	**施工生态保护措施**			
102-2-3-2	**水污染防治措施**			
102-2-3-2-1	沉砂池	个	按照《通用参考图集》标准图设计，以监理人认可的沉砂池大小，按数量计算	1. 基坑支护、开挖； 2. 施工排水； 3. 垫层及结构浇（砌）筑； 4. 水池防渗漏处理； 5. 模板制作、安装、拆除； 6. 钢筋制备、安装； 7. 混凝土配运料、拌和、运输、浇筑、振捣、养护； 8. 井盖制作、安装； 9. 回填； 10. 余土（渣）收集、定点弃置及场地清理
102-2-3-2-2	驻地清水池	个	按照《通用参考图集》标准图设计，以监理人认可的清水池大小，按数量计算	1. 基坑支护、开挖； 2. 施工排水； 3. 垫层及结构浇（砌）筑； 4. 水池防渗漏处理； 5. 模板制作、安装、拆除； 6. 钢筋制备、安装； 7. 混凝土配运料、拌和、运输、浇筑、振捣、养护； 8. 井盖制作、安装； 9. 回填； 10. 余土（渣）收集、定点堆放
102-2-3-2-3	玻璃钢化粪池	个	依据图示位置及规格，以监理人认可的玻璃钢化粪池大小，以数量计算	1. 购置、摊销或租赁费用； 2. 安装； 3. 运行费用； 4. 拆除回收

续 表

子目编号	子目名称	单位	工程量计算规则	计价内容
102-2-3-2-4	生活污水一体化污水处理设备	台班	以投入的污染防治机械设备，按不同设备种类，经监理认可后，以台班为数量计算	1. 购置、摊销或租赁费用； 2. 安装、调试； 3. 运行、维修
102-2-3-2-5	油水分离器	台班	以投入的污染防治机械设备，按不同设备种类，经监理认可后，以台班为数量计算	1. 购置、摊销或租赁费用； 2. 安装、调试； 3. 运行、维修
102-2-3-3	**大气污染防治措施**			
102-2-3-3-1	油烟净化器	台班	以投入的污染防治机械设备，按不同设备种类，经监理认可后，以台班为数量计算	1. 购置、摊销或租赁费用； 2. 安装、调试； 3. 运行、维修
102-2-3-4	**固体废弃物污染防治措施**			
102-2-3-4-1	加盖四分类垃圾桶	个	以发生的费用为依据，由承包人提供相关票据或者证明资料，经监理人现场确认并签字后，以清单所列单位按照不同规格或型号计算	购置、摊销或租赁费用
102-2-2-5	**其他环境保护**			
102-2-2-5-1	环保信息展板	个	以发生的费用为依据，由承包人提供相关票据或者证明资料，经监理人现场确认并签字后，以清单所列单位按照不同的环境信息内容计量	1. 展板及内容设计； 2. 制作； 3. 安装； 4. 场地清理； 5. 回收、处理
……	……			
102-2-4	**拌和站环保措施**			
102-2-4-1	**施工生态保护措施**			
102-2-4-2	**水污染防治措施**			

续　表

子目编号	子目名称	单位	工程量计算规则	计价内容
102-2-4-2-1	沉砂池	个	按照《通用参考图集》标准图设计,以监理人认可的沉砂池大小,按数量计算	1．基坑支护、开挖; 2．施工排水; 3．垫层及结构浇(砌)筑; 4．水池防渗漏处理; 5．模板制作、安装、拆除; 6．钢筋制备、安装; 7．混凝土配运料、拌和、运输、浇筑、振捣、养护; 8．井盖制作、安装; 9．回填; 10．余土(渣)收集、定点弃置及场地清理
102-2-4-2-2	切水井	个	依据图示位置及尺寸,区分结构形式及规格,以数量计算	1．基坑开挖; 2．施工排水; 3．垫层及基础施工; 4．切水井砌筑(含钢筋); 5．井盖及井圈采购、安装; 6．回填; 7．余土(渣)收集、定点弃置及场地清理
102-2-4-2-3	切水阀门	个	以投入的污染防治机械设备,按不同设备种类,经监理认可后,以数量计算	1．购置、摊销或租赁费用; 2．安装、调试;
102-2-4-2-4	五级隔油沉淀池	个	按照《通用参考图集》标准图设计,以监理人认可的沉淀池大小,按数量计算	1．基坑支护、开挖; 2．施工排水; 3．垫层及结构浇(砌)筑; 4．水池防渗漏处理; 5．模板制作、安装、拆除; 6．钢筋制备、安装; 7．混凝土配运料、拌和、运输、浇筑、振捣、养护; 8．井盖制作、安装; 9．回填; 10．余土(渣)收集、定点弃置及场地清理
102-2-4-2-5	砂石分离器	台班	以投入的污染防治机械设备,按不同设备种类,经监理认可后,以台班为数量计算	1．购置、摊销或租赁费用; 2．安装、调试; 3．运行、维修

续　表

子目编号	子目名称	单位	工程量计算规则	计价内容
102-2-4-2-6	板框压滤机	台班	以投入的污染防治机械设备，按不同设备种类，经监理认可后，以台班为数量计算	1. 购置、摊销或租赁费用； 2. 安装、调试； 3. 运行、维修
102-2-4-2-7	废水沉淀池	个	按照《通用参考图集》标准图设计，以监理人认可的沉淀池大小，按数量计算	1. 基坑支护、开挖； 2. 施工排水； 3. 垫层及结构浇（砌）筑； 4. 水池防渗漏处理； 5. 模板制作、安装、拆除； 6. 钢筋制备、安装； 7. 混凝土配运料、拌和、运输、浇筑、振捣、养护； 8. 井盖制作、安装； 9. 回填； 10. 余土（渣）收集、定点弃置及场地清理
102-2-4-3	大气污染防治措施			
102-2-4-3-1	进水口冲洗设备	台班	以投入的污染防治机械设备，按不同设备种类，经监理认可后，以数量计算	1. 购置、摊销或租赁费用； 2. 安装、调试； 3. 运行、维修
102-2-4-3-2	高压微雾除尘加湿器	套	以投入的污染防治机械设备，按不同设备种类，经监理认可后，以台班为数量计算	1. 购置、摊销或租赁费用； 2. 安装、调试； 3. 运行、维修
102-2-4-3-3	雾炮	套	以投入的污染防治机械设备，按不同设备种类，经监理认可后，以数量计算	1. 购置、摊销或租赁费用； 2. 安装、调试； 3. 运行、维修
102-2-4-3-4	扬尘噪声在线监测设备	套	以投入的污染防治机械设备，按不同设备种类，经监理认可后，以数量计算	1. 购置、摊销或租赁费用； 2. 安装、调试； 3. 运行、维修
102-2-4-4	**固体废弃物污染防治措施**			

续　表

子目编号	子目名称	单位	工程量计算规则	计价内容
102-2-4-4-1	危废暂存间（外购成品）	个	依据图示位置及规格，以监理人认可的危废暂存间大小，以数量计算	1. 购置、摊销或租赁费用； 2. 安装； 3. 运行费用； 4. 拆除回收
102-2-4-4-1	加盖四分类垃圾桶	个	以发生的费用为依据，由承包人提供相关票据或者证明资料，经监理人现场确认并签字后，以清单所列单位按照不同规格或型号计算	购置、摊销或租赁费用
102-2-4-5	**其他环境保护**			
……	……			
102-2-5	**钢筋加工厂环保措施**			
102-2-5-1	**施工生态保护措施**			
102-2-5-2	**水污染防治措施**			
102-2-5-2-1	沉砂池	个	按照《通用参考图集》标准图设计，以监理人认可的沉砂池大小，按数量计算	1. 基坑支护、开挖； 2. 施工排水； 3. 垫层及结构浇（砌）筑； 4. 水池防渗漏处理； 5. 模板制作、安装、拆除； 6. 钢筋制备、安装； 7. 混凝土配运料、拌和、运输、浇筑、振捣、养护； 8. 井盖制作、安装； 9. 回填； 10. 余土（渣）收集、定点弃置及场地清理
102-2-5-3	**大气污染防治措施**			
102-2-4-4	**固体废弃物污染防治措施**			
102-2-5-2-1	加盖四分类垃圾桶	个	以发生的费用为依据，由承包人提供相关票据或者证明资料，经监理人现场确认并签字后，以清单所列单位按照不同规格或型号计算	购置、摊销或租赁费用

续 表

子目编号	子目名称	单位	工程量计算规则	计价内容
102-2-5-5	其他环境保护			
……	……			
102-2-6	预制场环保措施			
102-2-6-1	施工生态保护措施			
102-2-6-2	水污染防治措施			
102-2-6-2-1	沉砂池	个	按照《通用参考图集》标准图设计，以监理人认可的沉砂池大小，按数量计算	1. 基坑支护、开挖； 2. 施工排水； 3. 垫层及结构浇（砌）筑； 4. 水池防渗漏处理； 5. 模板制作、安装、拆除； 6. 钢筋制备、安装； 7. 混凝土配运料、拌和、运输、浇筑、振捣、养护； 8. 井盖制作、安装； 9. 回填； 10. 余土（渣）收集、定点弃置及场地清理
102-2-6-2-2	切水井	个	依据图示位置及尺寸，区分结构形式及规格，以数量计算	1. 基坑开挖； 2. 施工排水； 3. 垫层及基础施工； 4. 切水井砌筑（含钢筋）； 5. 井盖及井圈采购、安装； 6. 回填； 7. 余土（渣收集及弃置）
102-2-6-2-3	切水阀门	个	以投入的污染防治机械设备，按不同设备种类，经监理认可后，以数量计算	1. 购置、摊销或租赁费用； 2. 安装、调试
102-2-6-2-3	三级隔油沉淀池	个	按照《通用参考图集》标准图设计，以监理人认可的沉淀池大小，按数量计算	1. 基坑支护、开挖； 2. 施工排水； 3. 垫层及结构浇（砌）筑； 4. 水池防渗漏处理； 5. 模板制作、安装、拆除； 6. 钢筋制备、安装； 7. 混凝土配运料、拌和、运输、浇筑、振捣、养护； 8. 井盖制作、安装； 9. 回填； 10. 余土（渣）收集、定点弃置及场地清理

续 表

子目编号	子目名称	单位	工程量计算规则	计价内容
102-2-6-3	大气污染防治措施			
102-2-6-4	固体废弃物污染防治措施			
102-2-6-4-1	危废暂存间（外购成品）	个	依据图示位置及规格，以监理人认可的危废暂存间大小，以数量计算	1. 购置、摊销或租赁费用； 2. 安装； 3. 运行费用； 4. 拆除回收
102-2-6-4-2	加盖四分类垃圾桶	个	以发生的费用为依据，由承包人提供相关票据或者证明资料，经监理人现场确认并签字后，以清单所列单位按照不同规格或型号计算	购置、摊销或租赁费用
102-2-6-5	其他环境保护			
……	……			
102-2-7	施工便道环保措施			
102-2-7-1	施工生态保护措施			
102-2-7-2	水污染防治措施			
102-2-7-2-1	三级隔油沉淀池	个	按照《通用参考图集》标准图设计，以监理人认可的沉淀池大小，按数量计算	1. 基坑支护、开挖； 2. 施工排水； 3. 垫层及结构浇（砌）筑； 4. 水池防渗漏处理； 5. 模板制作、安装、拆除； 6. 钢筋制备、安装； 7. 混凝土配运料、拌和、运输、浇筑、振捣、养护； 8. 井盖制作、安装； 9. 回填； 10. 余土（渣）收集、定点弃置及场地清理
102-2-7-3	大气污染防治措施			
102-2-7-3-1	进水口冲洗设备	台班	以投入的污染防治机械设备，按不同设备种类，经监理认可后，以数量计算	1. 购置、摊销或租赁费用； 2. 安装、调试； 3. 运行、维修

子目编号	子目名称	单位	工程量计算规则	计价内容
102-2-7-3-2	高压微雾除尘加湿器	套	以投入的污染防治机械设备，按不同设备种类，经监理认可后，以数量计算	1．购置、摊销或租赁费用； 2．安装、调试； 3．运行、维修
102-2-7-3-3	雾炮	套	以投入的污染治机械设备，按不同设备种类，经监理认可后，以数量计算	1．购置、摊销或租赁费用； 2．安装、调试； 3．运行、维修
102-2-7-4	**固体废弃物污染防治措施**			
102-2-7-5	**其他环境保护**			
……	……			
102-2-8	**采石场环保措施**			
102-2-8-1	**施工生态保护措施**			
102-2-8-1-1	表土剥离和保存	m³	依据图示位置，按照天然体积以立方米为单位计量	1．机械开挖； 2．挖除、装卸、运输、卸车、堆放； 3．施工排水处理； 4．现场清理； 5．保存养护
102-2-8-2	**水污染防治措施**			
102-2-8-2-1	沉砂池	个	按照《通用参考图集》标准图设计，以监理人认可的沉砂池大小，按数量计算	1．基坑支护、开挖； 2．施工排水； 3．垫层及结构浇（砌）筑； 4．水池防渗漏处理； 5．模板制作、安装、拆除； 6．钢筋制备、安装； 7．混凝土配运料、拌和、运输、浇筑、振捣、养护； 8．井盖制作、安装； 9．回填； 10．余土（渣）收集、定点弃置及场地清理
102-2-8-2-2	切水井	个	依据图示位置及尺寸，区分结构形式及规格，以数量计算	1．基坑开挖； 2．施工排水； 3．垫层及基础施工； 4．切水井砌筑（含钢筋）； 5．井盖及井圈采购、安装； 6．回填； 7．余土（渣）收集、定点弃置及场地清理

续　表

子目编号	子目名称	单位	工程量计算规则	计价内容
102-2-8-2-3	切水阀门	个	以投入的污染防治机械设备，按不同设备种类，经监理认可后，以数量计算	1．购置、摊销或租赁费用； 2．安装、调试
102-2-8-2-4	五级隔油沉淀池	个	按照《通用参考图集》标准图设计，以监理人认可的沉淀池大小，按数量计算	1．基坑支护、开挖； 2．施工排水； 3．垫层及结构浇（砌）筑； 4．水池防渗漏处理； 5．模板制作、安装、拆除； 6．钢筋制备、安装； 7．混凝土配运料、拌和、运输、浇筑、振捣、养护； 8．井盖制作、安装； 9．回填； 10．余土（渣）收集、定点弃置及场地清理
102-2-8-3	**大气污染防治措施**			
102-2-8-3-1	进水口冲洗设备	台班	以投入的污染防治机械设备，按不同设备种类，经监理认可后，以台班为数量计算	1．购置、摊销或租赁费用； 2．安装、调试； 3．运行、维修
102-2-8-3-2	高压微雾除尘加湿器	套	以投入的污染防治机械设备，按不同设备种类，经监理认可后，以数量计算	1．购置、摊销或租赁费用； 2．安装、调试； 3．运行、维修
102-2-8-3-3	雾炮	套	以投入的污染防治机械设备，按不同设备种类，经监理认可后，以数量计算	1．购置、摊销或租赁费用； 2．安装、调试； 3．运行、维修
102-2-8-3-4	扬尘噪声在线监测设备	套	以投入的污染防治机械设备，按不同设备种类，经监理认可后，以数量计算	1．购置、摊销或租赁费用； 2．安装、调试； 3．运行、维修
102-2-8-4	**固体废弃物污染防治措施**			
102-2-8-4-1	加盖四分类垃圾桶	个	以发生的费用为依据，由承包人提供相关票据或者证明资料，经监理人现场确认并签字后，以清单所列单位按照不同规格或型号计算	购置、摊销或租赁费用

子目编号	子目名称	单位	工程量计算规则	计价内容
102-2-8-5	其他环境保护			
……	……			
102-2-9	砂石料场环保措施			
102-2-9-1	施工生态保护措施			
102-2-9-1-1	表土剥离和保存	m³	依据图示位置，按照天然体积以立方米为单位计量	1．机械开挖； 2．挖除、装卸、运输、卸车、堆放； 3．施工排水处理； 4．现场清理； 5．保存养护
102-2-9-2	水污染防治措施			
102-2-9-2-1	沉砂池	个	按照《通用参考图集》标准图设计，以监理人认可的沉砂池大小，按数量计算	1．基坑支护、开挖； 2．施工排水； 3．垫层及结构浇（砌）筑； 4．水池防渗漏处理； 5．模板制作、安装、拆除； 6．钢筋制备、安装； 7．混凝土配运料、拌和、运输、浇筑、振捣、养护； 8．井盖制作、安装； 9．回填； 10．余土（渣）收集、定点弃置及场地清理
102-2-9-2-2	切水井	个	依据图示位置及尺寸，区分结构形式及规格，以数量计算	1．基坑开挖； 2．施工排水； 3．垫层及基础施工； 4．切水井砌筑（含钢筋）； 5．井盖及井圈采购、安装； 6．回填； 7．余土（渣）收集、定点弃置及场地清理
102-2-9-2-3	切水阀门	个	以投入的污染防治机械设备，按不同设备种类，经监理认可后，以数量计算	1．购置、摊销或租赁费用； 2．安装、调试；
102-2-9-2-4	板框压滤机	台班	以投入的污染防治机械设备，按不同设备种类，经监理认可后，以台班为数量计算	1．购置、摊销或租赁费用； 2．安装、调试； 3．运行、维修

续　表

子目编号	子目名称	单位	工程量计算规则	计价内容
102-2-9-2-5	废水沉淀池	个	按照《通用参考图集》标准图设计，以监理人认可的沉淀池大小，按数量计算	1．基坑支护、开挖； 2．施工排水； 3．垫层及结构浇（砌）筑； 4．水池防渗漏处理； 5．模板制作、安装、拆除； 6．钢筋制备、安装； 7．混凝土配运料、拌和、运输、浇筑、振捣、养护； 8．井盖制作、安装； 9．回填； 10．余土（渣）收集、定点弃置及场地清理
102-2-9-2-6	五级隔油沉淀池	个	按照《通用参考图集》标准图设计，以监理人认可的沉淀池大小，按数量计算	1．基坑支护、开挖； 2．施工排水； 3．垫层及结构浇（砌）筑； 4．水池防渗漏处理； 5．模板制作、安装、拆除； 6．钢筋制备、安装； 7．混凝土配运料、拌和、运输、浇筑、振捣、养护； 8．井盖制作、安装； 9．回填； 10．余土（渣）收集、定点弃置及场地清理
102-2-9-3	**大气污染防治措施**			
102-2-9-3-1	进水口冲洗设备	台班	以投入的污染防治机械设备，按不同设备种类，经监理认可后，以台班为数量计算	1．购置、摊销或租赁费用； 2．安装、调试； 3．运行、维修
102-2-9-3-2	高压微雾除尘加湿器	套	以投入的污染防治机械设备，按不同设备种类，经监理认可后，以数量计算	1．购置、摊销或租赁费用； 2．安装、调试； 3．运行、维修
102-2-9-3-3	雾炮	套	以投入的污染防治机械设备，按不同设备种类，经监理认可后，以数量计算	1．购置、摊销或租赁费用； 2．安装、调试； 3．运行、维修

子目编号	子目名称	单位	工程量计算规则	计价内容
102-2-9-3-4	扬尘噪声在线监测设备	套	以投入的污染防治机械设备，按不同设备种类，经监理认可后，以数量计算	1. 购置、摊销或租赁费用； 2. 安装、调试； 3. 运行、维修
102-2-9-4	**固体废弃物污染防治措施**			
102-2-9-4-1	危废暂存间（外购成品）	个	依据图示位置及规格，以监理人认可的危废暂存间大小，以数量计算	1. 购置、摊销或租赁费用； 2. 安装； 3. 运行费用； 4. 拆除回收
102-2-9-4-2	加盖四分类垃圾桶	个	以发生的费用为依据，由承包人提供相关票据或者证明资料，经监理人现场确认并签字后，以清单所列单位按照不同规格或型号计算	购置、摊销或租赁费用
102-2-9-5	**其他环境保护**			
……	……			
102-2-10	**表土堆放场环保措施**			
102-2-10-1	**施工生态保护措施**			
102-2-10-2	**水污染防治措施**			
102-2-10-2-1	土质排水沟	m	依据图示位置及尺寸，分不同规格的排水沟，按长度以米为的单位计量	1. 基础开挖； 2. 现场清理。
102-2-10-2-2	吨袋	m	依据图示位置及尺寸，按照铺筑长度以米为单位计算	1. 备材料及补助设施； 2. 装袋、缝口； 3. 中间填土夯实； 4. 清理
102-2-10-3	**大气污染防治措施**			
102-2-10-4	**固体废弃物污染防治措施**			
102-2-10-5	**其他环境保护**			
……	……			

附录A 施工环保工程措施费清单计量表格

施工环保费用清单计量表

项目名称：_____   标段：_____

第__页 共__页 表-01

子目编号	子目名称	单位	数量	单价（元）	合价（元）
清单 合计 人民币_____（元）					

编制：   复核：   编制日期：

第四分册
建设管理

1　总　则

1.0.1　本分册是在汲取现有高速公路生态环境保护管理经验的基础上，结合四川省高速公路建设生态环境管理的特点进行编写的，是对建设项目生态环境保护管理法规的具体细化和落实。

1.0.2　本分册主要针对四川省高速公路建设中的生态环境管理工作提出方法和建议，具体技术问题的解决应遵照有关技术标准和规范执行。

1.0.3　本分册仅为建设单位在高速公路建设生态环境管理中提供参考。

1.0.4　本分册中的条款并未全部包括高速公路建设生态环境管理有关的内容，未涉及的内容应按照有关现行法规和技术标准执行。

1.0.5　本分册并未重新划分参建各方的职责，各方应根据国家有关建设管理法规和规章的规定，承担各自的职权和责任。

2　建设前期生态环境保护管理工作

2.1　环境保护管理机构组成建议

2.1.1　建设单位环境管理机构组成

（1）建设单位应当建立生态环境保护工作领导机构，设置适应工作需要的生态环境保护部门，配备专职或兼职管理人员并明确职责。

（2）建设单位应当按照"党政同责、一岗双责"要求，建立健全生态环境保护责任体系。

2.1.2　环境保护管理模式建议

高速公路建设环境保护管理模式一般分为建设单位牵头管理，环境保护和水土保持管理中心两种模式：

（1）建设单位牵头管理模式，即在建设单位牵头管理下，环保咨询、水保监理、环保监测、水保监测等第三方技术咨询单位独立开展工作模式，该模式能发挥环境保护和水土保持第三方技术单位的专业性、独立性和公正性。

（2）环境保护和水土保持管理中心模式，即项目成立环境保护和水土保持管理中心，环保咨询单位为牵头单位，联合水保监理、环保监测、水保监测等第三方技术咨询单位开展环境保护和水土保持咨询监督管理，该模式更能发挥环境保护和水土保持技术咨询单位的团队支撑作用。

2.2　设计阶段管理

2.2.1　设计理念

（1）预防为主，保护优先：高速公路生态环境保护设计应树立"预防为主，保护优先"的理念，路线、工程方案等应坚持最大限度地保护、最小限度地破坏生态环境，尽可能降低后续施工对环境的影响。

（2）措施可行、经济合理：高速公路建设生态环境保护设计应在现行高速公路建设生态环境保护工作的先进经验基础上结合施工实际制定，确保措施可行，经济合理。

（3）因地制宜，融合协调：高速公路建设生态环境保护措施应因地制宜，与工程建设及沿线自然生态环境融合协调。

（4）科技创新、绿色低碳：高速公路建设生态环境保护措施应加强对环保科技创新成果的转化，合理运用环保新技术、新产品和新工艺，促进绿色低碳技术和产品在公路环境保护工程中的应用。

2.2.2 初步设计管理

（1）初步设计单位应在工可阶段环境影响评价的基础上，积极与项目环评、水保单位沟通协调，加强环保选线，尽可能避绕生态环境敏感区，对确不能避绕的路段应加强桥梁、隧道等重大工程的方案设计，从源头上减轻对环境的影响，减小施工期生态环境风险；主体设计应尽可能优化土石方量，减少取土弃渣及临时占地，对弃渣场、拌合站、预制场等临时工程宜在技术规范许可内合理确定数量及占地规模，利于施工图及实际开工阶段优化调整。环境保护和水土保持单位应与设计单位充分沟通交流，以确保所提环境保护和水土保持措施的合理性和可实施性。

（2）主体桥梁、隧道工程设计中应合理考虑环保措施费，如隧道应充分考虑洞内清污分流措施，桥梁桩基围堰施工措施，必要时将上部分工程量纳入设计；临时工程设计应结合本《指南》第二分册工程技术和第三分册工程造价的内容，根据项目区域特点尤其是项目涉及生态敏感区特点，将污水处理设施、扬尘监测设施、危废处理措施等工程数量纳入临时工程一览表，供概算编制及造价批复参考使用。概算应结合项目实际情况、环境影响评价和水土保持报告、敏感区专题报告及本《指南》第二分册工程技术和第三分册工程造价等，酌情计列相关环境保护措施费。

（3）过程咨询单位应结合项目环境影响评价和水土保持方案，着重就项目路线、工程方案的环保符合性进行审查，并重点关注各专业施工期环保措施要求及工程量计列，确定该部分概算的合理性。

（4）建设单位、设计单位应加强各专业各类型过程文件和最终成果的匹配性，加强与咨询成果审查（审批）单位的沟通汇报，及时处理相关问题，顺利通过审查（审批）工作。

2.2.3 施工图设计管理

（1）施工图设计单位应在初步设计及环境影响评价和水土保持方案基础上，尽量控制路线横向位移，对涉及生态环境敏感区的路段，应尽量保持路线及工程方案的一致性，尽可能避免发生重大变动。若确不能避免的，应提供路线变动理由，建设单位应同步启动项目环境影响评价和水土保持方案的重新报批工作，在重新报批阶段，环境影响评价和水土保持方案编制单位应加强与设计单位、建设单位的沟通协调，确保路线、工程方案以及环境保护和水土保持措施的合理性和可实施性。

（2）施工图设计单位应充分结合现场实际及建设单位标段划分及实际建设施工需求，确保临时工程尤其是弃渣场的布设满足法律法规及地方水行政主管部门要求，同时应在初步设计基础上尽可能优化减少临时工程的数量及用地规模。

（3）施工图设计应结合临时工程一览表，尽可能将临时环保措施工程量放入设计文件，供预算编制及造价批复参考使用。预算编制单位应结合项目实际情况、项目终版环境影响评价和水土保持方案、敏感区专题报告及本《指南》第二分册工程技术和第三分册工程造价等，在预算编制中酌情计列相关环境保护措施费。

（4）过程咨询单位应加强咨询审查工作，着重就路线横向位移以及涉及敏感区路段的路线及工程方案、施工工艺、施工组织等进行审核，对重新报批环评水保的项目应结合最新成果审核各项环境保护和水土保持措施。

（5）建设单位、设计单位应加强各专业各类型过程文件和最终成果的匹配，加强与咨询成果审查（审批）单位的沟通汇报，及时处理相关问题，顺利通过审查（审批）工作。

2.2.4 环境影响评价和水土保持方案编报

建设单位应及时组织环境影响评价文件、水土保持方案报批（审）材料，避免影响后续土地报件和项目施工。如初步设计阶段已固化主要路线方案，并确定生产工艺及防治污染、防止生态破坏、水土保持等措施的，可在此阶段编制环境影响评价文件、水土保持方案并送审。建设项目的环境影响评价文件、水土保持方案未依法经审批部门审查或者审查后未予批准的，建设单位不得开工建设。

涉及占用生态保护红线范围内的，如相关自然保护区、风景名胜区、森林公园、动植物保护区、水源保护地等，应做好相关论证，征得有关主管部门同意。需要占用基本农田，必须经国务院批准（《基本农田保护条例》），且应按规定编制基本农田环境保护方案。

2.3 环境影响评价和水土保持重大变动手续办理

2.3.1 环评重大变动及手续办理

（1）环评重大变动及判定。

根据《中华人民共和国环境影响评价法》和《建设项目环境保护管理条例》有关规

定，建设项目的环境影响评价文件经批准后，建设项目的性质、规模、地点、采用的生产工艺或者防治污染、防止生态破坏的措施发生重大变动的，建设单位应当重新报批建设项目的环境影响评价文件。建设单位应根据《建设项目环境影响评价分类管理名录》（2021年版）及四川省生态环境厅《关于调整建设项目环境影响评价文件分级审批权限的公告》（公告2019年第2号）相关要求将重大变动环境影响评价文件报各级生态环境行政主管部门审批。

建设单位组织相关技术单位，按照原环境保护部颁发的《关于印发环评管理中部分行业建设项目重大变动清单的通知》（环办〔2015〕52号）中"高速公路建设项目重大变动清单（试行）"规定，就现设计成果确定的性质、规模、地点、采用的生产工艺或者防治污染、防止生态破坏的措施等对照原环评报告书及其批复文件，开展重大变动分析，编制项目变动环境影响分析报告，咨询专家意见和评审后，判定是否属于重大变动；如难以确定，可报主管部门认定。

不属于重大变动的纳入竣工环境保护验收管理，建设单位应当将变动环境影响分析报告报送原审批部门及地方生态环境主管部门备案。属于重大变动的，建设单位应当委托技术单位编制项目环境影响评价文件（重新报批），在项目开工前办理完成重新报批手续，避免"未批先建"等环境违法行为。

（2）环评重新报批手续办理流程。

环境影响评价文件重新报批手续流程详见图4-1。

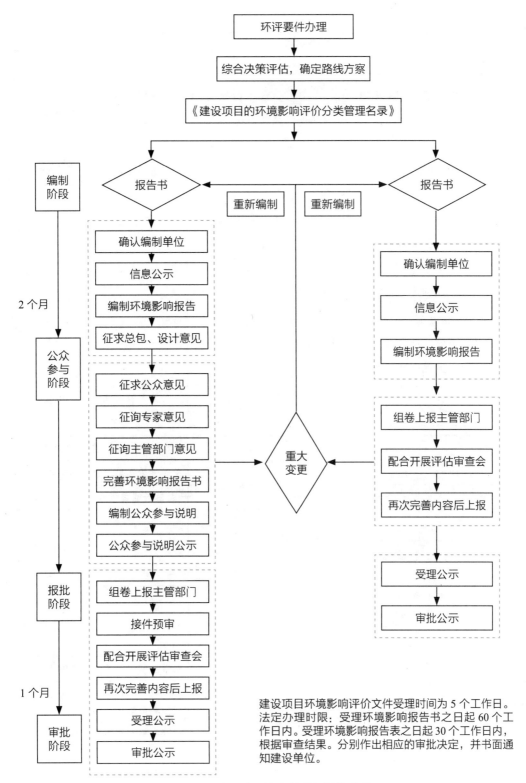

图4-1　环境影响评价文件重新报批流程

2.3.2　水保方案变更及手续办理

（1）水保方案变更及判定。

根据《中华人民共和国水土保持法》，水土保持方案经批准后，生产建设项目的地点、规模发生重大变化的，应当补充或者修改水土保持方案并报原审批机关批准。水土保持方案实施过程中，水土保持措施需要做出重大变更的，应当经原审批机关批准。

根据《水利部生产建设项目水土保持方案变更管理规定（试行）》（办水保〔2016〕65号），水土保持方案经批准后，生产建设项目地点、规模，水土保持措施，弃渣位置或堆渣量等发生重大变化，生产建设单位应补充或者修改水土保持方案。

其他变化纳入水土保持设施验收管理，并符合水土保持方案批复和水土保持标准、规范的要求。生产建设单位应当按照批准的水土保持方案，与主体工程同步开展水土保持后续设计，加强水土保持组织管理，严格控制重大变更。

（2）水保方案变更报批手续办理流程。

水保方案变更报告书（表）编制完成，通过技术评审后，报原审批部门进行审批。水保方案变更报批手续流程详见图4-2。

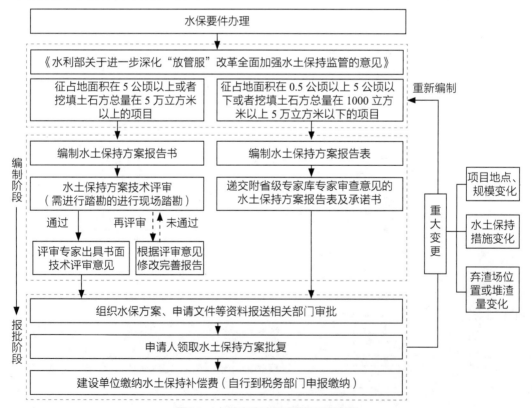

图4-2　水保方案变更报批手续流程

2.3.3　弃渣场水土保持方案变更手续办理流程

（1）弃渣场变更及判定。

根据《水利部生产建设项目水土保持方案变更管理规定（试行）》（办水保〔2016〕65号）、《水利部关于进一步深化"放管服"改革全面加强水土保持监督的意见》（水保〔2019〕160号），在水土保持方案确定的废弃砂、石、土、煤矸石、尾矿、废渣等专门存放地外新设弃渣场的，或者需要提高弃渣场堆渣量达到20%的，生产建设单位应编制水土保持方案变更报告书，报原审批部门审批。确需新设弃渣场的，生产建设单位征得所在地县级水行政等主管部门书面同意后先行使用，同步做好防护措施，保证不产生水土流失危害，并向原审批部门办理变更审批手续。

（2）弃渣场变更注意事项。

严禁在对公共设施、基础设施、工业企业、居民点等有重大影响的区域设置弃渣场；严禁在河湖管理范围内设置弃渣场；对可能影响行洪安全的弃渣场选址时，应进行行洪论证；4级及以上的弃渣场应开展稳定性评估；其他弃渣场应根据弃渣场选址、堆渣量、最大堆渣高度和周边重要防护设施情况，开展必要的稳定性评估。

（3）变更报批手续办理流程。

弃渣场变更报告书编制完成，通过技术评审后，报原审批部门进行审批。变更报批手续流程详见图4-3。

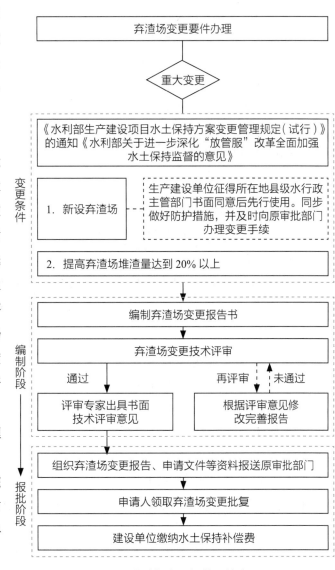

图4-3　弃渣场变更报批手续流程

2.4 招投标阶段管理

2.4.1 招标范围

严格按照《中华人民共和国招标投标法》《中华人民共和国招标投标实施条例》《必须招标的工程项目规定》等法律、法规、部门规章中要求的范围和规模标准规定，以及项目立项批复中要求的招标内容确定依法必须招标范围。

2.4.2 招标程序

严格遵守《中华人民共和国招标投标法》《中华人民共和国招标投标实施条例》中的相关规定，严格按照四川省交通运输厅、蜀道集团有关招标投标的管理办法、实施细则中的流程开展招标工作。招标文件评审和核备、评标委员会组成（含协助评标工作组组成）、合同签订等要求参照上述要求执行。

2.4.3 招标资质业绩强制性条件设置建议

（1）准入资质条件设置建议。

① 所有涉及环境保护、水土保持相关的招标项目，在设置准入资质条件时，须符合国家、行业的政策要求，并与招标项目内容相匹配，不得以国家不认可的、已废除的资质作为准入门槛。

② 鉴于目前我国工程建设仍实行监理制度，除公路工程环境保护监理已纳入土建施工监理内容外，水土保持监理招标的资质条件可设置为具有水利部颁发的水土保持工程施工监理甲级资质。

（2）准入主要业绩设置建议。

① 高速公路项目环境保护咨询及验收（环境保护监测）招标时应设置近5年至少承担过省级及以上环保行政主管部门批复的交通运输类建设项目环境保护咨询或环境保护监理或环境保护验收调查工作（环境保护监测工作）1个及以上（不包括土建施工监理工作中包含的环境保护监理工作）。

② 高速公路项目水土保持监理（水土保持监测）招标时应设置近5年至少承担过省级及以上水利行政主管部门批复的交通运输类建设项目水土保持监理工作（水土保持监测工作）1个及以上。

③ 省级及以上环保行政主管部门批复指环境影响报告书由省级及以上环保行政主管部门批复。省级及以上水利行政主管部门批复指水土保持方案报告书由省级及以上水利

行政主管部门批复。

④ 交通运输类建设项目指根据环保部行业标准《建设项目竣工环境保护验收技术规范 生态影响类》（HJ/T 394—2007）为公路、铁路、城市道路和轨道交通、港口和航运，管道运输等建设项目。

⑤ 主要业绩证明材料应清晰可辨，真实有效。

2.4.4　招标主要人员强制性条件设置建议

（1）主要人员的设置应当根据国家、省厅、蜀道集团的相关规定，结合招标项目的具体特点和实际需要合理确定，人员配置要求层次分明、资质满足、组合合理、数量足够、素质较高。

（2）高速公路项目土建施工招标时，应根据合同段环境保护和水土保持工作内容，设置环保管理部门，配备科长、环保内业、外业工作人员，各不少于1名；科长及工作人员应具有高速公路环保现场工作经验。

（3）高速公路项目土建施工监理招标时，应根据合同段环境保护和水土保持工作内容，设置环保专业监理工程师不少于1名，具有高速公路环保现场管理工作经验。

（4）高速公路项目环境保护咨询及验收招标时，应配备项目负责人、技术负责人、专业技术人员等主要人员。

项目负责人（技术负责人）应具有国家主管部门颁发的环境影响评价工程师（或注册环保工程师）证书、高级技术职称、在类似环保行政主管部门审批的交通运输类项目环境保护咨询或环境保护监理或环境保护验收调查工作中担任过项目负责人或技术负责人职务（不包括土建施工监理工作中包含的环境保护监理工作）。

专业技术人员应具有环保部环境影响评价司颁发的建设项目环境监理上岗证或环保部环境工程评估中心颁发的建设项目施工环境监理技术人员培训证或交通运输部颁发的施工安全生产与环境保护监理培训考试合格书、中级技术职称，参与过省级及以上环保主管部门批复的交通运输类建设项目环境保护咨询（或环境监理）专业技术工作。

（5）高速公路项目环境保护监测招标时，应配备项目负责人、技术负责人、专业技术人员等主要人员。

项目负责人（技术负责人）应具有省级及以上环境保护主管部门颁发环境监测上岗证、高级技术职称、担任过省级及以上环保行政主管部门批复的交通运输类建设项目环境监测项目负责人或技术负责人职务。

专业技术人员应具有中级技术职称、参与过省级及以上环保行政主管部门批复的交通运输类建设项目环境监测专业技术工作。

（6）高速公路项目水土保持监理招标时，应配备总监理工程师、副总监理工程师、专业监理工程师等主要人员。

总监理工程师（副总监理工程师）应具有中国水利工程协会颁发的全国水利工程建设监理工程师资格证书、高级技术职称、担任过省级及以上水利行政主管部门批复的交通运输类建设项目的水保监理项目总监理工程师或副总监理工程师职务。

专业监理工程师应具有中国水利工程协会颁发的全国水利工程建设监理工程师资格证书、中级技术职称、参与过省级及以上水利行政主管部门批复的交通运输类建设项目的水土保持监理项目监理工程师职务工作。

（7）高速公路项目水土保持监测招标时，应配备项目负责人、技术负责人、监测工程师等主要人员。

项目负责人（技术负责人）应具有水利部水土保持监测中心颁发的水土保持监测上岗技术培训证书或中国水土保持学会颁发的水土保持监测培训证书、高级技术职称、担任过省级及以上水利行政主管部门批复的交通运输类建设项目的水土保持监测项目负责人或技术负责人职务。

监测工程师具有水利部水土保持监测中心颁发的水土保持监测上岗技术培训证书或中国水土保持学会颁发的水土保持监测培训证书、中级技术职称、参与过省级及以上水利行政主管部门批复的交通运输类建设项目的水土保持监测专业技术工作。

（8）上述所有主要人员要求执业或职业或培训证书的，若因政策或其他不可抗力发生变化，导致证书变化或取消时，需对应进行调整或取消。

2.4.5　招标合同条款设置建议

（1）适用于交通运输行业制定的标准文本中通用条款、专用条款内容的招标项目，可按照文本中通用条款、专用条款内容，并结合项目管理实际情况进行项目专用条款的编写。

（2）不适用于交通运输行业制定的标准文本中合同条款内容的招标项目，可借鉴其他行业的标准文本，并结合项目管理实际情况进行合同条款的编写。合同条款中至少应写明各方的权利与义务，责任和保障，合同的生效、终止、变更、暂停与终止，费用及其支付，争端的解决等主要内容。

（3）合同条款中涉及环境保护、水土保持等技术方面的要求时，可参照本分册工程技术篇目执行。

2.4.6 招标限价设置建议

（1）最高投标限价是招标文件内容一部分，但又有其独立的造价方面的专业性，因此涉及环境保护、水土保持内容招标时，须单独编写招标最高投标限价。

（2）编制最高投标限价时依据须充分，根据项目特点和地域划分、批复的工程造价并结合市场因素认真编制，最高投标限价原则上不得超出经批准的同口径初步设计概算或施工图预算。

（3）高速公路项目土建施工招标时，编制最高投标限价可参照本分册工程造价篇目将环境保护和水土保持措施费采用工程量清单方式列出后测算。

（4）高速公路项目土建施工监理、环境保护咨询、环境保护监测、水土保持监理、水土保持监测等招标时，除采用国家规定的办法进行最高投标限价编写外，还可按照投入的人员数量和级别、办公设备、交通设备、生活设备，以及服务期限等因素进行综合测算确定。

（5）最高限价初稿编制完成后应充分利用蜀道集团的造价数据库信息，开展同区域、同类型造价大数据类比，同时可交由第三方咨询服务机构进行核查。

2.5 施工总承包合同

2.5.1 一般要求

（1）在签订施工总承包合同时，建设单位应与施工总承包单位签订《环境保护和水土保持合同》，作为施工总承包合同的一部分。

（2）施工总承包单位是环境保护和水土保持工作的主要实施者，建设单位应督促施工总承包单位针对环境保护和水土保持设置专门组织管理机构，明确各方职责，并配置具有环境保护和水土保持管理资质和经验的技术人员。

（3）建设单位应督促施工总承包单位编制环境保护与水土保持专项施工方案，建立环境保护和水土保持管理体系，明确环境保护和水土保持措施。

（4）建设单位应督促施工总承包单位加强对分包队伍的管理，应将环境保护和水土保持费用管理的相关要求纳入分包合同中。

（5）建设单位应将环境保护和水土保持相关内容纳入补充技术规范中。

（6）建设单位应结合项目本身的特点制定相应的环境保护和水土保持奖惩管理办法。

2.5.2　环境保护和水土保持专用条款

（1）总承包单位应根据环境保护及水土保持方面的法规和技术标准、项目环境影响评价报告书及批复、项目水土保持方案及批复等要求编写环境保护和水土保持实施方案。

（2）总承包单位在编写专项施工方案时，应考虑环境保护和水土保持的具体措施。在现场实施过程中，须严格按照审批的专项方案进行施工，确保环境保护和水土保持措施执行到位。

（3）总承包单位应将环境保护和水土保持作为一项长期性、日常性的工作，并加强对各工点环境保护和水土保持工作落实情况的监督和巡查，加强日常维护，确保所有环境保护和水土保持设施的正常运转。

（4）总承包单位应严格按照本分册工程技术篇目开展环境保护和水土保持工作，对涉及的特殊隧道涌水废水处治、高原草甸剥离和保存、特殊桥梁泥浆废水处理等专项措施进行专项设计、审批及实施。

（5）建设单位印发的环境保护和水土保持相关管理办法或实施细则，是合同的组成部分，总承包单位应贯彻执行。

（6）环境保护和水土保持专项费用应严格按照本分册工程造价篇目中的环境保护和水土保持费用清单进行填报，未列出的项目费用视为已综合考虑包含在清单其他项目单价中；建设单位根据项目实际情况，应对环境保护和水土保持费用清单单价进行研判、核实和管理。

2.5.3　环境保护和水土保持费用管理要点

（1）在签订施工总承包合同时，建设单位可要求总承包单位按照本分册工程造价篇目中施工环境保护措施费清单格式填报环境保护和水土保持费用，并在工程量清单说明中注明环境保护和水土保持费用包括施工环境保护和水土保持建安工程费和施工环境保护和水土保持运营维护费两部分。

施工环境保护措施费清单费按预付核销的形式据实支付，可分批按环境保护和水土保持建安工程费总额一定比例支付。首次环境保护和水土保持建安工程费在承包人进场后支付。环境保护和水土保持建安工程费用计量金额用于冲抵环境保护和水土保持建安工程费用预付金，预付比例金额冲抵完毕后，方可预支付下批次环境保护和水土保持建安工程费用，直至环境保护和水土保持建安工程费用全部支付核销完毕。建设单位还可剩余一定比例的环境保护和水土保持建安工程费用并根据承包人实际投入情况进行计量支付，直至该部分支付完毕。

施工环境保护和水土保持运营维护费采用总额包干使用。建设单位应对承包单位运营维护情况进行核查，若发现承包单位未按要求进行环境保护和水土保持相关的运行维护，建设单位有权扣留部分或全部施工环境保护和水土保持运营维护费作为违约金，不再支付。

对特殊隧道涌水废水处治、高原草甸剥离和保存、特殊桥梁泥浆废水处理等专项措施费按设计审批情况据实支付。

（2）在签订施工总承包合同时，总承包单位按照本分册及通用参考图集将涉及本合同段的环境保护和水土保持的具体子目、数量填入到工程量清单中。

（3）环境保护和水土保持费用具体支付方式将按照合同条款，以及建设单位制定的环境保护和水土保持费用使用管理办法等规定的方式进行支付。

3　建设期生态环境保护管理工作

建设单位在施工阶段全面负责环境保护和水土保持管理工作，工程监理单位负责现场管理，施工单位负责落实环境保护和水土保持措施。

建设单位通过工程监理服务合同将环境保护和水土保持现场管理委托给工程监理，对施工单位的环境保护和水土保持措施落实和监理现场管理负有监督、检查、指导的职责。工程监理应配备专职环境保护和水土保持监理人员，负责施工现场环境保护和水土保持检查工作，确保各项环境保护和水土保持措施落实到位。

建设单位可委托有资质的第三方单位开展环境保护和水土保持技术咨询、监理、监测服务指导施工单位落实施工期各项环境保护和水土保持措施，确保环境保护和水土保持"三同时"的有效执行，并指导、检查、监督和协调服务期内的环境保护和水土保持监测工作。

3.1　施工准备阶段管理

3.1.1　建设单位开工准备工作

（1）办理开工前置手续。开工前，建设单位应取得环境影响报告书、水土保持方案的正式批复文件，并报属地行业主管部门备案。

（2）依法及时缴纳完成水土保持补偿费。

（3）建立生态环境保护管理体系。建立环境保护和水土保持教育培训、隐患排查与整改销号、考核与奖惩、费用计量、内业资料归档等管理制度；建立环境保护和水土保持管理组织保障体系，明确组织机构、人员分工及职责；制定突发环境事件风险应急预案，及时向行业主管部门备案。

（4）主动接受监督检查。根据项目属地环境保护和水土保持行业主管部门要求，提交建设项目环境保护、水土保持相关信息资料，主动接受各级督察检查以及社会监督。

（5）履行监督指导职责。根据项目环评报告、水保方案及批复，结合项目现场实地条件，督促施工单位编制与项目配套的生态环境保护施工专项方案。

（6）风险管控及排查。根据指南风险防控要求，开展生态环境风险隐患排查及管控，形成项目环境风险防控清单。

3.1.2　工程监理开工准备工作

（1）配置生态环境保护专业人员。按照监理合同规定，工程监理单位应配备环境保护和水土保持专业监理工程师，明确监理职责和工作内容，保证全过程、全方位地对施工期环境保护和水土保持工作有效控制。

（2）建立生态环境保护管理体系。工程监理单位应按照"党政同责、一岗双责、三管三必须"要求，成立生态环境保护领导组织机构，编制生态环境保护管理制度和实施办法，编制突发环境事件风险应急预案等。

（3）编制生态环境保护监理细则。开工前，工程监理单位应及时编制生态环境保护监理细则，明确监理内容和职责，提出有效监理措施。

（4）审批生态环境保护施工方案。审查施工组织设计环境保护和水土保持专篇内容、环境保护和水土保持专项施工方案、场地规划方案，督促施工单位及时办理临建工程施工前置手续。

（5）风险管控及排查。根据指南风险防控要求，开展生态环境风险隐患排查及管控，形成项目环境风险防控清单。

3.1.3　施工单位开工准备工作

（1）配置生态环境保护专业人员。按照承包合同规定，施工单位应配备环境保护和水土保持专业工程师，明确施工单位职责和工作内容，保证全过程、全方位地对施工期环境保护和水土保持措施的落实。

（2）建立生态环境保护管理体系。施工单位应按照"党政同责、一岗双责、三管三必须"要求，成立生态环境保护领导组织机构，编制生态环境保护管理制度和实施办法，编制突发环境事件风险应急预案等。

（3）编报生态环境保护实施方案。施工单位应根据环境保护和水土保持相关政策、法规、环评报告、水保方案及批复、指南等，在施工组织设计中编制有针对性的环境保护和水土保持专篇内容、环境保护和水土保持专项施工方案，并上报工程监理、环保咨询及水保监理审批。

（4）办理开工前置手续。施工单位临建工程、取弃土场、隧道洞渣综合利用碎石加工厂开工前，应取得临时用地、取水许可等相关行政手续，同时应与环评报告、水保方案批复一致。施工过程中，如新建采石（砂）场、砂石加工厂等项目环评文件未包含临建工程，须办理补充用地、取水、环评和水土保持等相关行政手续，涉水涉河的点位还需办理行洪论证，待手续齐全、环境保护措施验收合格后方可投入使用，严禁未批先建、未验先投。

（5）风险管控及排查。根据指南风险防控要求，开展生态环境风险隐患排查及管控，形成项目环境风险防控清单。

3.1.4　第三方单位开工准备工作

（1）生态环境保护监理（咨询）单位：按照合同约定，组建现场工作机构，明确人员分工和职责；编制咨询（监理）工作实施方案（细则），制定各项规章制度；参与审查施工组织设计、开工报告中生态环境保护相关内容及生态环境保护专项施工方案；指导施工单位办理施工前置手续。

（2）生态环境保护监测单位：按照合同约定，组建现场工作机构，明确人员分工和职责；根据环评报告、水保方案及批复要求，编制施工期生态环境保护监测实施方案等。

（3）风险管控及排查。根据指南风险防控要求，开展生态环境风险隐患排查及管控，形成项目环境风险防控清单。

3.2　施工阶段管理

3.2.1　生态环境保护现场管理

（1）建设单位。

建设单位应按环境保护和水土保持措施保证体系要求，组织开展环境保护和水土保持检查。主要包括：

① 定期检查。原则上每月开展一次。

② 环境保护和水土保持专项检查。原则上每季度进行一次，应依据政策法规、环评报告、水保方案及批复、指南和环境保护和水土保持专项方案等开展全方位、全过程的生态环境问题检查。检查形式有查阅内业资料、现场检查、询问交谈、调查核实等。

③ 检查内容。检查主要内容为合规类问题、管理类问题、环境类问题、其他问题。资料检查包括抽查监理验收资料和记录、施工单位环境保护和水土保持措施保证体系的自检资料、相关台账、合同、协议等。

④ 检查结果通报。检查结果及时向参建各方通报，提出整改要求，责成责任单位限期整改，形成闭环管理。

⑤ 工地巡查。应委派现场环境保护和水土保持管理人员对施工过程进行有效管控，通过工地巡查、监督监理和施工单位的环境保护和水土保持保证体系运转情况。

（2）工程监理。

工程监理对施工现场负有监督管理职责。主要包括：

① 检查环境保护和水土保持手续落实情况。检查施工现场环境保护和水土保持相关手续办理情况。

② 检查环境保护和水土保持措施落实情况。按照环评报告、水保方案及批复和相关指南检查环境保护和水土保持措施落实情况。

③ 检查环境保护和水土保持设备运维情况。检查施工单位环境保护和水土保持相关设施设备运维台账、影像资料。

⑤ 发出监理指令。工程监理应对检查中发现的问题立即发出警告、整改、返工、停工、暂停或不予计量等监理指令，并将施工单位违约情况报告建设单位，按有关违约条款进行处罚，并督促整改落实。

（3）环保咨询和水保监理。

① 开展定期检查。依据政策法规、环评报告、水保方案及批复、指南和环境保护和水土保持专项方案，检查施工单位环保措施落实情况，对检查结果提出预警和整改措施，并做好相关记录报建设单位。

② 定期向相关部门报备。定期向建设单位、省级和属地环境保护和水土保持主管部门（如需要）报送环境保护和水土保持专项工作报告，包括但不限于季报、年报及建设单位要求提交的其他报告。

③ 协助解决重大技术问题。协助建设单位对重大技术问题进行专题讨论。

（4）环保和水保监测。

① 定期开展监测。按照环境保护和水土保持监测实施方案开展现场环境和水保监测工作，确保监测数据真实有效。

② 定期向相关部门报备。定期向建设单位、属地环境保护和水土保持主管部门报送环境和水保监测报告。

③ 协助解决重大技术问题。协助建设单位对重大技术问题进行专题讨论。

3.2.2　合同及费用管理要点

（1）程序：环境保护和水土保持计量支付和合同变更按照主体工程计量合同和变更程序执行，纳入主体工程计量和变更。

（2）现场验收：按照施工图确定的位置、几何尺寸、数量和质量开展验收工作，建设单位、工程监理、环保咨询、水保监理应签字确认。

4　竣工阶段环境保护和水土保持专项验收管理

4.1　环保专项验收管理要点

4.1.1　责任主体

根据生态环境保护部《建设项目竣工环境保护验收暂行办法》（国环规环评〔2017〕4号）文件，建设单位是建设项目竣工环境保护验收的责任主体，应当按照本办法规定的程序和标准，组织对配套建设的环境保护设施进行验收，编制验收报告，公开相关信息，接受社会监督，确保建设项目需要配套建设的环境保护设施与主体工程同时投产或者使用，并对验收内容、结论和所公开信息的真实性、准确性和完整性负责，不得在验收过程中弄虚作假，防止久拖不验。

4.1.2　验收范围

高速公路项目竣工环境保护验收范围包括：

（1）与建设项目有关的各项环境保护设施，包括为防治污染和保护环境所建成或配备的工程、设备、装置和监测手段，各项生态保护设施。

（2）环境影响报告书和有关项目设计文件规定应采取的其他各项环境保护措施。

4.1.3　验收的依据

主要根据为建设项目环境保护相关法律、法规、规章、标准和规范性文件，《建设项目竣工环境保护验收暂行办法》（国环规环评〔2017〕4号）和建设项目竣工环境保护验收技术规范如《建设项目竣工环境保护验收技术规范　生态影响类》（HJ/T 394—2007）、《建设项目竣工环境保护验收技术规范　公路》（HJ 552—2010）及《建设项目竣工环境保护验收现场检查及审查要点》以及建设项目环境影响报告书及审批部门审批决定等。

4.1.4　验收前置条件及工况要求

（1）建设单位不具备编制验收监测（调查）报告能力的，可以委托有能力的技术机构编制。建设单位对受委托的技术机构编制的验收监测（调查）报告结论负责。

（2）以建设单位主要领导为组长成立竣工环境保护验收工作组，同时可邀请至少三名专业技术专家为验收特邀专家协助把关。

（3）环保竣工资料编制完成，建设前期环境保护审查、审批手续完备，技术资料与环境保护档案资料齐全。

（4）环境保护设施及其他措施等已按批准的环境影响报告书和设计文件的要求建成或者落实。

（5）工程监理完成对生态保护、噪声污染防治、径流收集等环境保护设施验收，安装质量符合工程验收规范、规程和检验评定标准。

（6）具备环境保护设施正常运转的条件，包括：经培训合格的操作人员、健全的岗位操作规程及相应的规章制度，原料、动力供应落实，符合交付使用等要求。

（7）各项生态保护措施按环境影响报告书规定的要求落实，建设项目建设过程中受到破坏并可恢复的环境已按规定采取了恢复措施。

（8）环境影响报告书提出需对环境保护敏感点进行环境影响验证，对施工期环境保护措施落实情况进行工程环境监理的，已按规定要求完成。

（9）建设单位如实查验、监测、记载建设项目环境保护设施的建设和调试情况，完成编制验收调查报告，且不存在以下情况的：

① 未按环境影响报告书及其审批部门审批决定要求建成环境保护设施，或者环境保护设施不能与主体工程同时投产或者使用的；

② 污染物排放不符合国家和地方相关标准、环境影响报告书及其审批部门审批决定或者重点污染物排放总量控制指标要求的；

③ 环境影响报告书经批准后，该建设项目的性质、规模、地点、采用的生产工艺或者防治污染、防止生态破坏的措施发生重大变动，建设单位未重新报批环境影响报告书（表）或者环境影响报告书（表）未经批准的；

④ 建设过程中造成重大环境污染未治理完成，或者造成重大生态破坏未恢复的；

⑤ 纳入排污许可管理的建设项目，无证排污或者不按证排污的；

⑥ 分期建设、分期投入生产或者使用依法应当分期验收的建设项目，其分期建设、分期投入生产或者使用的环境保护设施防治环境污染和生态破坏的能力不能满足其相应主体工程需要的；

⑦ 建设单位因该建设项目违反国家和地方环境保护法律法规受到处罚，被责令改正，尚未改正完成的；

⑧ 验收报告的基础资料数据明显不实，内容存在重大缺项、遗漏，或者验收结论不明确、不合理的；

⑨ 其他环境保护法律法规规章等规定不得通过环境保护验收的。

（10）验收工况：验收调查按实际交通量进行调查，注明实际交通量。未达到预测交通量的75%时，对中期预测交通量进行校核，并按校核的中期预测交通量对主要生态环境保护措施进行复核。

4.1.5　竣工环境保护验收现场检查及审查要点

（1）工程建设情况检查及审查要点。

核查工程建设性质、内容、线位、主要技术指标、控制点与环评文件及批复的一致性。重点关注工程新增服务设施周边的环境敏感目标情况、配套污染防治设施建设情况等；线位调整原因导致的工程与敏感目标的相对位置变化情况，环评报告书中要求落实的各项措施及监测情况。

（2）环境保护措施落实情况检查及审查要点。

① 生态环境：工程施工营地、站场、施工便道、取弃土（渣）场等临时占地和互通立交、边坡、桥下永久占地、服务区、收费站、管理处等永久占地的生态恢复措施落实情况。核实工程线路与自然保护区、风景名胜区、重点保护野生动植物及其栖息地、野生动物通道、基本农田等敏感目标的相对位置、穿越方式、生态环境保护措施落实情况。

② 声环境：公路中心线两侧声环境敏感点分布情况，敏感点建设时序、执行声环境功能区标准情况。施工期高噪声设备隔声、减振等降噪措施的落实情况。沿线声环境敏感点拆迁、搬迁、功能置换措施的落实情况；声屏障措施落实情况，重点关注声屏障类型、安装位置、长度及高度等；声环境敏感点隔声窗安装落实情况。

③ 水环境：服务设施污水处理设施建设、运行和排放情况。涉及饮用水水源保护区的，重点核查工程与其建设时序、相对位置、穿越方式、工程防护和水环境保护措施。

④ 大气环境、固体废物：服务设施锅炉设置和废气处理设施建设和运行情况。服务设施产生的一般固体废物和危险废物处理处置情况。

⑤ 环境风险防范：环境风险防范设施、环境应急装备、物资配置情况，突发环境事件应急预案编制、备案和演练情况。涉及饮用水水源保护区，地表水Ⅰ、Ⅱ类敏感水体，自然保护区，风景名胜区等特殊敏感目标的，重点核查防撞护栏、桥面径流收集系统和应急物资储备等环境风险防范设施和措施的落实情况。涉及饮用水水源保护区调整（含新增）的，核查相应环境风险防范设施和措施的完善或增补情况。

4.1.6　验收的程序

编制竣工环保验收调查报告→组织自主验收→形成验收意见→向社会公开验收情况

→报备验收材料→监管平台填报项目相关信息。除按照国家需要保密的情形外，建设单位应当通过其网站或其他便于公众知晓的方式，向社会公开下列信息：

（1）建设项目配套建设的环境保护设施竣工后，公开竣工日期。

（2）对建设项目配套建设的环境保护设施进行调试前，公开调试的起止日期。

（3）验收报告编制完成后5个工作日内，公开验收报告，公示的期限不得少于20个工作日。

（4）建设单位公开上述信息的同时，应当向所在地县级以上生态环境主管部门报送相关信息，并接受监督检查。

（5）除需要取得排污许可证的水、大气、固体废物污染防治设施外，其他环境保护设施的验收期限一般不超过3个月；需要对该类环境保护设施进行调试或者整改的，验收期限可以适当延期，但最长不超过12个月。（验收期限是指自建设项目环境保护设施竣工之日起至建设单位向社会公开验收报告之日止的时间。）

验收报告公示期满后5个工作日内，建设单位应当登录全国建设项目竣工环境保护验收信息平台（http://114.251.10.205/#/pub-message），填报建设项目基本信息、环境保护设施验收情况等相关信息。建设单位应当将验收报告以及其他档案资料存档备查。验收流程及要点见图4-4。

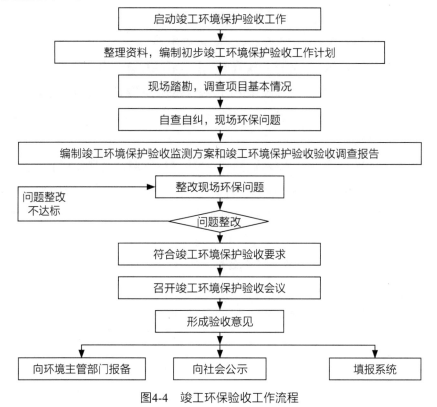

图4-4　竣工环保验收工作流程

4.1.7 验收工作具体内容

（1）成立验收工作组。

为提高验收的有效性，在验收的过程中，建设单位需组织成立以主要领导为组长的验收工作组，采取现场检查、资料查阅、召开验收会议等方式，开展验收工作。验收工作组可以由设计单位、施工单位、环境影响报告书（表）编制机构、环保技术咨询单位（环保验收调查单位）等单位代表以及专业技术专家等组成，代表范围和人数自定。环保技术咨询单位（环保验收调查单位）根据合同要求协助建设单位开展项目竣工环境保护验收工作。

（2）验收准备资料。

① 建设单位：项目环境影响报告书（报批稿）和批复文件；用地批复文件、临建场地补偿费缴纳凭证及征收通知文件；项目可行性研究报告批复或核准批复；项目初步设计文件相关资料及批复文件；项目施工图设计文件相关资料及批复文件；水土保持方案（含变更）文件及相应批复文件（含变更）；水土保持验收文件及批复文件；各级环保行政主管部门检查、通报、整改要求及整改回复；大事记、工程简报、会议培训等重要环保工程节点资料；建设单位总结报告或者项目执行报告，内容包括本项目的最终的实际里程、桥梁、互通、服务区、收费站、管理处等情况介绍；施工单位、绿化单位、房建单位交工验收报告；实际投资、实际环保投资及明细。

② 工程监理单位：施工标段的环境管理台账及环境检查记录；工程监理单位所发整改通知单及施工单位回复单、因环境保护问题签发的指令等；与建设单位、施工单位、设计单位往来的环境保护文件；与环境保护有关的会议记录和纪要；工程监理总结报告；相关主管部门要求的其他资料。

③ 环境保护和水土保持技术咨询单位：环境保护咨询总结报告；水土保持验收报告；环境监测总结报告；竣工验收环境监测报告；竣工环境保护验收调查报告。

④ 总包单位：环境检查记录；施工总结报告；与环境保护有关的会议记录和纪要；相关主管部门要求的其他资料。

⑤ 施工单位：施工图纸与设计图纸进行对照、列出变化情况一览表，说明其具体变更内容、原因及有关情况；临时性占地（如施工便道、施工营地、场站等）平面布置图，临时性占地的数量，恢复措施和恢复效果等；环境保护设施和措施的落实，包括便道、临时驻地、预制场拌和场、泥浆池、化粪池、声屏障、隔声窗、应急事故池、污水处理设施等位置、分布及数量；施工过程中产生的固体废弃类型、数量、去向以及处置方式；施工环境保护措施执行效果的自查记录、监测记录及整改措施等；环境敏感区内

施工作业环境保护措施落实情况；施工过程中合同协议，如农田补偿协议、生态恢复工程合同、委托处理废水、废气、噪声的相关文件、合同等；环保工作报告；与监理单位往来环境保护方面文件，包括环保技术咨询单位的联系单、整改通知及回复单、环境保护检查报告表、环保事故报告表等；环境恢复记录，包括各临时占地初始的地形地貌、地表植被等自然特征的文字描述和影像记录，便道、临时用房、预制场、拌和场、泥浆池、化粪池等所有临时工程和临时设施的清理和环境恢复的文字和影像记录，相关主管部门要求的其他资料等；检查合同约定的其他各项环境保护目标和措施的完成情况。

（3）临建场地施工迹地恢复管理。

① 施工完毕后及时拆除清运临时工程、临时设施、硬化土地等，在拆除过程中优化施工时序和方法，尽量避免造成新的水土流失。对拆除后的场地及时进行平整、修整，恢复土地可供利用的状态。

② 按照环水保报告及其批复中对该临时用地使用完成后土地利用方向的要求，恢复该临时用地为耕地、林地、草地、建设用地等。

③ 持续加强临时用地恢复原土地利用过程中的水土流失状况监测，及时掌握水土流失的变化，进一步提高水土流失防治成效。

（4）临建场地施工迹地验收及移交。

① 临建场地施工迹地使用完毕后，根据用地协议、环水保要求，完成对该用地的土地利用恢复、植被恢复等，由建设单位牵头，组织施工单位、监理单位对其环水保措施及质量进行验收，并保存手续办理、费用交纳、环水保措施实施及成效的相关资料，作为工程环水保自主验收资料的重要组成部分。

② 验收合格后应及时移交当地政府。

4.2 水保专项验收管理要点

4.2.1 责任主体

水利部《关于加强事中后监管规范生产建设项目水土保持设施自主验收的通知》（水保〔2017〕365号），对依法编制水土保持方案报告书的生产建设项目在投产使用前，生产建设单位应根据水土保持方案及其审批决定等，组织第三方机构编制水土保持设施验收报告，验收报告编制完成后组织设施验收工作并明确验收结论；验收合格后向社会公开验收情况，接受公众监督；项目投产使用前向水土保持方案审批机关报备水土保持设施验收材料。

4.2.2　验收范围

高速公路项目水土保持设施验收范围包括：

（1）与建设项目有关的各项水土保持设施，包括拦渣、边坡防护、截（排）水、土地整治、植物措施等。

（2）水保方案和有关项目设计文件规定应采取的其他各项水土保持设施。

4.2.3　验收依据

主要根据为建设项目水土保持相关法律、法规、规章、标准和规范性文件，水利部《关于加强事中后监管规范生产建设项目水土保持设施自主验收的通知》（水保〔2017〕365号），建设项目水土保持方案及批复文件等。

4.2.4　验收前置条件及工况要求

自主验收以水土保持方案（含变更）及其批复，水土保持初步设计和施工图设计及其审批（审查、审定）意见为主要依据，具备以下条件：

（1）水土保持方案（含变更）编报、初步设计和施工图设计等手续完备。

（2）水土保持监测资料齐全，成果可靠。

（3）水土保持监理资料齐全，成果可靠。

（4）水土保持设施按经批准的水土保持方案（含变更）、初步设计和施工图设计建成，符合国家、地方、行业标准、规范、规程的规定。

（5）水土流失防治指标达到了水土保持方案批复的要求。

（6）重要防护对象不存在严重水土流失危害隐患。

（7）水土保持设施具备正常运行条件，满足交付使用要求，且运行、管理及维护责任得到落实。

（8）依法依规缴纳水土保持补偿费。

4.2.5　水土保持设施验收现场检查及审查要点

（1）依法编制水土保持方案报告书的生产建设项目投产使用前，生产建设单位应当根据水土保持方案及其审批决定等，组织第三方机构编制水土保持设施验收报告。

（2）水土保持设施验收报告编制完成后，生产建设单位应当按照水土保持法律法规、标准规范、水土保持方案及其审批决定、水土保持后续设计等，组织水土保持设施验收工作，形成水土保持设施验收鉴定书，明确水土保持设施验收合格的结论。

（3）生产建设单位应当在水土保持设施验收合格后，通过其官方网站或者其他便于公众知悉的方式向社会公开水土保持设施验收鉴定书、水土保持设施验收报告和水土保持监测总结报告。对于公众反映的主要问题和意见，生产建设单位应当及时给予处理或者回应。

（4）生产建设单位应在向社会公开水土保持设施验收材料后、生产建设项目投产使用前向水土保持方案审批机关报备水土保持设施验收材料。报备材料包括水土保持设施验收鉴定书、水土保持设施验收报告和水土保持监测总结报告。

4.2.6　验收的程序

（1）编制验收报告。

生产建设单位组织第三方技术服务机构编制水土保持设施验收报告，报告应符合水土保持设施验收报告示范文本的格式要求，对项目法人法定义务履行情况、水土流失防治任务完成情况、防治效果情况和组织管理情况等进行评价，作出水土保持设施是否符合验收合格条件的结论，并对结论负责。

《四川省水利厅转发水利部关于加强事中事后监管规范生产建设项目水土保持设施自主验收的通知》（川水函〔2018〕887号）要求，同一项目的水土保持监测、监理机构不得承担水土保持设施验收报告编制工作。

（2）成立验收工作组。

验收报告编制完成后，生产建设单位组织成立验收工作组。验收工作组由生产建设单位、水土保持方案编制、设计、施工、监测、监理及验收报告编制等单位代表组成，同时可邀请至少三名专业技术专家为验收特邀专家协助把关。大中型交通项目或涉及10万立方米（含）以上弃渣场的项目，应当邀请水土保持专家参加验收。

（3）开展自主验收。

① 现场检查：验收工作组应对各防治区的水土保持措施实施情况和措施的外观、数量、防治效果进行检查，重点查看弃渣场、高陡边坡、取料场、施工道路等扰动破坏严重的区域，对还需加强整改点位印发文件督促相关单位落实整改。

② 资料查阅：重点查阅水土保持方案审批、后续设计及设计变更资料、水土保持补偿费缴纳凭证、水土保持监测记录及监测季报、水土保持监理记录及监理报表、水土保持单位工程及分部工程验收签证、水行政主管部门历次监督检查意见及整改情况等资料。

③ 召开会议：验收工作组在听取水土保持方案编制、设计、施工、监理、监测、验收报告编制等单位汇报并经质询讨论后宣布验收意见。对满足验收合格条件的，形成生

产建设项目水土保持设施验收鉴定书，验收组成员签字；对不满足验收合格条件的生产建设。

④ 验收公示：对验收合格的项目，生产建设单位在10个工作日内将水土保持设施验收鉴定书、水土保持监测总结报告和水土保持设施验收报告通过其官方网站或上级单位网站、行业网站、项目属地政府部门网站向社会公开，对于公众反映的主要问题和意见，生产建设单位应当及时给予处理或者回应。

⑤ 报备验收材料：生产建设单位在向社会公开水土保持设施验收材料后、生产建设项目投产使用前，向水土保持设施验收报备机关报备验收材料。验收流程及要点见图4-5。

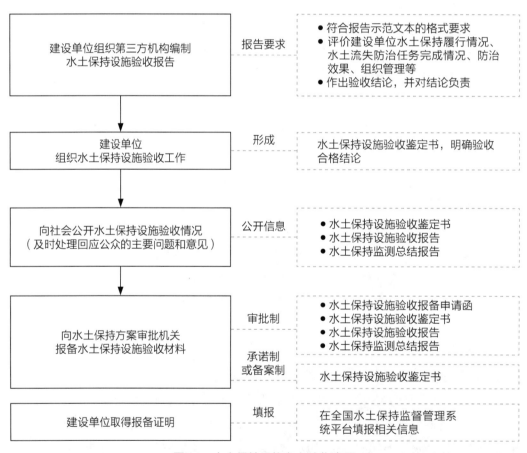

图4-5   水土保持设施自主验收流程

第五分册
政策法规汇编

1 要件手续类

1.1 法律摘录

【文件名称】中华人民共和国环境影响评价法（2018年修正）
【发布时间】2002年10月
【发布机构】全国人民代表大会常务委员会

第二十四条 建设项目的环境影响评价文件经批准后，建设项目的性质、规模、地点、采用的生产工艺或者防治污染、防止生态破坏的措施发生重大变动的，建设单位应当重新报批建设项目的环境影响评价文件。

建设项目的环境影响评价文件自批准之日起超过五年，方决定该项目开工建设的，其环境影响评价文件应当报原审批部门重新审核；原审批部门应当自收到建设项目环境影响评价文件之日起十日内，将审核意见书面通知建设单位。

第二十五条 建设项目的环境影响评价文件未依法经审批部门审查或者审查后未予批准的，建设单位不得开工建设。

第三十一条 建设单位未依法报批建设项目环境影响报告书、报告表，或者未依照本法第二十四条的规定重新报批或者报请重新审核环境影响报告书、报告表，擅自开工建设的，由县级以上生态环境主管部门责令停止建设，根据违法情节和危害后果，处建设项目总投资额百分之一以上百分之五以下的罚款，并可以责令恢复原状；对建设单位直接负责的主管人员和其他直接责任人员，依法给予行政处分。

建设项目环境影响报告书、报告表未经批准或者未经原审批部门重新审核同意，建设单位擅自开工建设的，依照前款的规定处罚、处分。

建设单位未依法备案建设项目环境影响登记表的，由县级以上生态环境主管部门责令备案，处五万元以下的罚款。

【文件名称】中华人民共和国环境保护税法（2018年修正）
【发布时间】2016年12月
【发布机构】全国人民代表大会常务委员会

第二条　在中华人民共和国领域和中华人民共和国管辖的其他海域，直接向环境排放应税污染物的企业事业单位和其他生产经营者为环境保护税的纳税人，应当依照本法规定缴纳环境保护税。

第三条　本法所称应税污染物，是指本法所附《环境保护税税目税额表》《应税污染物和当量值表》规定的大气污染物、水污染物、固体废物和噪声。

【文件名称】中华人民共和国公路法（2016年修正）
【发布时间】1998年1月
【发布机构】全国人民代表大会常务委员会

第三十条　公路建设项目的设计和施工，应当符合依法保护环境、保护文物古迹和防止水土流失的要求。

1.2　行政法规摘录

【文件名称】建设项目环境保护管理条例（2017年修订）
【发布时间】1998年11月
【发布机构】国务院
【文　　　号】国务院令第253号

第九条　依法应当编制环境影响报告书、环境影响报告表的建设项目，建设单位应当在开工建设前将环境影响报告书、环境影响报告表报有审批权的环境保护行政主管部门审批；建设项目的环境影响评价文件未依法经审批部门审查或者审查后未予批准的，建设单位不得开工建设。

第十五条　建设项目需要配套建设的环境保护设施，必须与主体工程同时设计、同时施工、同时投产使用。

第十六条　建设项目的初步设计，应当按照环境保护设计规范的要求，编制环境保护篇章，落实防治环境污染和生态破坏的措施以及环境保护设施投资概算。

第十七条　编制环境影响报告书、环境影响报告表的建设项目竣工后，建设单位应当按照国务院环境保护行政主管部门规定的标准和程序，对配套建设的环境保护设施进行验收，编制验收报告。

建设单位在环境保护设施验收过程中，应当如实查验、监测、记载建设项目环境保护设施的建设和调试情况，不得弄虚作假。

除按照国家规定需要保密的情形外，建设单位应当依法向社会公开验收报告。

第十九条　环境影响报告书、环境影响报告表的建设项目，其配套建设的环境保护设施经验收合格，方可投入生产或者使用；未经验收或者验收不合格的，不得投入生产或者使用。

第二十二条　违反本条例规定，建设单位编制建设项目初步设计未落实防治环境污染和生态破坏的措施以及环境保护设施投资概算，未将环境保护设施建设纳入施工合同，或者未依法开展环境影响后评价的，由建设项目所在地县级以上环境保护行政主管部门责令限期改正，处5万元以上20万元以下的罚款；逾期不改正的，处20万元以上100万元以下的罚款。

违反本条例规定，建设单位在项目建设过程中未同时组织实施环境影响报告书、环境影响报告表及其审批部门审批决定中提出的环境保护对策措施的，由建设项目所在地县级以上环境保护行政主管部门责令限期改正，处20万元以上100万元以下的罚款；逾期不改正的，责令停止建设。

第二十三条　违反本条例规定，需要配套建设的环境保护设施未建成、未经验收或者验收不合格，建设项目即投入生产或者使用，或者在环境保护设施验收中弄虚作假的，由县级以上环境保护行政主管部门责令限期改正，处20万元以上100万元以下的罚款；逾期不改正的，处100万元以上200万元以下的罚款；对直接负责的主管人员和其他责任人员，处5万元以上20万元以下的罚款；造成重大环境污染或者生态破坏的，责令停止生产或者使用，或者报经有批准权的人民政府批准，责令关闭。

违反本条例规定，建设单位未依法向社会公开环境保护设施验收报告的，由县级以上环境保护行政主管部门责令公开，处5万元以上20万元以下的罚款，并予以公告。

1.3　部门规章摘录

【文件名称】建设项目环境保护事中事后监督管理办法（试行）
【发布时间】2015年12月
【文　　　号】生态环境部〔2015〕163号

第六条　事中监督管理的内容主要是，经批准的环境影响评价文件及批复中提出的环境保护措施落实情况和公开情况；施工期环境监理和环境监测开展情况；竣工环境保护验收和排污许可证的实施情况；环境保护法律法规的遵守情况和环境保护部门做出的行政处罚决定落实情况。事后监督管理的内容主要是，生产经营单位遵守环境保护法律、法规的情况进行监督管理；产生长期性、累积性和不确定性环境影响的水利、水电、采掘、港口、铁路、冶金、石化、化工以及核设施、核技术利用和铀矿冶等编制环境影响报告书的建设项目，生产经营单位开展环境影响后评价及落实相应改进措施的情况。

第十条　建设单位应当主动向社会公开建设项目环境影响评价文件、污染防治设施建设运行情况、污染物排放情况、突发环境事件应急预案及应对情况等环境信息。各级环境保护部门应当公开建设项目的监督管理信息和环境违法处罚信息，加强与有关部门的信息交流共享，实现建设项目环境保护监督管理信息互联互通。信息公开应当采取新闻发布会以及报刊、广播、网站、电视等方式，便于公众、专家、新闻媒体、社会组织获取。

第十三条　建设单位未依法提交建设项目环境影响评价文件、环境影响评价文件未经批准，或者建设项目的性质、规模、地点、采用的生产工艺或者环境保护措施发生重大变化，未重新报批建设项目环境影响评价文件，擅自开工建设的，由环境保护部门依法责令停止建设，处以罚款，并可以责令恢复原状；拒不执行的，依法移送公安机关，对其直接负责的主管人员和其他直接责任人员，处行政拘留。

第十四条　建设项目需要配套建设的环境保护设施未按环境影响评价文件及批复要求建设，主体工程正式投入生产或者使用的，由环境保护部门依法责令停止生产或者使用，处以罚款。

第十六条　建设单位不公开或者不如实公开建设项目环境信息的，由环境保护部门责令公开，处以罚款，并予以公告。

【文件名称】建设项目环境影响登记表备案管理办法
【发布时间】2016年11月
【发布机构】生态环境部

第十条　建设单位在办理建设项目环境影响登记表备案手续时，应当认真查阅、核对《建设项目环境影响评价分类管理名录》，确认其备案的建设项目属于按照《建设项目环境影响评价分类管理名录》规定应当填报环境影响登记表的建设项目。

对按照《建设项目环境影响评价分类管理名录》规定应当编制环境影响报告书或者报告表的建设项目，建设单位不得擅自降低环境影响评价等级，填报环境影响登记表并办理备案手续。

　　第二十条　违反本办法规定，对按照《建设项目环境影响评价分类管理名录》应当编制环境影响报告书或者报告表的建设项目，建设单位擅自降低环境影响评价等级，填报环境影响登记表并办理备案手续，经查证属实的，县级环境保护主管部门认定建设单位已经取得的备案无效，向社会公布，并按照以下规定处理：（一）未依法报批环境影响报告书或者报告表，擅自开工建设的，依照《环境保护法》第六十一条和《环境影响评价法》第三十一条第一款的规定予以处罚、处分。（二）未依法报批环境影响报告书或者报告表，擅自投入生产或者经营的，分别依照《环境影响评价法》第三十一条第一款和《建设项目环境保护管理条例》的有关规定作出相应处罚。

1.4　政策文件摘录

【文件名称】关于加强公路规划和建设环境影响评价工作的通知
【发布时间】2007年12月
【发布机构】生态环境部、发展改革委、交通部
【文　　号】环发〔2007〕184号

　　一、依法做好公路规划环境影响评价工作
　　（二）根据《环境影响评价法》和国务院批准的规划环境影响评价范围的有关规定，在组织编制或修编国、省道公路网规划时，应当编制环境影响报告书，对规划实施后可能造成的环境影响进行分析、预测和评估，提出预防或减缓不利环境影响的对策措施。按照上述要求，未进行环境影响评价的公路网规划，规划审批机关不予审批，未进行环境影响评价的公路网规划所包含的建设项目，交通主管部门不予预审，环保主管部门不予审批其环境影响评价文件。
　　（三）在公路网规划编制或修编过程中，要做好与相关规划的衔接与协调，增强规划的科学性和可操作性，必要时，应在报批规划前征求有关单位、专家和公众的意见。经批准的公路网规划在建设布局上发生重大调整变更，需要重新编制和报批规划时，应当重新进行环境影响评价。按规定进行了环境影响评价，且规划已经批准后，其他相关规划应与公路网规划相协调。
　　二、严格公路建设项目准入条件，加强环境影响评价
　　（一）公路建设项目应当符合经批准的公路网规划，严格按照建设程序规范各项前期工作。建设单位必须依照《环境影响评价法》《建设项目环境保护管理条例》和《国务院关于投资体制改革的决定》规定的程序，在批准可行性研究报告或核准项目前，编

制完成公路项目环境影响评价文件，经交通行业主管部门预审后，报有审批权的环保行政主管部门审批。环境影响评价文件未经环保主管部门审批，发展改革部门不予批准可行性研究报告或核准项目，建设单位不得开工建设。

（二）环境影响评价文件经批准后，公路项目的主要控制点发生重大变化、路线的长度调整30%以上、服务区数量和选址调整，需要重新报批可行性研究报告，以及防止生态环境破坏的措施发生重大变动，可能造成环境影响向不利方面变化的，建设单位必须在开工建设前依法重新报批环境影响评价文件。

（三）新建公路项目，应当避免穿越自然保护区核心区和缓冲区、风景名胜区核心景区、饮用水水源一级保护区等依法划定的需要特殊保护的环境敏感区。因工程条件和自然因素限制，确需穿越自然保护区实验区、风景名胜区核心景区以外范围、饮用水水源二级保护区或准保护区的，建设单位应当事先征得有关机关同意。

（四）公路工程建设应当尽量少占耕地、林地和草地，及时进行生态恢复或补偿。经批准占用基本农田的，在环境影响评价文件中，应当有基本农田环境保护方案。

要严格控制路基、桥涵、隧道、立交等永久占地数量，有条件的地方可以采用上跨式服务区。尽量减少施工道路、场地等临时占地，合理设置取弃土场和砂石料场，因地制宜做好土地恢复和景观绿化设计。平原微丘区高速公路建设应尽可能顺应地形地貌，采用低路基形式。山区高速公路建设要合理运用路线平纵指标，增加桥梁、隧道比例，做好路基土石方平衡，防止因大填大挖加剧水土流失。

（五）可能对国家或者地方重点保护野生动物和野生植物的生存环境产生不利影响的公路项目，应当采取生物技术和工程技术措施，保护野生动物和野生植物的生境条件。可能阻断野生动物迁徙通道的，应当根据动物迁徙规律、生态习性设置通道或通行桥，避免造成生境岛屿化。可能影响野生植物和古树名木的，应优先采取工程避让措施，必要时进行异地保护。

（六）噪声环境影响预测应严格按照国家和行业有关技术规范导则进行，并结合公路工程可行性研究阶段线位不确定性的特点，提出相应的防治噪声污染措施。初步设计阶段，应当依据经批准的环境影响评价文件，落实防治噪声污染的措施及投资概算。经过噪声敏感建筑物集中的路段，应通过优化路线设计方案、使用低噪路面结构等进行源头控制，采取搬迁、建筑物功能置换、设置声屏障、安装隔声窗、加强交通管控等措施进行防治，减轻公路交通噪声污染影响，确保达到国家规定的环境噪声标准。严格控制公路两侧噪声敏感建筑物的规划和建设，防止产生新的噪声超标问题。

（七）公路建设应特别重视对饮用水水源地的保护，路线设计时，应尽量绕避饮用水水源保护区。为防范危险化学品运输带来的环境风险，对跨越饮用水水源二级保护区、准保护区和二类以上水体的桥梁，在确保安全和技术可行的前提下，应在桥梁上设置桥面径流水收集系统，并在桥梁两侧设置沉淀池，对发生污染事故后的桥面径流进行处理，确保饮用水安全。

（八）除国家规定需要保密的情形外，编制环境影响报告书的公路项目，建设单位应当在报批环境影响报告书前，采取便于公众知悉的方式，公开有关建设项目环境影响评价的信息，收集公众反馈意见，并对意见采纳情况进行说明。环保主管部门在受理环境影响报告书后，应当向社会公告受理的有关信息，必要时，可以通过听证会、论证会、座谈会等形式听取公众意见。

三、强化监督管理，切实落实各项生态环境保护措施

公路建设应在项目设计、施工和运行管理等各个阶段，高度重视生态环境保护和污染防治工作，严格执行建设项目环境保护"三同时"制度，规范工程建设管理的各项工作，确保符合有关环保要求。

设计单位在项目设计时，应当依据环境影响评价文件，落实各项生态环境保护措施，将环保投资纳入工程概算。建设单位应当按照环境影响评价文件的要求，制定施工期工程环境监理实施方案，并提交交通、环保主管部门，在施工招标文件、合同中明确施工单位和监理单位的环境保护责任，将工程环境监理纳入工程监理，定期向环保、交通主管部门提交工程环境监理报告。施工单位要严格按照合同中的环保要求，落实各项环保措施。

【文件名称】关于印发环评管理中部分行业建设项目重大变动清单的通知
【发布时间】2015年6月
【发布机构】原环境保护部办公厅
【文　　号】环办〔2015〕52号

高速公路建设项目重大变动清单（试行）

规模：

1. 车道数或设计车速增加。

2. 线路长度增加30%及以上。

地点：

3. 线路横向位移超出200米的长度累计达到原线路长度的30%及以上。

4. 工程线路、服务区等附属设施或特大桥、特长隧道等发生变化，导致评价范围内出现新的自然保护区、风景名胜区、饮用水水源保护区等生态敏感区，或导致出现新的

城市规划区和建成区。

5．项目变动导致新增声环境敏感点数量累计达到原敏感点数量的30%及以上。

生产工艺：

6．项目在自然保护区、风景名胜区、饮用水水源保护区等生态敏感区内的线位走向和长度、服务区等主要工程内容，以及施工方案等发生变化。

环境保护措施：

7．取消具有野生动物迁徙通道功能和水源涵养功能的桥梁，噪声污染防治措施等主要环境保护措施弱化或降低。

【文件名称】建设项目环境影响评价分类管理名录（2021年版）

【发布时间】2020年11月

【发布机构】生态环境部

【文　　号】部令 第16号

第四条　建设单位应当严格按照本名录确定建设项目环境影响评价类别，不得擅自改变环境影响评价类别

1.5　地方法规摘录

【文件名称】四川省《中华人民共和国环境影响评价法》实施办法（2019修正）

【发布时间】2007年9月

【发布机构】四川省人民代表大会常务委员会

第二十八条　建设单位应当严格落实经批准的环境影响评价文件以及生态环境主管部门审批意见中提出的防治环境污染和生态破坏的对策措施。

建设项目环境保护设施建设应当实行环境保护设施工程监理制度。

建设项目所在地的生态环境主管部门应当对建设项目环境保护措施实施情况进行监督检查。

1.6　司法解释摘录

【文件名称】两高关于办理环境污染刑事案件适用法律若干问题的解释

【发布时间】2017年1月
【发布机构】最高人民法院、最高人民检察院

第十条　违反国家规定，针对环境质量监测系统实施下列行为，或者强令、指使、授意他人实施下列行为的，应当依照刑法第二百八十六条的规定，以破坏计算机信息系统罪论处：

（一）修改参数或者监测数据的；

（二）干扰采样，致使监测数据严重失真的；

（三）其他破坏环境质量监测系统的行为。

重点排污单位篡改、伪造自动监测数据或者干扰自动监测设施，排放化学需氧量、氨氮、二氧化硫、氮氧化物等污染物，同时构成污染环境罪和破坏计算机信息系统罪的，依照处罚较重的规定定罪处罚。

从事环境监测设施维护、运营的人员实施或者参与实施篡改、伪造自动监测数据、干扰自动监测设施、破坏环境质量监测系统等行为的，应当从重处罚。

2　生态环境保护类

2.1　法律摘录

【文件名称】中华人民共和国刑法（2020年修正）
【发布时间】1979年7月
【发布机构】全国人民代表大会

第二百八十六条　【破坏计算机信息系统罪】违反国家规定，对计算机信息系统功能进行删除、修改、增加、干扰，造成计算机信息系统不能正常运行，后果严重的，处五年以下有期徒刑或者拘役；后果特别严重的，处五年以上有期徒刑。

违反国家规定，对计算机信息系统中存储、处理或者传输的数据和应用程序进行删除、修改、增加的操作，后果严重的，依照前款的规定处罚。

故意制作、传播计算机病毒等破坏性程序，影响计算机系统正常运行，后果严重的，依照第一款的规定处罚。

单位犯前三款罪的，对单位判处罚金，并对其直接负责的主管人员和其他直接责任人员，依照第一款的规定处罚。

第二百八十六条之一　【拒不履行信息网络安全管理义务罪】网络服务提供者不履行法律、行政法规规定的信息网络安全管理义务，经监管部门责令采取改正措施而拒不改正，有下列情形之一的，处三年以下有期徒刑、拘役或者管制，并处或者单处罚金：

（一）致使违法信息大量传播的；

（二）致使用户信息泄露，造成严重后果的；

（三）致使刑事案件证据灭失，情节严重的；

（四）有其他严重情节的。

单位犯前款罪的，对单位判处罚金，并对其直接负责的主管人员和其他直接责任人员，依照前款的规定处罚。

有前两款行为，同时构成其他犯罪的，依照处罚较重的规定定罪处罚。

第三百四十二条之一　【破坏自然保护地罪】违反自然保护地管理法规，在国家公园、国家级自然保护区进行开垦、开发活动或者修建建筑物，造成严重后果或者有其他恶劣情节的，处五年以下有期徒刑或者拘役，并处或者单处罚金。

【文件名称】中华人民共和国土地管理法（2019年修正）
【发布时间】1986年6月
【发布机构】全国人民代表大会常务委员会

第五十七条 建设项目施工和地质勘查需要临时使用国有土地或者农民集体所有的土地的，由县级以上人民政府自然资源主管部门批准。其中，在城市规划区内的临时用地，在报批前，应当先经有关城市规划行政主管部门同意。土地使用者应当根据土地权属，与有关自然资源主管部门或者农村集体经济组织、村民委员会签订临时使用土地合同，并按照合同的约定支付临时使用土地补偿费。

临时使用土地的使用者应当按照临时使用土地合同约定的用途使用土地，并不得修建永久性建筑物。

临时使用土地期限一般不超过二年。

第七十七条 未经批准或者采取欺骗手段骗取批准，非法占用土地的，由县级以上人民政府自然资源主管部门责令退还非法占用的土地，对违反土地利用总体规划擅自将农用地改为建设用地的，限期拆除在非法占用的土地上新建的建筑物和其他设施，恢复土地原状，对符合土地利用总体规划的，没收在非法占用的土地上新建的建筑物和其他设施，可以并处罚款；对非法占用土地单位的直接负责的主管人员和其他直接责任人员，依法给予处分；构成犯罪的，依法追究刑事责任。

超过批准的数量占用土地，多占的土地以非法占用土地论处。

【文件名称】中华人民共和国森林法（2019年修订）
【发布时间】1984年9月
【发布机构】全国人民代表大会常务委员会

第三十八条 需要临时使用林地的，应当经县级以上人民政府林业主管部门批准；临时使用林地的期限一般不超过二年，并不得在临时使用的林地上修建永久性建筑物。

临时使用林地期满后一年内，用地单位或者个人应当恢复植被和林业生产条件。

第七十三条 违反本法规定，未经县级以上人民政府林业主管部门审核同意，擅自改变林地用途的，由县级以上人民政府林业主管部门责令限期恢复植被和林业生产条件，可以处恢复植被和林业生产条件所需费用三倍以下的罚款。

虽经县级以上人民政府林业主管部门审核同意，但未办理建设用地审批手续擅自占用林地的，依照《中华人民共和国土地管理法》的有关规定处罚。

在临时使用的林地上修建永久性建筑物，或者临时使用林地期满后一年内未恢复植被或者林业生产条件的，依照本条第一款规定处罚。

【文件名称】中华人民共和国草原法（2021年修正）
【发布时间】1985年10月
【发布机构】全国人民代表大会常务委员会

第四十条　需要临时占用草原的，应当经县级以上地方人民政府草原行政主管部门审核同意。

临时占用草原的期限不得超过二年，并不得在临时占用的草原上修建永久性建筑物、构筑物；占用期满，用地单位必须恢复草原植被并及时退还。

第六十五条　未经批准或者采取欺骗手段骗取批准，非法使用草原，构成犯罪的，依法追究刑事责任；尚不够刑事处罚的，由县级以上人民政府草原行政主管部门依据职权责令退还非法使用的草原，对违反草原保护、建设、利用规划擅自将草原改为建设用地的，限期拆除在非法使用的草原上新建的建筑物和其他设施，恢复草原植被，并处草原被非法使用前三年平均产值六倍以上十二倍以下的罚款。

第七十一条　在临时占用的草原上修建永久性建筑物、构筑物的，由县级以上地方人民政府草原行政主管部门依据职权责令限期拆除；逾期不拆除的，依法强制拆除，所需费用由违法者承担。

临时占用草原，占用期届满，用地单位不予恢复草原植被的，由县级以上地方人民政府草原行政主管部门依据职权责令限期恢复；逾期不恢复的，由县级以上地方人民政府草原行政主管部门代为恢复，所需费用由违法者承担。

【文件名称】中华人民共和国湿地保护法
【发布时间】2021年12月
【发布机构】全国人民代表大会常务委员会

第二十条　建设项目确需临时占用湿地的，应当依照《中华人民共和国土地管理法》《中华人民共和国水法》《中华人民共和国森林法》《中华人民共和国草原法》《中华人民共和国海域使用管理法》等有关法律法规的规定办理。临时占用湿地的期限一般不得超过二年，并不得在临时占用的湿地上修建永久性建筑物。

临时占用湿地期满后一年内，用地单位或者个人应当恢复湿地面积和生态条件。

第五十二条　违反本法规定，建设项目擅自占用国家重要湿地的，由县级以上人民政府林业草原等有关主管部门按照职责分工责令停止违法行为，限期拆除在非法占用的湿地上新建的建筑物、构筑物和其他设施，修复湿地或者采取其他补救措施，按照违法占用湿地的面积，处每平方米一千元以上一万元以下罚款；违法行为人不停止建设或者逾期不拆除的，由作出行政处罚决定的部门依法申请人民法院强制执行。

第五十三条　建设项目占用重要湿地，未依照本法规定恢复、重建湿地的，由县级以上人民政府林业草原主管部门责令限期恢复、重建湿地；逾期未改正的，由县级以上人民政府林业草原主管部门委托他人代为履行，所需费用由违法行为人承担，按照占用湿地的面积，处每平方米五百元以上二千元以下罚款。

2.2　行政法规摘录

【文件名称】中华人民共和国自然保护区条例（2017年修订）

【发布时间】1994年10月

【发布机构】国务院

第三十二条　在自然保护区的核心区和缓冲区内，不得建设任何生产设施。在自然保护区的实验区内，不得建设污染环境、破坏资源或者景观的生产设施；建设其他项目，其污染物排放不得超过国家和地方规定的污染物排放标准。在自然保护区的实验区内已经建成的设施，其污染物排放超过国家和地方规定的排放标准的，应当限期治理；造成损害的，必须采取补救措施。

在自然保护区的外围保护地带建设的项目，不得损害自然保护区内的环境质量；已造成损害的，应当限期治理。

限期治理决定由法律、法规规定的机关作出，被限期治理的企业事业单位必须按期完成治理任务。

第三十八条　违反本条例规定，给自然保护区造成损失的，由县级以上人民政府有关自然保护区行政主管部门责令赔偿损失。

第四十条　违反本条例规定，造成自然保护区重大污染或者破坏事故，导致公私财产重大损失或者人身伤亡的严重后果，构成犯罪的，对直接负责的主管人员和其他直接责任人员依法追究刑事责任。

【文件名称】中华人民共和国森林法实施条例（2018年修订）

【发布时间】2000年1月

【发布机构】国务院

第十七条 需要临时占用林地的，应当经县级以上人民政府林业主管部门批准。

临时占用林地的期限不得超过两年，并不得在临时占用的林地上修筑永久性建筑物；占用期满后，用地单位必须恢复林业生产条件。

【文件名称】风景名胜区条例（2016年修订）

【发布时间】2006年9月

【发布机构】国务院

第二十八条 在风景名胜区内从事本条例第二十六条、第二十七条禁止范围以外的建设活动，应当经风景名胜区管理机构审核后，依照有关法律、法规的规定办理审批手续。

在国家级风景名胜区内修建缆车、索道等重大建设工程，项目的选址方案应当报省、自治区人民政府建设主管部门和直辖市人民政府风景名胜区主管部门核准。

第三十条 风景名胜区内的建设项目应当符合风景名胜区规划，并与景观相协调，不得破坏景观、污染环境、妨碍游览。

在风景名胜区内进行建设活动的，建设单位、施工单位应当制定污染防治和水土保持方案，并采取有效措施，保护好周围景物、水体、林草植被、野生动物资源和地形地貌。

第四十一条 违反本条例的规定，在风景名胜区内从事禁止范围以外的建设活动，未经风景名胜区管理机构审核的，由风景名胜区管理机构责令停止建设、限期拆除，对个人处2万元以上5万元以下的罚款，对单位处20万元以上50万元以下的罚款。

第四十六条 违反本条例的规定，施工单位在施工过程中，对周围景物、水体、林草植被、野生动物资源和地形地貌造成破坏的，由风景名胜区管理机构责令停止违法行为、限期恢复原状或者采取其他补救措施，并处2万元以上10万元以下的罚款；逾期未恢复原状或者采取有效措施的，由风景名胜区管理机构责令停止施工。

【文件名称】中华人民共和国土地管理法实施条例（2021年修订）

【发布时间】1998年12月

【发布机构】国务院

【文　　号】国令第743号

第二十条　建设项目施工、地质勘查需要临时使用土地的，应当尽量不占或者少占耕地。

临时用地由县级以上人民政府自然资源主管部门批准，期限一般不超过二年；建设周期较长的能源、交通、水利等基础设施建设使用的临时用地，期限不超过四年；法律、行政法规另有规定的除外。

土地使用者应当自临时用地期满之日起一年内完成土地复垦，使其达到可供利用状态，其中占用耕地的应当恢复种植条件。

第二十五条　建设项目需要使用土地的，建设单位原则上应当一次申请，办理建设用地审批手续，确需分期建设的项目，可以根据可行性研究报告确定的方案，分期申请建设用地，分期办理建设用地审批手续。建设过程中用地范围确需调整的，应当依法办理建设用地审批手续。

第五十二条　违反《土地管理法》第五十七条的规定，在临时使用的土地上修建永久性建筑物的，由县级以上人民政府自然资源主管部门责令限期拆除，按占用面积处土地复垦费5倍以上10倍以下的罚款；逾期不拆除的，由作出行政决定的机关依法申请人民法院强制执行。

2.3　部门规章摘录

【文件名称】关于加强生态保护红线管理的通知（试行）

【发布时间】2022年8月

【发布机构】自然资源部、生态环境部、国家林业和草原局

【文　　号】自然资发〔2022〕142号

一、加强人为活动管控

（一）规范管控对生态功能不造成破坏的有限人为活动。生态保护红线是国土空间规划中的重要管控边界，生态保护红线内自然保护地核心保护区外，禁止开发性、生产性建设活动，在符合法律法规的前提下，仅允许以下对生态功能不造成破坏的有限人为活动。生态保护红线内自然保护区、风景名胜区、饮用水水源保护区等区域，依照法律

法规执行。

1．管护巡护、保护执法、科学研究、调查监测、测绘导航、防灾减灾救灾、军事国防、疫情防控等活动及相关的必要设施修筑。

2．原住居民和其他合法权益主体，允许在不扩大现有建设用地、用海用岛、耕地、水产养殖规模和放牧强度（符合草畜平衡管理规定）的前提下，开展种植、放牧、捕捞、养殖（不包括投礁型海洋牧场、围海养殖）等活动，修筑生产生活设施。

3．经依法批准的考古调查发掘、古生物化石调查发掘、标本采集和文物保护活动。

4．按规定对人工商品林进行抚育采伐，或以提升森林质量、优化栖息地、建设生物防火隔离带等为目的的树种更新，依法开展的竹林采伐经营。

5．不破坏生态功能的适度参观旅游、科普宣教及符合相关规划的配套性服务设施和相关的必要公共设施建设及维护。

6．必须且无法避让、符合县级以上国土空间规划的线性基础设施、通讯和防洪、供水设施建设和船舶航行、航道疏浚清淤等活动；已有的合法水利、交通运输等设施运行维护改造。

7．地质调查与矿产资源勘查开采。包括：基础地质调查和战略性矿产资源远景调查等公益性工作；铀矿勘查开采活动，可办理矿业权登记；已依法设立的油气探矿权继续勘查活动，可办理探矿权延续、变更（不含扩大勘查区块范围）、保留、注销，当发现可供开采油气资源并探明储量时，可将开采拟占用的地表或海域范围依照国家相关规定调出生态保护红线；已依法设立的油气采矿权不扩大用地用海范围，继续开采，可办理采矿权延续、变更（不含扩大矿区范围）、注销；已依法设立的矿泉水和地热采矿权，在不超出已经核定的生产规模、不新增生产设施的前提下继续开采，可办理采矿权延续、变更（不含扩大矿区范围）、注销；已依法设立和新立铬、铜、镍、锂、钴、锆、钾盐、（中）重稀土矿等战略性矿产探矿权开展勘查活动，可办理探矿权登记，因国家战略需要开展开采活动的，可办理采矿权登记。上述勘查开采活动，应落实减缓生态环境影响措施，严格执行绿色勘查、开采及矿山环境生态修复相关要求。

10．法律法规规定允许的其他人为活动。

（二）加强有限人为活动管理。上述生态保护红线管控范围内有限人为活动，涉及新增建设用地、用海用岛审批的，在报批农用地转用、土地征收、海域使用权、无居民海岛开发利用时，附省级人民政府出具符合生态保护红线内允许有限人为活动的认定意见；不涉及新增建设用地、用海用岛审批的，按有关规定进行管理，无明确规定的由省级人民政府制定具体监管办法。上述活动涉及自然保护地的，应征求林业和草原主管部门或自然保护地管理机构意见。

二、规范占用生态保护红线用地用海用岛审批

上述允许的有限人为活动之外，确需占用生态保护红线的国家重大项目，按照以下规定办理用地用海用岛审批。

（一）项目范围。党中央、国务院发布文件或批准规划中明确具体名称的项目和国务院批准的项目；中央军委及其有关部门批准的军事国防项目；国家级规划（指国务院及其有关部门正式颁布）明确的交通、水利项目；国家级规划明确的电网项目，国家级规划明确的且符合国家产业政策的能源矿产勘查开采、油气管线、水电、核电项目；为贯彻落实党中央、国务院重大决策部署，国务院投资主管部门或国务院投资主管部门会同有关部门确认的交通、能源、水利等基础设施项目；按照国家重大项目用地保障工作机制要求，国家发展改革委会同有关部门确认的需中央加大建设用地保障力度，确实难以避让的国家重大项目。

（二）办理要求。上述项目（不含新增填海造地和新增用岛）按规定由自然资源部进行用地用海预审后，报国务院批准。报批农用地转用、土地征收、海域使用权时，附省级人民政府基于国土空间规划"一张图"和用途管制要求出具的不可避让论证意见，说明占用生态保护红线的必要性、节约集约和减缓生态环境影响措施。

占用生态保护红线的国家重大项目，应严格落实生态环境分区管控要求，依法开展环境影响评价。

生态保护红线内允许的有限人为活动和国家重大项目占用生态保护红线涉及临时用地的，按照自然资源部关于规范临时用地管理的有关要求，参照临时占用永久基本农田规定办理，严格落实恢复责任。

三、严格生态保护红线监管

（二）加大监管力度。

各级自然资源主管部门对生态保护红线批准后发生的违法违规用地用海用岛行为，按照《土地管理法》《海域使用管理法》《海岛保护法》《土地管理法实施条例》等法律法规规定从重处罚。处理情况在用地用海用岛报批报件材料中专门说明。破坏生态环境、破坏森林草原湿地或违反自然保护区风景名胜区管理规定，由生态环境、林草主管部门按职责依照《环境保护法》《环境影响评价法》《水污染防治法》《海洋环境保护法》《森林法》《草原法》《湿地保护法》《自然保护区条例》《风景名胜区条例》《森林法实施条例》等法律法规从重处罚。对自然保护地内进行非法开矿、修路、筑坝、建设造成生态破坏的违法行为移交生态环境保护综合行政执法部门。造成生态环境损害的，由所在地省级、市级政府及其指定的部门机构依法开展生态环境损害赔偿工作。

【文件名称】生态保护红线管理办法（试行）（征求意见稿）

【发布时间】2020年9月

【文　　　号】自然资源空间规划函〔2020〕234号

第八条　【管控原则】生态保护红线内，自然保护地核心保护区原则上禁止人为活动，其他区域严格禁止开发性、生产性建设活动。法律法规另有规定的，从其规定。

第九条　生态保护红线内、自然保护地核心保护区外，在符合现行法律法规的前提下，除国家重大项目外，仅允许对生态功能不造成破坏的有限人为活动，严禁开展与其主导功能定位不相符合的开发利用活动。其中，必须且无法避让，符合县级以上国土空间规划的线性基础设施建设、防洪和供水设施建设与运行维护；已有合法水利、交通运输设施运行和维护等。包括：公路、铁路、海堤、桥梁、隧道，电缆，油气、供水、供热管线，航道基础设施；输变电、通信基站等点状附属设施，河道、湖泊、海湾整治、海堤加固等。拟进入生态保护红线的，由省级人民政府组织自然资源、生态环境、林草等主管部门，系统评估人为活动或建设项目对自然生态系统以及水源涵养、水土保持、生物多样性维护、防风固沙、海岸防护等生态功能造成的影响，作为办理相关手续的前提和依据。

第十二条　第六款项目建设及其临时用地应避让生态保护红线。经优化选址后，确实无法避让的，应严格控制建设规模，尽量不占或少占天然草地、林地、自然岸线、水库水面、河流水面、湖泊水面等自然生态空间以及重要生态廊道。项目建设及其临时用地使用结束后，应及时开展生态修复，将对生态环境的影响降到最低。

【文件名称】湿地保护管理规定（2017年修订）

【发布时间】2013年3月

【发布机构】国家林业局

【文　　　号】国家林业局令 第48号

第三十条　建设项目应当不占或者少占湿地，经批准确需征收、占用湿地并转为其他用途的，用地单位应当按照"先补后占、占补平衡"的原则，依法办理相关手续。

临时占用湿地的，期限不得超过2年；临时占用期限届满，占用单位应当对所占湿地限期进行生态修复。

【文件名称】关于全面实行永久基本农田特殊保护的通知

【发布时间】2018年2月

【发布机构】国土资源部

【文　　　号】国土资规〔2018〕1号

（八）从严管控非农建设占用永久基本农田。永久基本农田一经划定，任何单位和个人不得擅自占用或者擅自改变用途，不得多预留一定比例永久基本农田为建设占用留有空间，严禁通过擅自调整县乡土地利用总体规划规避占用永久基本农田的审批，严禁未经审批违法违规占用。按有关要求，重大建设项目选址确实难以避让永久基本农田的，在可行性研究阶段，省级国土资源主管部门负责组织对占用的必要性、合理性和补划方案的可行性进行论证，报国土资源部进行用地预审；农用地转用和土地征收依法依规报国务院批准。

（九）坚决防止永久基本农田"非农化"。永久基本农田必须坚持农地农用，禁止任何单位和个人在永久基本农田保护区范围内建窑、建房、建坟、挖沙、采石、采矿、取土、堆放固体废弃物或者进行其他破坏永久基本农田的活动；禁止任何单位和个人破坏永久基本农田耕作层；禁止任何单位和个人闲置、荒芜永久基本农田；禁止以设施农用地为名违规占用永久基本农田建设休闲旅游、仓储厂房等设施；对利用永久基本农田进行农业结构调整的要合理引导，不得对耕作层造成破坏。临时用地和设施农用地原则上不得占用永久基本农田，重大建设项目施工和地质勘查临时用地选址确实难以避让永久基本农田的，直接服务于规模化粮食生产的粮食晾晒、粮食烘干、粮食和农资临时存放、大型农机具临时存放等用地确实无法避让永久基本农田的，在不破坏永久基本农田耕作层、不修建永久性建（构）筑物的前提下，经省级国土资源主管部门组织论证确需占用且土地复垦方案符合有关规定后，可在规定时间内临时占用永久基本农田，原则上不超过两年，到期后必须及时复垦并恢复原状。

2.4　地方法规摘录

【文件名称】四川省自然保护区管理条例（2018年修订）

【发布时间】1999年10月

【发布机构】四川省人民代表大会常务委员会

第二十四条 在自然保护区的核心区和缓冲区内，不得建设任何生产设施。在自然保护区的实验区内，不得建设污染环境、破坏资源或者景观的生产设施；建设其他项目，其污染物排放不得超过国家和地方规定的污染物排放标准。在自然保护区的实验区内已经建成的设施，其污染物排放超过国家和地方规定的排放标准的，由县级以上地方人民政府环境保护主管部门依法处理。

在自然保护区的外围保护地带建设的项目，不得损害自然保护区内的环境质量；已造成损害的，应当限期治理。

限期治理决定由法律、法规规定的机关作出，被限期治理的企业事业单位必须按期完成治理任务。

第三十三条 违反本条例规定，有下列行为之一的，由县级以上环境保护行政主管部门责令限期改正或采取补救措施，并处以一万元以上五万元以下的罚款：

（一）造成自然保护区污染事故的；

（二）引起自然保护区环境质量下降的。

第三十六条 违反本条例规定，构成犯罪的，由司法机关依法追究刑事责任。

【文件名称】四川省风景名胜区条例
【发布时间】2010年5月
【发布机构】四川省人民代表大会常务委员会

第三十三条 风景名胜区内的建设活动应当按照风景名胜区规划进行。

符合风景名胜区规划的建设项目应当经风景名胜区管理机构审核，并依法办理建设工程选址意见书、建设用地规划许可证、建设工程规划许可证和建设工程施工许可证。

第三十五条 在风景名胜区内建设施工，必须采取有效措施，保护植被、水体、地貌。工程结束后及时清理场地，恢复植被。

【文件名称】四川省大熊猫国家公园管理办法
【发布时间】2022年4月
【发布机构】四川省人民政府
【文　　号】川府规〔2022〕2号

第十五条 核心保护区除满足国家特殊战略需要的有关活动外，原则上禁止人为活动。但允许开展以下活动：

（一）管护巡护、保护执法等管理活动经批准的科学研究、资源调查，必要的科研监测保护需要的保护站（点）、巡护路（网）、科研监测等基础设施建设和防灾减灾救灾、应急抢险救援等；

（二）因气候变化、自然灾害、病虫害防治、外来物种入侵防控、维持主要保护对象生存环境等特殊情况，经批准，可以开展重要生态修复工程、物种重引入、增殖放流、病害动植物清理等人工干预；

（三）暂时不能搬迁的原住居民，在不扩大现有建设用地和耕地的情况下，允许修缮生产生活以及供水、供电设施，保留生活必需的少量种植、圈养等活动；

（四）已有合法线性基础设施和供水、供电等涉及民生的基础设施的运行、维护和改扩建，以及经批准采取隧道或桥梁等无害化方式穿越或跨越的线性基础设施，必要的水利、航道基础设施建设、河势控制、河道整治、生态监测设施建设与运行维护等活动；

（五）因国家重大能源资源安全需要开展的战略性能源资源勘查，公益性自然资源调查和地质勘查，以无害化方式穿越或跨越的线性基础设施工程前期工作中需要开展的必要的地质勘探；

（六）铀矿已依法设立的矿业权继续勘查开采活动，可办理矿业权登记（含已设探矿权转为采矿权）；

（七）油气已依法设立的探矿权继续勘查活动，可办理探矿权延续、变更（不含扩大勘查区范围）、保留、注销，发现可供开采油气资源的，不得从事开采活动；

（八）矿泉水、地热已依法设立的采矿权在不超出已经核定的生产规模、不新增生产设施的条件下，继续开采活动，到期后有序退出。

第十六条　一般控制区除满足国家特殊战略需要的有关活动外，原则上禁止开发性、生产性项目建设活动，仅允许以下对生态功能不造成破坏的有限人为活动：

（一）核心保护区允许开展的活动；

（二）原住居民在对大熊猫以及相关物种生态环境影响最小化，不扩大现有建设用地和耕地规模前提下，改建、修缮必要生产生活设施，保留生活必要的种植、放牧、养殖等活动，引导其逐步转变生产生活方式，利用和改造现有设施，适度发展与大熊猫国家公园管理目标相一致的生态产业；

（三）自然资源、生态环境监测和执法，包括水文水资源监测和涉水违法事件的查处、灾害风险监测、灾害防治等活动；

（四）经依法批准的非破坏性科学研究观测、标本采集；

（五）经依法批准的考古调查发掘和文物保护活动；

（六）提升保护管理能力的保护站（点）、巡护路（网）、科研监测、宣教展示等基础设施建设；

（七）经依法批准的必须且无法避让、符合县级以上国土空间规划的线性基础设施及水利、交通运输等基础设施建设与运行维护；已有的合法水利、交通运输等设施改扩建、运行和维护；

（八）确实难以避让的军事设施建设项目及重大军事演训活动；

（九）经依法批准的与生态旅游、生态体验、自然教育、科考探险、文化展示活动相关的必要公共设施建设；

（十）符合大熊猫国家公园规划的建设项目或取得特许经营权的经营活动；

（十一）基础地质调查和战略性矿产远景调查等公益性工作；

（十二）铀矿矿业权开展勘查开采活动，可办理矿业权登记；

（十三）油气已依法设立的探矿权继续勘查活动，可办理探矿权延续、变更（不含扩大勘查区块范围）、保留、注销，发现可供开采油气资源的，不得从事开采活动；油气已依法设立的采矿权不扩大用地范围，继续开采活动，可办理采矿权延续、变更（不含扩大矿区范围）、注销；

（十四）矿泉水和地热已依法设立的采矿权不超出已经核定的生产规模、不新增生产设施，继续开采活动，可办理采矿权延续、变更（不含扩大矿区范围）、注销；

（十五）铬、铜、镍、锂、钴、锆、钾盐、（中）重稀土矿，已依法设立的和新立探矿权开展勘查活动，可办理探矿权登记，不得办理探矿权转为采矿权。但因国家战略需要开展开采活动的，可办理采矿权登记。

核心保护区内已有公路两侧20米建筑控制区范围的区域以及大型设施的控制线按一般控制区管理。

第十七条　在大熊猫国家公园内建设项目，应当符合国家公园总体规划和专项规划。建设项目选址和设计方案应优先避让国家公园，因施工技术和自然地理条件无法绕避的，应尽可能采取空中桥梁、地下隧道等对大熊猫栖息地无阻断的方式，并设置大熊猫及其他野生动物交流通道等生态保护措施。大熊猫国家公园内建设项目应当依法取得许可，有关机关许可前应当征求省级管理机构意见；建设单位在报批建设项目环境影响评价文件前应当征求省级管理机构意见。

大熊猫国家公园范围内建设项目取得立项或核准批复后，应由所在地管理机构参照相关技术规范，组织开展建设项目对大熊猫国家公园自然资源、自然生态系统和大熊猫及其栖息地影响专题评价，并编制影响评价和补救措施报告及生态修复方案报省级管理机构审查，省级管理机构应通过组织第三方专家审查、专家现场论证、内部联合审查、向社会公示等方式提出意见，并报省级有关部门备案。

【文件名称】若尔盖国家湿地公园及若尔盖湿地保护管理办法
【发布时间】2017年4月
【发布机构】若尔盖县人民政府办公室

第二条　若尔盖国家湿地公园（位于唐克镇、辖曼牧场、白河牧场）规划的综合利用区（除白河和黄河主河道范围、瓦延诺尔措及其周边的部分区域）可供开展生态经营、生态旅游，以及其他不损害湿地生态系统的利用活动，开展生产经营活动应当征求湿地管理机构的同意，且与湿地保护相协调，符合湿地公园总体规划要求，不得破坏湿地生态系统。湿地公园内禁止新建居民点或者其他永久性建筑物。

第三条　四川喀哈尔乔湿地自然保护区核心区任何单位和个人不得建设与保护无关的任何设施；保护区缓冲区内不得建设任何生产设施。保护区实验区内（国道213线尕力台至若尔盖县城方向左边、省道209线若尔盖至瓦切方向左边公路沿线）不得建设污染环境、破坏资源的生产设施，已经建成的设施，其污染物排放超过国家和地方规定的排放标准的，应当限期治理；造成损害的，责令限期采取补救措施。并根据《中华人民共和国自然保护区条例》第三十四条、三十五条规定依法处罚。

在国家级湿地自然保护区内的实验区内（位于保护区四周，辖曼至嫩哇乡之间区域、花湖—阿西—达扎寺镇一线）已经建成的设施，其污染物排放超过国家和地方规定的排放标准的，应当限期治理；造成损害的，责令限期采取补救措施。并根据《中华人民共和国自然保护区条例》第三十四条、三十五条规定依法处罚。

第四条　四川喀哈尔乔湿地自然保护区实验区内（国道213线尕力台至若尔盖县城方向左边、省道209线若尔盖至瓦切方向左边公路沿线）开展参观、生态旅游活动的提出方案由省人民政府有关自然保护区行政主管部门批准。依据《中华人民共和国自然保护区条例》第二十九条规定办理。

第六条　当事人对行政处罚决定不服的，可以依法申请行政复议或者向人民法院提起行政诉讼。

第七条　对违法建筑需依法强制拆除的，法律法规另有规定的从其规定。

【文件名称】阿坝藏族羌族自治州生态环境保护条例（2021年修正）
【发布时间】2010年2月
【发布机构】阿坝藏族羌族自治州第十届人民代表大会

第十三条　按照自治州生态功能区划，将黄河上游及岷江、涪江、嘉陵江、大渡河河源设为水源涵养区；高山峡谷、江河两岸、水库周围设为水土保持区；干旱河谷地带、高寒地区、地质灾害隐患集中地带设为生态脆弱区；公共绿化、生态公园、荒山绿化等设为人工绿地保护区。

江河水源涵养区、水土保持区，应当采取人工造林、退耕还林（草）、封山抚育、森林管护、人工影响天气作业等措施，恢复和扩大林草植被。严禁乱砍滥伐和其他方式破坏植被。

生态脆弱区，应当采取植树造林、林草植被恢复、防沙治沙工程、人工影响天气作业等措施，提高林草植被覆盖率。严禁乱挖滥采、毁坏林草，防止土地沙化。

人工绿地保护区，应当按照人与自然和谐的原则，采取科学利用和保护措施。严禁擅自侵占和毁坏绿地。

第十六条　自治州对下列高原湿地区域实行重点保护：

（一）若尔盖湿地以及其他高原湿地自然保护区；

（二）发源于红原、若尔盖和阿坝县黄河、长江上游的主要支流白河、黑河、贾曲河、大渡河上游以及河流两岸两千米范围内的湖泊、沼泽；

（三）红原龙日乡、阿木乡、阿坝麦尔玛乡、求吉玛乡以及若尔盖兴措等其他范围内的湖泊、沼泽。

第十八条　禁止在湿地自然保护区核心区和缓冲区内建设任何生产设施和从事严重影响湿地自然保护区生态环境的生产经营活动。

禁止在湿地自然保护区实验区内建设污染环境、破坏资源或者景观以及破坏珍稀水禽等物种栖息繁衍场所的项目与设施。

第二十条　九寨沟、黄龙以及在自治州辖区内的四川大熊猫栖息地等世界自然遗产地，按照其总体规划确定的核心区、保护区、外围保护区，进行分区保护，禁止任何破坏世界自然遗产资源的活动。

第三十五条　交通建设规划应当与自治州生态州建设规划和自治州生态环境保护总体规划相衔接，建设生态交通。

第三十六条　交通建设项目应当采取各种有效保护措施，依法保护生物多样性、水源涵养功能、人文古迹和防止水土流失。

需穿越野生动物集中栖息区的，应当修建野生动物通道等防护设施，减少对野生动物栖息环境的影响。

第三十七条　交通建设工程单位应当按照环境影响评价文件和水土保持方案报告书以及审批部门批准的环境保护措施实施，加强项目建设过程中的环境保护和监督管理，禁止乱爆乱挖乱弃。

第五十六条 违反本条例下列条款，由有关行政主管部门实施处罚：

（三）违反第十八条第二款规定，在湿地自然保护区的核心区和缓冲区内建设生产设施的，由湿地保护管理机构责令拆除；逾期不拆除的，由林业和草原行政主管部门处以每平方米10元至30元的罚款；仍不拆除的，依法强制拆除。在湿地自然保护区核心区和缓冲区内从事严重影响湿地自然保护区生态环境生产经营活动的，由湿地保护管理机构责令停止生产经营活动，并可以根据情节处2万元以上5万元以下罚款。

（四）违反第十八条第三款规定的，由林业和草原行政主管部门责令停止违法行为，限期恢复原状或者采取其他补救措施，并处以5000元以上1万元以下的罚款。

第六十条 违反本条例下列条款，由有关行政主管部门实施处罚：

（一）违反第三十六条第二款规定的，责令其限期建设，可处5万元以上10万元以下罚款。

（二）违反第三十七条规定的，责令停止乱爆乱挖乱弃并进行恢复，可处5万元以上10万元以下罚款。

【文件名称】阿坝藏族羌族自治州湿地保护条例

【发布时间】2009年9月

【发布机构】阿坝藏族羌族自治州第十届人民代表大会

第三条 本条例所称湿地是指天然的或人工的具有生态调节功能的潮湿地域，包括河流、湖泊、沼泽、泥炭地、湿草甸、冰川和水库等常年或季节性水域和水源涵养区。

湿地资源是指湿地及依附湿地栖息、繁衍、生存的野生生物资源。

湿地分为重要湿地和一般湿地。重要湿地是指列入国际、国家、省重要湿地名录的湿地。一般湿地由自治州人民政府确定。

第十六条 开发利用湿地资源不得破坏湿地生态系统的基本功能，不得破坏野生动植物栖息和生长环境。禁止在湿地范围内从事下列活动：

（一）向湿地排放超标污水或者有毒有害气体，倾倒、丢弃难以降解以及易腐烂的废弃物，投放可能危害水体、水生生物的化学物品；

（二）擅自在湿地狩猎、捕捞、采集国家和省重点保护的野生动植物；

（三）破坏鱼类等水生生物洄游通道或者野生动物栖息地，采用炸、毒、电等灭绝性方式捕捞鱼类及其他水生生物；

（四）捕杀候鸟以及在候鸟越冬、越夏期，在候鸟主要栖息地进行捕鱼、捡拾鸟蛋等危及候鸟生存、繁衍的活动；

（五）在沼泽湿地排水造地，擅自筑坝挖塘，在泥炭湿地擅自采矿挖砂、揭取草皮或者修建阻水、排水设施；

（六）其他破坏湿地的行为。

第十八条　禁止开垦湿地，严格控制湿地占用。因国家和地方重点建设项目需要，对江河、湖泊等湿地的开发利用，如交通、水利、电力、通讯、生态旅游等项目确需占用和改变湿地用途的，经依法审批后实施。对高原湖泊、泥炭沼泽湿地的开发利用，除重点基础设施建设和生态旅游外，一般不予审批。

第十九条　征占用湿地或者改变湿地用途的，经自治州、县湿地主管部门和国土资源部门提出审核和审批意见，按照管理权限报人民政府审批。

第二十条　征占用湿地或者改变天然湿地用途，应当符合下列条件：已通过环境影响评价，符合土地利用总体规划、环境保护规划、城乡规划、水利规划、水功能区划的重点建设项目，并具有可行的湿地占用方案。

第二十一条　临时占用湿地的，除符合本条例第二十条规定外，占用者应当提出可行的湿地恢复方案，按照管理权限由相关行政主管部门审批。

临时占用湿地不得超过两年。占用期满后，占用者应当按照湿地恢复方案及时恢复，并由审批部门验收。

第二十九条　违反本条例规定，有下列行为之一的，由县级以上湿地行政主管部门责令其停止破坏、限期恢复，并视情节轻重按下列规定予以处罚；有违法所得的，没收违法所得；构成犯罪的，依法追究刑事责任：

（一）未经批准改变天然湿地用途、非法占用湿地的，按被改变用途的面积处以每平方米10元至30元的罚款。

（二）在高原湿地排水造地的，处以5万元以下罚款；未经批准筑坝挖塘、采矿挖砂、揭取草皮的，处以500元以上2000元以下罚款；造成严重后果的，处以5000元以上2万元以下罚款。

（三）未经批准在高原湿地建设阻水或者排水设施的，处以3000元以上5000元以下罚款；造成严重后果的，处以1万元以上5万元以下罚款。

（四）当事人在责令恢复期限内拒不恢复或者恢复不达标的，由相关行政主管部门组织代为恢复，所需费用由当事人承担。

（五）在候鸟主要繁殖栖息地捡拾、买卖鸟蛋的，处以违法所得5倍以上10倍以下罚款；无违法所得的，处以100元以上1000元以下罚款。

第三十条　违反本条例第十六条规定的其他行为，由县级以上人民政府相关行政主管部门责令其限期整改，并按照相关法律、法规处理。

【文件名称】甘孜藏族自治州生态环境保护条例
【发布时间】2017年9月
【发布机构】甘孜藏族自治州人民代表大会常务委员会

第十二条 自治州重点生态功能区属限制开发建设区内，应当减轻生态空间的占用，保护优先、适度开发、合理选择发展方向，加强生态修复，禁止不符合主体功能定位的开发活动。

第十三条 自治州、县（市）人民政府及相关部门应当严格执行环境影响评价制度，对未依法进行环境影响评价的开发利用规划，不得组织实施；未依法进行环境影响评价的建设项目，不得开工建设。

第十六条 按照自治州生态功能区划，将境内雅砻江、金沙江、大渡河河源等重要水源补给区设为水源涵养区；高山峡谷、江河两岸、水库、湖泊周围设为水土保持区；干旱河谷地带、高寒地区、地质灾害隐患集中地带设为生态脆弱区；公共绿化、生态公园、荒山绿化等设为人工绿地保护区。

江河水源涵养区、水土保持区，应当采取植树造林、退耕还林草、禁牧休牧、划区轮牧、封山育林、森林管护等措施，恢复和扩大林草植被。严禁乱砍滥伐、乱采滥挖和其他方式破坏植被。

生态脆弱区，应当采取植树造林、林草植被恢复、禁牧、退化草地补播改良、防沙治沙工程等措施，提高林草植被覆盖率。严禁乱采滥挖、毁坏林草，防止土地沙化。

人工绿地保护区，应当按照人与自然和谐的原则，采取科学利用和保护措施。严禁擅自侵占和毁坏绿地。

第二十条 禁止在湿地自然保护区核心区和缓冲区内建设任何生产设施和从事影响湿地自然保护区生态环境的生产经营活动。

禁止在湿地自然保护区实验区内建设污染环境、破坏资源或者景观，以及破坏珍稀水禽等物种栖息繁衍场所的项目；禁止破坏水生生物的栖息繁衍场所。

第三十八条 自治州、县（市）人民政府应当加强交通项目建设过程中的环境保护和监督管理，确保环境影响评价文件、水土保持方案报告书和审批部门批准的各项生态环境保护措施得到严格落实。

第三十九条 自治州行政区域内交通建设应当按照环境影响评价文件提出的各项生态环境保护措施，不占或者少占耕地、草地、林地，对建设周期长、生态环境影响大的建设工程实行工程环境监测和监理，禁止乱爆、乱挖、乱弃。

施工单位应当采用先进技术、设备、工艺等有效措施，使建设活动符合环境保护有关规定，减少环境污染。应当做好公路两侧绿化，对取料场、废弃物堆放场进行植被恢复。建设活动产生的弃渣、弃土存放须按照环境影响评价和水土保持方案的要求采取相应工程措施，工程措施须与工程建设同时设计、同时施工、同时投入生产和使用，不得破坏水体、林草植被。

第四十条　交通设施建设项目应当采取各种有效保护措施，保护生态环境。需穿越野生动物集中栖息区的，应当采取修建野生动物通道等防护设施，减少对野生动物栖息环境的影响。

第五十九条　违反本条例规定的行为，《中华人民共和国环境保护法》等法律法规已有处罚规定的，从其规定。

第六十条　违反本条例，有下列行为之一的，由自治州、县（市）人民政府相关行政执法部门依法予以处罚：

（一）在江河水源涵养区、水土保持区、生态脆弱区、人工绿地保护区乱砍滥伐、乱挖滥采、擅自侵占、毁坏绿地和其他方式破坏植被的；

（二）在林草地上从事非法建设或者擅自采石、采砂、采矿、取土、取草皮等破坏活动的；

（三）在自然保护区核心区和缓冲区内建设生产设施和从事影响自然保护区生态环境的生产经营活动的，在自然保护区实验区内建设污染环境、破坏资源或者景观，以及破坏珍稀水禽等物种栖息繁衍场所的；

（五）向农田和水体倾倒、弃置、堆存固体废弃物或者其他有毒有害物质，经营、使用国家明令禁止生产或者撤销登记的农药、灭虫灭鼠药品，对土壤和农产品造成污染的；

（六）工程项目建设过程中乱爆、乱挖、乱弃，向河道、湖泊、水库、林地倾倒沙石及建筑物、工业等废弃物，破坏水草、林草植被的；

（七）在自然遗产地、自然保护区、森林公园、国家风景名胜区、省级风景名胜区、重点旅游集镇和乡村违反相关规划进行开发和建设的；

（八）新建、扩建、改建水电项目建设中产生的砂、石、土及其他废弃物向指定场所外的其他地方倾倒的。

2.5　中长期规划摘录

【文件名称】四川省国土空间生态修复规划（2021—2035年）

【发布时间】2022年6月

【发布机构】四川省自然资源厅

【文　　号】川自然资发〔2022〕32号

第四章　总体布局

按照"气候区划—地貌分异—流域分区—生态系统类型"区划体系，以重点流域和重要山脉为基础单元，突出自然地理完整性、生态系统连通性和生态问题相似性等特征，将全省划分为8个生态修复分区：金沙江上游高原区水源涵养与生物多样性保护修复区、雅砻江中上游高原湿地水源涵养与高山生物多样性保护修复区、岷山—大渡河流域生物多样性保护与水源涵养区、金沙江中下游—大凉山生物多样性保护与水土保持修复区、黄河上游若尔盖草原湿地水源涵养生态保护和修复区、大巴山生物多样性保护与生态修复区、长江上游水土保持与岩溶石漠化综合治理区、成都平原人居环境提升与川中丘陵水土流失防治区。

一、金沙江上游高原区水源涵养与生物多样性保护修复区

本区域位于横断山区沙鲁里山西侧金沙江和雅砻江上游流域，涵盖雀儿山东部，是川西高原生物多样性代表区和金沙江上游水源涵养重点区。

——自然生态状况。本区域地貌以高山、高原为主，海拔1500~6100 m，有海拔5000 m以上极高山脉4座，属于大陆性高原山地型季风气候，年均气温0.6~6℃，年均降水量420~950 mm。水资源丰富，有金沙江干流、雅砻江支流等主要河流，麻贡嘎、喀曲山顶等冰川，亚莫措根湖、拉龙错湖、新路海等湖泊。土壤类型以褐土、棕壤、高山草甸土为主。野生动植物类群众多，有雪豹、白唇鹿、藏原羚、黑颈鹤、金雕、云杉、五小叶槭、冬麻豆等国家保护动植物。

——主要生态问题。本区域生态系统脆弱，生态恢复力水平总体偏弱。水电、交通建设和矿产资源开采等活动侵占生物栖息地，造成自然生境受损。局部地区植被盖度下降导致水源涵养功能降低，森林质量等级不高。高原草地存在不同程度退化和土地沙化，雪线上升、冰川消融等生态问题突出。

——重点区域和主攻方向。重点区域约占该区面积的60%，修复策略以自然恢复、辅助修复为主，主攻方向为草原植被恢复、生物多样性维护等。在察青松多、洛须、嘎

金雪山等地，保护白唇鹿、金雕、金钱豹等生物栖息地，增强金沙江千支流生态廊道连通性，提高区域生态系统结构完整性。在雀儿山北部、麻贡嘎，开展天然林保护、植树造林等，提升森林质量，改善森林生态系统结构，减缓雪线上升趋势。在巴塘草原、阿察草原、桑堆红草滩等地区，开展沙化土地治理、退化草原生态修复，提高高原草地综合植被盖度，增强生态系统水源涵养和水土保持功能。

二、雅砻江中上游高原湿地水源涵养与高山生物多样性保护修复区

本区域位于横断山区雅砻江中上游流域，涵盖沙鲁里山、工卡拉山、牟尼茫起山等，是川西北高原生物多样性和雅砻江中上游水源涵养重点区。

——自然生态状况。本区域地貌以高山、高原、峡谷为主，海拔1500~6100 m，有海拔5000 m以上极高山脉5座。属于北亚热带气候，年均气温0.8~15℃，年均降水量约810 mm。水资源丰富，主要有雅砻江干流、鲜水河、无量—理塘河、查曲等河流，以及泸沽湖、荷花海、卡莎湖等高原湖泊。土壤类型以暗棕壤、褐土、高山草甸土、高山寒漠土为主。野生动植物类群丰富，有藏野驴、藏原羚、绿尾虹雉、黑鹳、藏雪鸡、白马鸡、兔狲、云杉、高寒水韭等国家保护动植物。

——主要生态问题。本区域生态系统较脆弱，生态恢复力水平总体偏弱。矿产资源开采和水电开发等人类活动破坏生境，水土流失及石漠化加剧，鼠虫害、不合理放牧和滥采导致草原退化沙化，气候变化和人类活动干扰引起湿地局部退化，水源涵养功能降低。天然林局部退化、林地质量普遍不高，森林生态系统结构有待优化。雪线上升造成高山裸地范围扩大和自然灾害频发，干扰垂直地带性分异规律，影响野生动植物活动。

——重点区域和主攻方向。重点区域约占该区面积的60%，修复策略以保育保护、自然修复、辅助修复为主，主攻方向为草原植被恢复、生物多样性维护、废弃矿山治理等。在巴颜喀拉山西南部，加强草原保护、沙化治理和鼠虫害防治，恢复草原植被。在沙鲁里山和雀儿山东北部，保护公益林和天然林，提升森林质量，防治水土流失，提升生态系统固碳能力。在长沙贡玛、格西沟、牟尼芒起山、鸭咀等地，保护猫科动物、白唇鹿、黑颈鹤、藏野驴、狼、藏狐等野生动物栖息地，实施高原湖泊湿地保护与修复，有效恢复湿地生态功能。在雅砻江上游，实施废弃露天矿山生态修复，开展植被重建。

三、岷山—大渡河流域生物多样性保护与水源涵养区

本区域位于横断山区岷江—大渡河流域，涵盖大雪山、邛崃山、岷山，是川西高原生态屏障、生态系统服务功能极重要区。

——自然生态状况。本区域地貌以高原、山地、峡谷为主，海拔1300~7500 m，有海拔5000 m以上极高山脉3座。属于高山高原高寒气候和中亚热带湿润气候，年均气温0.4~18℃，年均降水量约1100 mm。水资源富集，主要有岷江、大渡河干流、青衣江、

大小金川、黑水河等河流，有木格错、伍须海等天然湖泊。土壤类型以褐土、棕壤、黄壤、红壤、亚高山草甸土为主。野生动植物类群繁多，有大熊猫、川金丝猴、云豹、豺、白唇鹿、石貂、玉带海雕、胡兀鹫、疣鼻天鹅、鸢、水杉、泸菊木、白皮云杉、光叶蕨等国家保护动植物。

——主要生态问题。本区域生态系统局部脆弱，生态恢复力水平空间差异较大。大熊猫等关键物种栖息地生境受损、生态廊道受阻，自然灾害和人类活动侵扰加大了生物栖息地破碎化程度，导致连通性不同程度受损。次生林整体质量较低、人工林树种单一、乔灌草立体配搭结构不合理，地震等引发的山地次生灾害造成森林掩埋、林木倒伏和植被损毁，森林涵养水源功能不强。土地开垦、鼠虫害、沙化等致使高原草地局部退化严重，过度放牧、坡面裸露和风化侵蚀增加高山草甸的退化风险。早期不合理耕地开垦和毁林开荒形成陡坡耕地，致使土壤侵蚀严重、地力衰减，水土流失加剧。陡坡耕种等生产活动造成生态系统破坏，导致大渡河南岸石漠化严重。废弃矿山点多面广冰川消融增加山地灾害风险，造成生态安全隐患。

——重点区域和主攻方向。重点区约占该区面积的75%，修复策略以保育保护、辅助修复、生态重塑为主，主攻方向为生物多样性维护、植被恢复、水土流失防治等。在龙门山、邛崃山，保护大熊猫、牛羚、林麝等生物栖息地，加强生态廊道建设。在川西北大草原、松潘草原、龙灯草原和大雪山、邛崃山、龙门山等地的高山草甸，加强草原生态保护，实行差别化精准治理，改善草原生态质量。在大小金川等地，开展土地综合整治，在岷江干支流沿岸，开展干旱河谷综合开发治理，治理陡坡耕地，提升耕地质量，改善农田生态。在岷山、龙门山和大小相岭东缘，开展水土流失综合防治，在大雪山南段东部、大渡河下游南岸，开展石漠化综合治理，提高区域水土保持和水源涵养能力。大力实施大渡河沿岸废弃露天矿山生态修复，恢复地表植被。全面加强大雪山和邛崃山脉生态保护力度，整体提升森林生态系统质量和稳定性，增强生态系统固碳能力，减缓冰川消融速度。

五、黄河上游若尔盖草原湿地水源涵养生态保护和修复区

本区域位于横断山区若尔盖湿地，是典型的高寒沼泽湿地生态系统、全国高原草地湿地代表区。

——自然生态状况。本区域地貌以高原为主，海拔2400~5120 m。大部分属高山高原高寒气候，年均气温4~12℃，年降水量500~1300 mm。水资源充裕，有白河、黑河、白龙江、梭磨河等河流。土壤类型以棕壤、暗棕壤、褐土、草甸土和高山寒漠土为主。分布有国家湿地保护区、黑颈鹤保护区、梅花鹿保护区，野生动植物类群繁多，拥有狼、黑颈鹤、大天鹅、鸳鸯、东方白鹳、梅花鹿、小熊猫、中华秋沙鸭、云杉等大量候鸟和

野生动植物。

——主要生态问题。本区域生态系统十分脆弱，生态恢复力水平总体一般。气候变化、疏干排水、过度放牧导致自然湿地萎缩。鼠虫害泛滥、畜牧超载、土壤侵蚀导致草地存在不同程度退化，珍稀野生动植物栖息地面积呈缩减和破碎化趋势，土地沙化问题突出，局部区域水源涵养功能不断降低。

——重点区域和主攻方向。重点区域约占该区面积的92%，修复策略以保育保护、自然修复、辅助修复为主，主攻方向为高原湿地修复、草原综合治理、生物多样性维护等。全面保护黑颈鹤、东方白鹳、狼等珍稀动物栖息地，连通生态廊道，维护生物多样性。在若尔盖湿地恢复萎缩水域和自然植被，全面推行草畜平衡、草原禁牧休牧轮牧，加大沙化草地治理力度，加强源头退化草地恢复，提高草原植被恢复能力，改善林草结构。在黄河干流开展河岸侵蚀治理，实施保护草场、道路等基础设施建设。在黑河、克曲、阿曲等流域，加强水产种质保护区建设。

【文件名称】四川省"十四五"综合交通运输发展规划

【发布时间】2021年10月

【发布机构】四川省人民政府

【文　　号】川府发〔2021〕26号

五、建设综合立体交通网络

（一）建设发达的快速网

高速公路。推动高速公路向民族地区延伸，加快久马、九绵、沿江、西昭等国家高速公路待贯通路段建设。

十、促进交通绿色低碳发展

（二）加强生态保护

集约利用土地、通道线位、岸线等资源，鼓励公路和铁路共用稀缺线位，统筹布局过江通道，促进航道、锚地和引航等资源共享共用。加强老旧设施更新利用，提高不可再生资源利用效率。严格落实生态保护和水土保持措施，推进生态选线选址，强化生态环保设计，推进绿色施工。严格实施生态修复、环境治理与土地复垦，加快绿色基础设施建设，构建生态绿色景观廊道。

专栏20　"十四五"时期绿色交通行动

绿色基础设施。打造绿色公路、绿色港口、绿色航道、绿色机场、绿色服务区、绿色工地。

十一、提升交通安全应急能力

（一）提升交通本质安全

提升灾害频发地区路网韧性和可靠度，构建"生命线"交通网络，加快交通基础设施灾后恢复重建，推进具备条件的节点之间迂回路线建设。加快新型材料及建造技术的推广应用，优化工程防灾减灾设计，加强项目安全性评价，提升基础设施使用寿命和抗灾能力，打造平安百年品质工程。强化设施设备运行监测，加强重点路段、重要节点的灾害防治、安全隐患整治和灾害监测预警能力建设。深入实施公路安全生命防护工程、危旧桥（隧）改造工程。

十四、环境影响评价

（六）环境影响减缓措施

从空间管制规避环境影响和生态破坏，所有综合立体交通基础设施建设项目选址应符合国土空间规划、产业发展规划、环境保护规划等要求。依据空间管制红线实行分级分类管控。国家公园、自然保护地、风景名胜区、重要湿地、饮用水水源保护区、生态公益林、水源涵养区、洪水调蓄区内实行有限准入的原则，严格限制有损主导生态功能的建设活动。推进绿色交通基础设施建设，将绿色交通标准纳入环境准入的门槛条件。严格建设项目用地标准控制，大力推广节地技术和节地模式。

合理利用资源，提高能源利用效率，促进自然资源保护。优化国土空间开展格局，完善土地节约利用体制，全面推进节约集约用地，控制土地开发总体强度。严格控制水资源利用总量，提高交通基础设施节水水平。加强对能源消耗总量和强度"双控"管理，提高清洁能源使用比例。

按照环境质量不断优化的基本原则，以改善环境质量为目标，衔接大气、水、土壤环境质量管理要求，严格交通基础设施建设运营的环境质量底线管理。在建设期，关注地表水、地下水、取弃土场的污染；在运营期，关注运输产生的大气和噪声污染，防范水环境风险。

【文件名称】阿坝藏族羌族自治州国民经济和社会发展第十四个五年规划和
　　　　　　年远景目标纲要

【发布时间】2021年3月

【发布机构】阿坝藏族羌族自治州人民政府

【文　　号】阿府发〔2021〕4号

第三章　优化国土空间开发与保护格局

第一节　优化国土空间功能布局

落实主体功能区战略，以自然本底为基础，遵循自然、社会、人口发展规律，科学划定生态、农业、城镇三类空间和生态保护红线、永久基本农田、城镇开发边界三条控制线。坚持整体保护、点状开发，增强长江、黄河水源涵养功能。

第二节　强化生态保护红线管控

严格管控生态保护红线内开发建设活动，预留重大基础设施廊道，引导人口逐步有序退出。严格按照"三线一单"管控要求，落实生态保护红线管理制度，确保生态功能不降低、面积不减少、性质不改变。

第七章　加强环境保护与治理建设

第一节　保护蓝天净土绿水

实施大气环境综合治理工程，加强工业废气、垃圾焚烧、餐饮油烟、扬尘治理，开展清洁能源替代。继续推进黄河、岷江、大渡河等污染治理。实施土壤污染防治行动计划，加强土壤污染风险管控和修复，强化农村面源污染防治，加强危险废物管控，确保土壤环境安全稳定。

第二节　实施全域环境治理工程

加强工业污染治理，落实产业准入负面清单。

第三节　完善环境治理体系

严格落实生态保护红线、环境质量底线、自然资源利用上线和生态环境准入清单"三线一单"。

第四节　促进低碳循环发展

加快发展节能环保、清洁能源等绿色产业，积极推动工业、农业清洁生产。完善能源消费总量和强度"双控"机制，加强工业、建筑、交通、公共机构等领域节能管理。

【文件名称】阿坝藏族羌族自治州"十四五"生态环境保护规划

【发布时间】2022年4月

【发布机构】阿坝藏族羌族自治州人民政府

【文　　号】阿府发〔2022〕7号

三、指导思想、原则和目标

（二）基本原则

坚持生态优先，强调科学保护。牢固树立"绿水青山就是金山银山"的发展理念，坚持尊重自然、顺应自然、保护自然，坚持共抓大保护、不搞大开发，始终把自然生态保护和修复放在更加突出位置。以生态环境和资源承载力为基础，协同开展生产力布局与生态安全屏障维护、重要生态功能区保护、自然保护地建设、生物多样性保护和生物安全等，促进人与自然和谐共生。

（三）战略定位

阿坝州是国家"两屏三带"生态安全格局中"青藏高原生态屏障"和"黄土高原—川滇生态屏障"的重要组成部分。其重要性主要体现在它是长江、黄河上游重要水源发源地及涵养区，是中国水资源保护的核心区域，是典型的生态与环境脆弱带，是世界生物多样性宝库，也是长江经济带发展的保障，在国家生态安全格局中具有举足轻重的地位。

四、主要任务

（一）优化国土空间管控

坚持整体保护、点状开发，增强长江、黄河水源涵养功能，建设岷江、大渡河生态廊道，依托铁路、高速公路、国省干线、重点景区建设重点城镇，发展"一横两纵"城镇发展轴，促进东南、西南、东北、西北四带特色协调发展，形成"两源两廊多点三轴四带"的国土空间保护与开发总体格局。

在四川省"三线一单"生态空间的总体框架下，全面实施以"三线一单"为核心的生态环境分区管控体系。

（四）开展生态修复治理

建设坡面工程防护体系和沟道防护体系，加强坡面复绿和坡地土壤保护，有效减少水土流失。

加强地质灾害治理，系统排查整治公路和河道沿线、集镇和居住点、景区和产业园区周边地灾隐患。对水电、道路建设造成的地表破坏区域进行生态修复，明确施工单位对造成生态景观破坏的修复责任。

（五）深化环境污染防治

2．强化水污染防治工作

加大工业废水防治力度。

严格控制新增污染源，落实环境影响评价和"三同时"制度，建立新建项目排放总量审批制度。继续实施主要污染物总量控制制度，强化重点企业污染防治，加大落后、过剩产能淘汰力度，完善污染事故应急体系。

3．持续改善生态环境质量

加强工业大气污染防治。严格落实节能减排工作任务，加强企业的环保意识，实施清洁生产，推进企业技术改造，控制二氧化硫、氮氧化物、挥发性有机物等污染物排放。加大监管力度，督促企业落实环保设施的投入力度，充分利用余热发电、余热取暖，尾气再利用等循环发展。

4．实施土壤与固废污染防治

鼓励一般工业固废资源化利用。强化监管，加强工业固体废物利用与处置，推广清洁生产，从源头减少产生总量，对固体废物的收集、贮存、运输、利用和处理处置进行全程控制，实施从源头到终端的管理，有效控制并鼓励企业利用新工艺、新技术、新设备、开展技术改造，减少固废产生，对一般工业固体废物实施综合利用，就地资源转换。

6．提升声环境质量

强化政府监督管理责任，落实噪声排放单位污染防治的主体责任，加强社会生活、建筑施工、交通运输和工业生产等领域的噪声监测和监管。强化夜间施工管理，严格夜间作业审核并向社会公开，鼓励采用低噪声施工设备和工艺。

（七）强化环境风险防范

1．实施环境风险全过程管理

统筹考虑各类风险源危害性和敏感目标脆弱性，建立健全多层级的环境风险评估与管理体系，实施环境风险分类、分级管理，严格高风险企业监管，强化环境风险物质监督管理。

3．提高危险废物处置和风险管理水平

加强工业危险固体废物处置监管。提高工业危险废物处置水平，重点解决问题突出的危险废物综合利用和处理处置。加强危险废物产生企业环境监管。

【文件名称】甘孜藏族自治州国民经济和社会发展第十四个五年规划和二〇三五年远景目标纲要

【发布时间】2021年4月

【发布机构】甘孜藏族自治州人民政府办公室

【文　　号】甘办发〔2021〕12号

第二章　建设美丽生态和谐社会主义现代化新甘孜

坚持生态优先、绿色发展。把生态建设摆在更加突出位置，坚持绿水青山就是金山银山的理念，坚持尊重自然、顺应自然、保护自然，坚持保护生态、修复生态、建设生态，坚持共抓大保护、不搞大开发要求，立足川西北生态示范区定位，坚定走生态优先、绿色发展的高质量之路，守护好甘孜高原的生灵草木、万水千山，把甘孜打造成全省乃至全国生态文明高地。

第四章　提高环境治理水平

第一节　加强污染综合防治

突出精准治污、科学治污、依法治污，打好污染防治攻坚战。实施大气环境综合治理工程，加强工业废气、垃圾焚烧、餐饮油烟、扬尘治理。强化河（湖）长制，加强金沙江、雅老江、大渡河等河流保护，严控河流周边开发建设。持续深化土壤和固体废物污染防治。强化危险废物环境监管。

第五章　促进绿色低碳循环发展

第一节　提高资源综合利用水平

落实节约集约用地制度，合理控制建设用地规模，优化土地利用布局和结构。

第二节　大力发展循环经济

全面推行清洁生产，加强循环技术推广运用，从源头和全过程控制污染物产生和排放。

第六章　优化国土空间格局

第一节　统筹国土空间开发与保护

全面落实主体功能区战略，科学划定生态、农业、城镇三类空间和生态保护红线、永久基本农田、城镇开发边界三条控制线，构建"三区三线"空间管控格局。依托自然山水本底，坚持整体保护、点状开发，强化康定泸定甘孜新区发展极核功能，发展壮大川藏铁路（G318线）、G317及其两条连接线四大城镇发展轴，构筑金沙江、雅砻江、大渡河三大生态走廊，保护高山峡谷森林生态和生物多样性保护区、高寒湿地水源涵养区、高原草原生态保育区，依托铁路、机场、国省干线布局重点城镇，形成"一核四轴三廊三区多点"国土空间开发与保护总体格局。

第二节　严守生态保护红线

科学划定并严守生态保护红线。严格落实生态保护红线管理制度，严格管控生态保护红线内开发建设活动，有序开展生态保护红线区保护与修复。

第三节 完善空间治理体系

健全国土空间用途管制体系，严格按照规划用途批地供地。制定实施差异化分区管控政策和三条控制线管理办法。

【文件名称】甘孜藏族自治州"十四五"生态环境保护与建设规划

【发布时间】2022年5月

【发布机构】甘孜藏族自治州人民政府

【文　　号】甘府发〔2022〕11号

二、总体要求

（二）基本原则

生态优先，绿色发展。践行"绿色青山就是金山银山、冰天雪地也是金山银山"理念，强化上游意识，构建良好生态体系，服务国家碳达峰碳中和战略部署，探索生态价值转化，妥善处理保护和发展的关系，坚定不移走绿色高质量发展之路。

三、构建生态安全战略格局

（一）加强生态空间保护

加强国土空间开发保护。全面落实主体功能区战略，加快构建"三区三线"空间管控格局，健全国土空间用途管制体系，实施差异化分区管控，守住永久基本农田、生态保护红线、城镇开发边界"三条控制线"。合理控制开发活动、生态旅游、畜牧业发展规模，保障长江及黄河上游生态安全和生态屏障、生物多样性和水源涵养生态功能。

强化生态环境空间分区管控。立足资源环境承载能力，落实"三线一单"，建立实施生态环境分区管控体系。优先保护单元严格执行相关法律、法规要求，严守环境质量底线，确保生态功能不降低；重点管控单元应加强城镇和工业园区污染物排放控制和环境风险防控，有针对性地提出环境管控要求；一般管控单元要执行区域生态环境保护基本要求，重点加强城镇和乡村生活污染治理，以及矿产、清洁能源、生态旅游、农牧业等重点行业分类管控。

（二）严守生态保护红线

牢固树立底线意识，严守生态保护红线，强化刚性约束，严禁不符合主体功能定位的各类开发活动。推进生态保护红线建设项目准入管控，加强台账管理、人类活动管控、生态系统状况监测、保护成效评估等监管。

四、推进绿色低碳循环发展

（三）推进清洁低碳循环发展

加强能源节约清洁利用。实施能源消耗总量和强度"双控"制度，推行先进的能效标准，引导企业采用新设备、新材料、新工艺、新技术，开展节能低碳建设，降低单位产品能耗水平。

积极发展绿色低碳交通。加快推进铁路、公路、航空绿色低碳交通体系建设，优化交通运输结构，提高运输效率。

五、推进山水林田湖草沙冰系统保护修复

（二）加强森林资源管护

实行最严格的森林资源保护制度，全面推行林长制。开展国土绿化行动，加强高速公路、国省干道沿线和"两江一河"绿色走廊建设。

（六）严格开发建设活动管控

加强川藏铁路甘孜段、境内高速、国省干线、旅游干线公路以及航空运输等交通工程，输变电、油气和充电设施等能源工程，水电站、水源保障、防洪工程等水利工程，5G铁塔通信工程等重大基础设施建设工程与自然资源开发利用活动生态环境监督管理，督促开发建设单位合理开发、落实绿色施工、保护生物多样性、严格污染防治、强化生态保护和修复、制定环境风险应急预案等各项生态环境保护措施和要求，强化源头预防和事中事后监管，避免或最大限度减轻对生态环境的影响。

六、提升环境污染治理水平

（五）加强固定源污染防治

严格落实企业依法按证排污，控制污染物入河湖量。推进清洁生产审核；加大企业污染处理设施监管。严控工业废水未经处理或未有效处理直接排入城镇污水处理系统。加强工业固废处置监管，严禁非法倾倒、堆置工业固体废物，推动工业固体废物综合利用。开展非正规固体废物堆存场所排查整治。督促企业配齐危险废物暂存、转运设施设备，加强规范管理。

七、维护优良生态环境质量

（二）巩固维护优良空气质量

综合整治城市扬尘。加强施工扬尘监管，建设工程施工现场必须全封闭设置围挡墙，积极推进文明施工和绿色施工，渣土运输车辆应采取密闭措施，加强施工现场视频监控、PM10在线监测。强化料场、建筑垃圾堆场、弃土场扬尘管控，增设洒水降尘装置及覆盖措施，有效控制扬尘污染。

八、有效防范环境风险

（一）健全环境风险管控体系

强化环境应急管理。加强企业突发环境事件应急预案管理，实施企业环境应急预案电子化备案，实现涉危涉重企业电子化备案全覆盖，落实环境风险企业"一源一事一案"制度。

（二）强化有毒有害化学物质风险防控

加强危险废物、废弃危险化学品等环境监管。开展有毒有害化学物质生产使用调查，建立信息台账，健全有毒有害物质环境风险管理体制。

【文件名称】甘孜藏族自治州"十四五"综合交通运输发展规划

【发布时间】2022年4月

【发布机构】甘孜藏族自治州人民政府

【文　　号】甘府发〔2022〕9号

三、总体要求

（二）基本原则

生态优先，绿色安全。充分考虑区域资源禀赋条件及环境承载能力，降低交通建设对生态空间占用和资源能源消耗，形成交通发展与资源环境承载力相匹配、与生态文明建设相互促进的良好局面。统筹发展与安全，坚守红线意识和底线思维，全面提升交通运输安全发展水平，提高响应国防安全和各类突发事件应急救援的能力。

（三）发展思路

畅通道。立足甘孜地处川滇藏青结合部、紧邻成渝地区攀西地区的独特区位优势，以铁路、高速公路、航空为主体，东向融入成渝地区现代交通基础设施体系，南向拓展与攀西地区、滇西北交通物流和旅游大通道，西向依托中尼印经济走廊建设，强化川藏通道辐射藏东南能力，北向延伸推动川甘青互联互通，支撑形成全域开放新态势。

提质量。提升绿色水平，加快推进交通碳达峰进程，强化节能减排治污，加强生态保护修复。

五、重点任务

（一）畅通进出州对外大通道

加速形成高速公路骨架。加快建设G4218康定过境段、S73泸定至石棉高速公路，力争开工G4218康定（榆林）至新都桥、S83两康高速马尔康至康定（甘孜段）、S95石渠至称多，有力支撑配合川藏铁路建设，缓解瓶颈路段交通压力，开辟联系阿坝州、凉山州、玉树州的高速公路出州通道。加快推进G4217炉霍至德格（川藏界）、G4218康定（新都桥）至理塘段、G4218理塘至巴塘段、S95石渠至甘孜、S87康定（新都桥）至九龙、S87八美至炉霍高速公路前期工作，做好项目储备，促进高速公路向甘孜腹地延伸。

（八）推动智慧绿色交通发展

促进交通绿色发展。加快完善绿色交通运输体系建设，实现交通运输的可持续发展，做好与国土空间规划的衔接工作，确保交通基础设施规划与"三线一单"相协调。强化综合交通通道内公路、铁路、民航等运输资源的综合统筹、优化配置。集约节约利用土地资源。加强公路建设方案设计的比选优化，合理绕避永久基本农田、环境敏感区和灾害易发区，尽可能少占用具有重要生态功能的国土空间。严格落实生态保护和水土保持措施，推进生态选线选址，强化生态环保设计，研究生态环境敏感区"无害化"穿越技术，推进绿色施工、绿色养护。严格实施生态修复、环境治理与土地复垦。加快完善雅康高速、G318线等重要干线沿线充电基础设施、液化天然气加注站。坚决打好交通运输污染防治攻坚战，持续推进老旧柴油货车、施工机械提前淘汰更新，推动柴油货车尾气排放深度治理。鼓励高原机场加大太阳能等清洁能源的利用，推广应用新能源或清洁能源营运车船。

七、环境影响评价

（六）环境影响减缓措施

1. 生态环境

（1）涉及自然保护地、生态保护红线的规划线路，原则上应主动绕避。确实无法绕避，涉及自然保护地、生态保护红线禁止建设区域时，应以"无害化"方式通过。位于禁止建设区域且为既有道路改造升级的规划线路，原则上应优化线路布局、绕避禁止建设区域，确实无法绕避，应进行"无害化"方式改造。其他区域无法绕避时，应优先采用"无害化"方式，确因工程安全、地质环境条件限制无法实现，在审慎拟定路线及工程实施方案的基础上，尽量减小地面工程数量，重视施工管理，优化施工方式，完善污染防治、生态保护修复和事故风险防范措施，减小生态环境影响。同时完善涉及自然保护地、生态保护红线相关专题论证及审批手续，确保满足自然保护地、生态保护红线相关保护要求。

（2）注重保护基本农田特别是永久基本农田，节约土地，少占耕地。注意绕避生物多样性优先保护区域和野生动植物分布密集区，合理规划施工便道、场地和营地等临时施工设施，严格划定施工范围，做好施工期环境监理和监测。强化施工管理，减少植被破坏，减轻生态扰动，将生态环境影响降至最低。加强水土保持建设，减缓水土流失影响，施工弃渣、建渣指定地点集中堆放，满足水土保持要求。借鉴和采用环境友好、先进优秀的施工工艺及施工方案。

2. 水环境

（1）涉及城镇集中式饮用水源地的项目原则上应主动绕避。确实无法绕避，涉及城镇集中式饮用水源地禁止建设区域时，应"无害化"方式通过。涉及高功能水体的项目路段禁止新设排污口。其他区域无法绕避时，应优先采用"无害化"方式通过，确因工程安全、地质环境条件限制无法实现，在审慎拟定路线及工程实施方案的基础上，尽量减小涉水工程数量，重视施工管理，优化施工方式，完善水污染防治及事故风险防范措施，减小水环境影响，确保饮水安全。同时完善涉及饮用水源地相关手续。

（2）严格施工管理，施工废水和生活污水应集中收集处理，严禁乱排。营运期，加强路面排水系统、径流收集（处理）设施日常运维，各服务管养配套设施应合理配备生活污水处理设施，并建立长效运营监管机制和长期监测方案，确保生活污水处理达标排放，避免对周边水环境造成污染。

3．声环境

新建城镇路段宜坚持"靠近而不进入"的原则，从源头缓解施工噪声和交通噪声影响。施工期，合理安排施工时间，采用低噪音施工设备，采取临时隔声降噪措施，尽量减轻施工噪声对项目沿线评价范围内的声环境保护目标产生影响。营运期，按照声环境质量达标或不恶化现状的原则，对项目沿线评价范围内的声环境保护目标合理设置隔声降噪措施。依据项目环评交通噪声预测成果，合理提出后续规划建设交通噪声控制距离要求。

4．大气环境

施工期，重视施工扬尘治理，采用先进的、密闭性能好的灰土拌和设备和沥青熬炼、摊铺装置。合理规划施工场地、施工便道设置，优化施工运输线路。完善施工过程中的围挡、喷淋等抑尘措施，加大洒水降尘的频率。营运期，加强道路绿化美化，防风固尘，限制尾气排放超标车辆上路。

5．环境风险

严格执行国家和有关部门颁布的危险货物运输相关规定，认真落实危化品运输的工程防范、管理监督和应急处置措施。在跨水桥梁合理设置防撞设施、限速与禁止超车等警示标志、桥面径流收集处理系统、事故池、视频监控系统等风险环境防范措施。制定并严格落实环境风险应急预案，降低和控制交通运输带来的风险，避免或最大程度减少有毒有害物质进入环境，确保环境安全。

【文件名称】凉山彝族自治州国民经济和社会发展第十四个五年规划和二〇三五年远景目标纲要

【发布时间】2021年6月

【发布机构】凉山彝族自治州发展改革委

第三十章   加强自然生态保护修复

第一节   加强长江上游生态环境保护

深入实施主体功能区战略，严格落实"三线一单"和产业准入负面清单制度。

第二节   强化生态系统修复

继续推进水土保持和石漠化综合治理。加强工矿企业生态环境保护，推进工矿废弃地修复利用和尾矿库生态治理，加强地质灾害损毁林地补植补造和后期管护，强化工程创面植被恢复。

第三十一章   深入开展重点领域污染防治

第一节   加强污染综合防治

全力推进大气、水、土壤污染防治。加强固体废弃物综合处置利用。加强危险化学品管控，健全环境风险防范和应急处理体系。强化实施河湖长制，划定河湖管理范围，加强涉水空间管控，推进湖库水环境综合整治和流域岸线保护。

第三十二章   推动绿色低碳发展

第三节   大力发展低碳循环经济

严格产业低碳准入。大力推广绿色技术应用，探索工业、农业、服务业等领域循环经济发展模式。实施工业节能低碳行动。全面推行生态化、清洁化、低碳化、循环化、集约化生产方式，全面提高产品技术、工艺装备、能效环保等水平。大力推行清洁生产，实现能源梯级利用、水资源循环利用、原材料节约利用、再生资源回收利用。

2.6   政策文件摘录

【文件名称】阿坝州人民政府《关于落实生态保护红线、环境质量底线、资源利用
    上线制定生态环境准入清单实施生态环境分区管控》的通知

【发布时间】2021年7月

【发布机构】阿坝藏族羌族自治州人民政府

【文   号】阿府发〔2021〕8号

一、总体要求

（三）生态环境分区管控及其要求。对标省委"一干多支、五区协同"区域发展

战略和州委、州政府"一州两区三家园"战略目标，立足川西北阿坝生态示范区区域特征、发展定位及突出生态环境问题，将全州行政区域从生态环境保护角度划分为优先保护、重点管控和一般管控三类环境管控单元。

1．优先保护单元。全州以生态环境保护为主的区域划分为27个优先保护单元，主要包括生态保护红线、自然保护地、饮用水水源保护区等。按照生态环境保护优先原则，严格执行相关法律、法规要求，严守生态环境质量底线，确保生态环境功能不降低。

2．重点管控单元。全州涉及水、大气等资源环境要素重点管控的区域，划分为21个重点管控单元，主要包括县城规划区和产业集聚的工业园区（集聚区）等。单元内应强化城镇开发边界对开发建设行为的刚性约束，推动工业企业向园区聚集，不断提升污染治理水平和资源利用效率，加快解决突出生态环境问题，维护区域生态环境质量。

3．一般管控单元。全州除优先保护单元和重点管控单元之外的其他区域，划分为13个一般管控单元。执行区域生态环境保护的基本要求，重点推进乡村生活和农业污染治理。

二、主要任务

（一）服务经济高质量发展。各类开发建设活动应将生态保护红线、环境质量底线、资源利用上线等管控要求融入决策和实施过程，以生态环境分区管控推动经济社会高质量发展。

（二）推动生态环境高水平保护。将生态环境分区管控作为推进污染防治、生态保护、环境风险防控等工作的重要依据和生态环境监管的重点内容，严格落实生态环境分区管控要求。加强分区管控成果在生态、水、大气、土壤等要素环境管理中的应用，严格空间管控、环境准入、执法监督，深入打好污染防治攻坚战。

附件2　阿坝州生态环境分区管控方案

表1　全州环境管控单元生态环境管控要求

优先保护单元中，应以生态环境保护优先为原则，严格执行相关法律、法规要求，严守生态环境质量底线，确保生态环境功能不降低。

重点管控单元中，应针对性地加强污染物排放控制和环境风险防控，解决生态环境质量不达标、生态环境风险突出等问题，制定差别化的生态环境准入要求。对环境质量不达标区域，提出污染物削减比例要求；对环境质量达标区域，提出允许排放量建议指标。

一般管控单元中，执行区域生态环境保护的基本要求，重点推进乡村生活和农业污染治理。

> 【文件名称】甘孜藏族自治州人民政府《关于落实生态保护红线、环境质量底线、
> 　　　　　　资源利用上线制定生态环境准入清单实施生态环境分区管控》的通知
> 【发布时间】2021年7月
> 【发布机构】甘孜藏族自治州人民政府
> 【文　　　号】甘府发〔2021〕7号

一、总体要求

（三）生态环境分区管控体系及要求

按照省委"一干多支、五区协同"区域发展战略部署，围绕全面打造川西北生态示范区，立足甘孜州区域特征、发展定位及突出生态问题，将全州行政区域从生态环境保护角度划分为优先保护、重点管控和一般管控三类环境管控单元，共60个。

1．优先保护单元。划分优先保护单元21个，占全州面积的76.97%，主要为以生态环境保护为主的区域，包括生态保护红线、自然保护地、饮用水水源保护区、生物多样性保护重要区、优先保护岸线等。应以生态环境保护优先为原则，严格执行相关法律、法规要求，严守环境质量底线，确保生态功能不降低。

2．重点管控单元。划分重点管控单元21个，占全州面积的0.16%，主要为涉及水、大气、土壤、自然资源等环境要素重点管控的区域。其中，城镇重点管控单元18个，包括18个县（市）中心城区；工业重点管控单元3个，包括康泸产业集中区-康定片区、康泸产业集中区-泸定片区、甘孜州康南特色农产品集中加工区。应针对性的加强城镇和工业园区污染物排放控制和环境风险防控，针对县（市）生态环境问题和园区特点，提出环境管控要求。

3．一般管控单元。划分一般管控单元18个，占全州面积的22.87%，主要为除优先保护单元和重点管控单元以外的其他区域。执行区域生态环境保护的基本要求，重点加强城镇和乡村生活污染治理，以及矿产、清洁能源、生态旅游、农牧业等重点行业分类管控。

二、主要任务

（一）服务经济高质量发展。各类开发建设活动应将生态保护红线、环境质量底线、资源利用上线等管控要求融入决策和实施过程。以生态环境分区管控推动经济社会高质量发展。

（二）推动生态环境高水平保护。严格落实生态环境分区管控要求。

附件3　甘孜州生态环境分区管控方案

优先保护单元：以优先保护生态环境为原则，严格执行相关法律、法规要求，严守环境质量底线，确保生态功能不降低。

重点管控单元：应针对性的加强城镇和工业园区污染物排放控制和环境风险防控，针对县（市）生态环境问题和园区特点，提出环境管控要求。

一般管控单元：执行区域生态环境保护基本要求，重点加强城镇和乡村生活污染治理，以及矿产、清洁能源、生态旅游、农牧业等重点行业分类管控。

【文件名称】凉山州人民政府《关于落实生态保护红线、环境质量底线、资源利用上线制定生态环境准入清单实施生态环境分区管控》的通知
【发布时间】2021年4月
【发布机构】凉山彝族自治州人民政府
【文　　　号】凉府函〔2021〕71号

三、主要任务

从生态环境保护角度将全州国土空间划分为优先保护单元、重点管控单元、一般管控单元三类环境管控单元。其中优先保护单元17个，主要包括生态保护红线、饮用水水源保护区、遗产地、风景名胜区等，单元内应坚持以生态保护优先为原则，严格执行相关法律、法规及国土空间管控要求，确保生态环境功能不降低；重点管控单元36个，主要包括17个县（市）县城规划区、工业产业园区（工业集聚区）等，单元内应强化城镇开发边界对开发建设行为的刚性约束，推动工业企业向园区聚集，不断提升污染治理水平和资源利用效率，加快局部突出生态环境问题解决，维护区域生态环境质量；一般管控单元17个，为优先保护单元和重点管控单元之外的其他区域，单元内要落实生态环境保护要求，推进乡村生活和农业污染治理。

四、实施应用

（一）服务经济社会高质量发展。资源开发、产业布局、城镇建设及重大项目建设要充分考虑"三线一单"的空间布局约束、污染物排放管控、环境风险防控及资源利用效率等方面要求，确保全州生态保护红线、环境质量底线、资源利用上线不突破。

（二）在环境影响评价、排污许可及生态、水、大气、土壤等环境要素保护与管理中，严格落实"三线一单"管控要求。

附件3　凉山州生态环境分区管控方案

全州生态环境管控总体要求

第一条　严守生态保护红线，深入实施主体功能战略，加强生态空间管控。

第二条　统筹山水林田湖草系统治理，加强工矿废弃地修复利用及尾矿库生态治理，推进水土保持和石漠化治理。

第四条　提高资源综合利用水平，强化资源利用上线约束，实施能源和水资源消耗、建设用地总量、强度双控行动，推动城镇低效用地再开发，建设节水型社会。

第五条　持续推进工业、交通、建筑等重点领域节能降耗，持续提高能源利用效率和效益。

第六条　严守环境质量底线。优先保护单元严控新增污染物排放，维护优良环境质量；提升重点管控单元污染治理水平，持续推动环境质量改善；严控一般管控单元内高污染、高排放开发建设活动，确保环境质量不退化。

第七条　持续开展污染防治攻坚战。

第九条　推进土壤安全利用；有序实施建设用地风险管控和治理修复，落实建设用地污染风险管控和修复名录制度，强化用地准入管理。

第十条　严格产业低碳准入。严格国家产业准入要求。

【**文件名称**】阿坝州人民政府办公室关于深入实施《阿坝藏族羌族自治州湿地保护条例》的通知

【**发布时间**】2011年9月

【**发布机构**】若尔盖县人民政府办公室

二、增添措施，加大综合治理力度

加强湿地保护区域巡护，深入开展专项整治行动，严厉打击破坏野生动植物生存环境、擅自占用湿地或者改变湿地用途等违法违规行为。

3 环境污染防治类

3.1 法律摘录

【文件名称】中华人民共和国环境保护法（2014年修订）
【发布时间】1989年12月
【发布机构】全国人民代表大会常务委员会

第四十一条　建设项目中防治污染的设施，应当与主体工程同时设计、同时施工、同时投产使用。防治污染的设施应当符合经批准的环境影响评价文件的要求，不得擅自拆除或者闲置。

第四十二条　排放污染物的企业事业单位和其他生产经营者，应当采取措施，防治在生产建设或者其他活动中产生的废气、废水、废渣、医疗废物、粉尘、恶臭气体、放射性物质以及噪声、振动、光辐射、电磁辐射等对环境的污染和危害。

排放污染物的企业事业单位，应当建立环境保护责任制度，明确单位负责人和相关人员的责任。

重点排污单位应当按照国家有关规定和监测规范安装使用监测设备，保证监测设备正常运行，保存原始监测记录。

严禁通过暗管、渗井、渗坑、灌注或者篡改、伪造监测数据，或者不正常运行防治污染设施等逃避监管的方式违法排放污染物。

第五十五条　重点排污单位应当如实向社会公开其主要污染物的名称、排放方式、排放浓度和总量、超标排放情况，以及防治污染设施的建设和运行情况，接受社会监督。

第五十九条　企业事业单位和其他生产经营者违法排放污染物，受到罚款处罚，被责令改正，拒不改正的，依法作出处罚决定的行政机关可以自责令改正之日的次日起，按照原处罚数额按日连续处罚。

前款规定的罚款处罚，依照有关法律法规按照防治污染设施的运行成本、违法行为造成的直接损失或者违法所得等因素确定的规定执行。

地方性法规可以根据环境保护的实际需要，增加第一款规定的按日连续处罚的违法行为的种类。

第六十条　企业事业单位和其他生产经营者超过污染物排放标准或者超过重点污染物排放总量控制指标排放污染物的，县级以上人民政府环境保护主管部门可以责令其采取限制生产、停产整治等措施；情节严重的，报经有批准权的人民政府批准，责令停业、关闭。

第六十一条　建设单位未依法提交建设项目环境影响评价文件或者环境影响评价文件未经批准，擅自开工建设的，由负有环境保护监督管理职责的部门责令停止建设，处以罚款，并可以责令恢复原状。

第六十二条　违反本法规定，重点排污单位不公开或者不如实公开环境信息的，由县级以上地方人民政府环境保护主管部门责令公开，处以罚款，并予以公告。

第六十三条　企业事业单位和其他生产经营者有下列行为之一，尚不构成犯罪的，除依照有关法律法规规定予以处罚外，由县级以上人民政府环境保护主管部门或者其他有关部门将案件移送公安机关，对其直接负责的主管人员和其他直接责任人员，处十日以上十五日以下拘留；情节较轻的，处五日以上十日以下拘留：

（一）建设项目未依法进行环境影响评价，被责令停止建设，拒不执行的；

（二）违反法律规定，未取得排污许可证排放污染物，被责令停止排污，拒不执行的；

（三）通过暗管、渗井、渗坑、灌注或者篡改、伪造监测数据，或者不正常运行防治污染设施等逃避监管的方式违法排放污染物的；

（四）生产、使用国家明令禁止生产、使用的农药，被责令改正，拒不改正的。

【文件名称】中华人民共和国大气污染防治法（2018年修正）

【发布时间】1987年9月

【发布机构】全国人民代表大会常务委员会

第十八条　企业事业单位和其他生产经营者建设对大气环境有影响的项目，应当依法进行环境影响评价、公开环境影响评价文件；向大气排放污染物的，应当符合大气污染物排放标准，遵守重点大气污染物排放总量控制要求。

第二十条　企业事业单位和其他生产经营者向大气排放污染物的，应当依照法律法规和国务院环境保护主管部门的规定设置大气污染物排放口。

禁止通过偷排、篡改或者伪造监测数据、以逃避现场检查为目的的临时停产、非紧急情况下开启应急排放通道、不正常运行大气污染防治设施等逃避监管的方式排放大气污染物。

第二十九条 环境保护主管部门及其委托的环境监察机构和其他负有大气环境保护监督管理职责的部门，有权通过现场检查监测、自动监测、遥感监测、远红外摄像等方式，对排放大气污染物的企业事业单位和其他生产经营者进行监督检查。被检查者应当如实反映情况，提供必要的资料。实施检查的部门、机构及其工作人员应当为被检查者保守商业秘密。

第五十五条 机动车生产、进口企业应当向社会公布其生产、进口机动车车型的排放检验信息、污染控制技术信息和有关维修技术信息。

机动车维修单位应当按照防治大气污染的要求和国家有关技术规范对在用机动车进行维修，使其达到规定的排放标准。交通运输、环境保护主管部门应当依法加强监督管理。

禁止机动车所有人以临时更换机动车污染控制装置等弄虚作假的方式通过机动车排放检验。禁止机动车维修单位提供该类维修服务。禁止破坏机动车车载排放诊断系统。

第五十九条 在用重型柴油车、非道路移动机械未安装污染控制装置或者污染控制装置不符合要求，不能达标排放的，应当加装或者更换符合要求的污染控制装置。

第六十九条 建设单位应当将防治扬尘污染的费用列入工程造价，并在施工承包合同中明确施工单位扬尘污染防治责任。施工单位应当制定具体的施工扬尘污染防治实施方案。

从事房屋建筑、市政基础设施建设、河道整治以及建筑物拆除等施工单位，应当向负责监督管理扬尘污染防治的主管部门备案。

施工单位应当在施工工地设置硬质围挡，并采取覆盖、分段作业、择时施工、洒水抑尘、冲洗地面和车辆等有效防尘降尘措施。建筑土方、工程渣土、建筑垃圾应当及时清运；在场地内堆存的，应当采用密闭式防尘网遮盖。工程渣土、建筑垃圾应当进行资源化处理。

施工单位应当在施工工地公示扬尘污染防治措施、负责人、扬尘监督管理主管部门等信息。

暂时不能开工的建设用地，建设单位应当对裸露地面进行覆盖；超过三个月的，应当进行绿化、铺装或者遮盖。

第七十条 运输煤炭、垃圾、渣土、砂石、土方、灰浆等散装、流体物料的车辆应当采取密闭或者其他措施防止物料遗撒造成扬尘污染，并按照规定路线行驶。

装卸物料应当采取密闭或者喷淋等方式防治扬尘污染。

城市人民政府应当加强道路、广场、停车场和其他公共场所的清扫保洁管理，推行清洁动力机械化清扫等低尘作业方式，防治扬尘污染。

第九十八条 违反本法规定，以拒绝进入现场等方式拒不接受生态环境主管部门及其环境执法机构或者其他负有大气环境保护监督管理职责的部门的监督检查，或者在接受监督检查时弄虚作假的，由县级以上人民政府生态环境主管部门或者其他负有大气环境保护监督管理职责的部门责令改正，处二万元以上二十万元以下的罚款；构成违反治安管理行为的，由公安机关依法予以处罚。

第九十九条 违反本法规定，有下列行为之一的，由县级以上人民政府生态环境主管部门责令改正或者限制生产、停产整治，并处十万元以上一百万元以下的罚款；情节严重的，报经有批准权的人民政府批准，责令停业、关闭：

（一）未依法取得排污许可证排放大气污染物的；

（二）超过大气污染物排放标准或者超过重点大气污染物排放总量控制指标排放大气污染物的；

（三）通过逃避监管的方式排放大气污染物的。

第一百零九条 违反本法规定，生产超过污染物排放标准的机动车、非道路移动机械的，由省级以上人民政府生态环境主管部门责令改正，没收违法所得，并处货值金额一倍以上三倍以下的罚款，没收销毁无法达到污染物排放标准的机动车、非道路移动机械；拒不改正的，责令停产整治，并由国务院机动车生产主管部门责令停止生产该车型。

违反本法规定，机动车、非道路移动机械生产企业对发动机、污染控制装置弄虚作假、以次充好，冒充排放检验合格产品出厂销售的，由省级以上人民政府生态环境主管部门责令停产整治，没收违法所得，并处货值金额一倍以上三倍以下的罚款，没收销毁无法达到污染物排放标准的机动车、非道路移动机械，并由国务院机动车生产主管部门责令停止生产该车型。

第一百一十五条 违反本法规定，施工单位有下列行为之一的，由县级以上人民政府住房城乡建设等主管部门按照职责责令改正，处一万元以上十万元以下的罚款；拒不改正的，责令停工整治：

（一）施工工地未设置硬质围挡，或者未采取覆盖、分段作业、择时施工、洒水抑尘、冲洗地面和车辆等有效防尘降尘措施的；

（二）建筑土方、工程渣土、建筑垃圾未及时清运，或者未采用密闭式防尘网遮盖的。

违反本法规定，建设单位未对暂时不能开工的建设用地的裸露地面进行覆盖，或者未对超过三个月不能开工的建设用地的裸露地面进行绿化、铺装或者遮盖的，由县级以上人民政府住房城乡建设等主管部门依照前款规定予以处罚。

第一百一十六条 违反本法规定，运输煤炭、垃圾、渣土、砂石、土方、灰浆等散装、流体物料的车辆，未采取密闭或者其他措施防止物料遗撒的，由县级以上地方人民政府确定的监督管理部门责令改正，处二千元以上二万元以下的罚款；拒不改正的，车辆不得上道路行驶。

第一百二十三条 违反本法规定，企业事业单位和其他生产经营者有下列行为之一，受到罚款处罚，被责令改正，拒不改正的，依法作出处罚决定的行政机关可以自责令改正之日的次日起，按照原处罚数额按日连续处罚：

（一）未依法取得排污许可证排放大气污染物的；

（二）超过大气污染物排放标准或者超过重点大气污染物排放总量控制指标排放大气污染物的；

（三）通过逃避监管的方式排放大气污染物的；

（四）建筑施工或者贮存易产生扬尘的物料未采取有效措施防治扬尘污染的。

【文件名称】中华人民共和国水污染防治法（2017年修正）
【发布时间】1984年6月
【发布机构】全国人民代表大会常务委员会

第十条 排放水污染物，不得超过国家或者地方规定的水污染物排放标准和重点水污染物排放总量控制指标。

第二十三条 实行排污许可管理的企业事业单位和其他生产经营者应当按照国家有关规定和监测规范，对所排放的水污染物自行监测，并保存原始监测记录。重点排污单位还应当安装水污染物排放自动监测设备，与环境保护主管部门的监控设备联网，并保证监测设备正常运行。具体办法由国务院环境保护主管部门规定。

应当安装水污染物排放自动监测设备的重点排污单位名录，由设区的市级以上地方人民政府环境保护主管部门根据本行政区域的环境容量、重点水污染物排放总量控制指标的要求以及排污单位排放水污染物的种类、数量和浓度等因素，商同级有关部门确定。

第二十四条 实行排污许可管理的企业事业单位和其他生产经营者应当对监测数据的真实性和准确性负责。

环境保护主管部门发现重点排污单位的水污染物排放自动监测设备传输数据异常，应当及时进行调查。

第三十条 环境保护主管部门和其他依照本法规定行使监督管理权的部门，有权对管辖范围内的排污单位进行现场检查，被检查的单位应当如实反映情况，提供必要的资料。检查机关有义务为被检察的单位保守在检查中获取的商业秘密。

第三十三条　禁止向水体排放油类、酸液、碱液或者剧毒废液。

禁止在水体清洗装贮过油类或者有毒污染物的车辆和容器。

第三十四条　禁止向水体排放、倾倒放射性固体废物或者含有高放射性和中放射性物质的废水。

向水体排放含低放射性物质的废水，应当符合国家有关放射性污染防治的规定和标准。

第三十七条　禁止向水体排放、倾倒工业废渣、城镇垃圾和其他废弃物。

禁止将含有汞、镉、砷、铬、铅、氰化物、黄磷等的可溶性剧毒废渣向水体排放、倾倒或者直接埋入地下。

存放可溶性剧毒废渣的场所，应当采取防水、防渗漏、防流失的措施。

第三十八条　禁止在江河、湖泊、运河、渠道、水库最高水位线以下的滩地和岸坡堆放、存贮固体废弃物和其他污染物。

第六十四条　在饮用水水源保护区内，禁止设置排污口。

第六十五条　禁止在饮用水水源一级保护区内新建、改建、扩建与供水设施和保护水源无关的建设项目；已建成的与供水设施和保护水源无关的建设项目，由县级以上人民政府责令拆除或者关闭。

禁止在饮用水水源一级保护区内从事网箱养殖、旅游、游泳、垂钓或者其他可能污染饮用水水体的活动。

第六十六条　禁止在饮用水水源二级保护区内新建、改建、扩建排放污染物的建设项目；已建成的排放污染物的建设项目，由县级以上人民政府责令拆除或者关闭。

在饮用水水源二级保护区内从事网箱养殖、旅游等活动的，应当按照规定采取措施，防止污染饮用水水体。

第六十七条　禁止在饮用水水源准保护区内新建、扩建对水体污染严重的建设项目；改建建设项目，不得增加排污量。

第七十六条　各级人民政府及其有关部门，可能发生水污染事故的企业事业单位，应当依照《中华人民共和国突发事件应对法》的规定，做好突发水污染事故的应急准备、应急处置和事后恢复等工作。

第七十七条　可能发生水污染事故的企业事业单位，应当制定有关水污染事故的应急方案，做好应急准备，并定期进行演练。

第七十八条　企业事业单位发生事故或者其他突发性事件，造成或者可能造成水污染事故的，应当立即启动本单位的应急方案，采取隔离等应急措施，防止水污染物进入水体，并向事故发生地的县级以上地方人民政府或者环境保护主管部门报告。环境保护主管部门接到报告后，应当及时向本级人民政府报告，并抄送有关部门。

造成渔业污染事故或者渔业船舶造成水污染事故的，应当向事故发生地的渔业主管部门报告，接受调查处理。其他船舶造成水污染事故的，应当向事故发生地的海事管理机构报告，接受调查处理；给渔业造成损害的，海事管理机构应当通知渔业主管部门参与调查处理。

第八十一条 以拖延、围堵、滞留执法人员等方式拒绝、阻挠环境保护主管部门或者其他依照本法规定行使监督管理权的部门的监督检查，或者在接受监督检查时弄虚作假的，由县级以上人民政府环境保护主管部门或者其他依照本法规定行使监督管理权的部门责令改正，处二万元以上二十万元以下的罚款。

第八十二条 违反本法规定，有下列行为之一的，由县级以上人民政府环境保护主管部门责令限期改正，处二万元以上二十万元以下的罚款；逾期不改正的，责令停产整治：

（一）未按照规定对所排放的水污染物自行监测，或者未保存原始监测记录的；

（二）未按照规定安装水污染物排放自动监测设备，未按照规定与环境保护主管部门的监控设备联网，或者未保证监测设备正常运行的；

（三）未按照规定对有毒有害水污染物的排污口和周边环境进行监测，或者未公开有毒有害水污染物信息的。

第八十三条 违反本法规定，有下列行为之一的，由县级以上人民政府环境保护主管部门责令改正或者责令限制生产、停产整治，并处十万元以上一百万元以下的罚款；情节严重的，报经有批准权的人民政府批准，责令停业、关闭：

（一）未依法取得排污许可证排放水污染物的；

（二）超过水污染物排放标准或者超过重点水污染物排放总量控制指标排放水污染物的；

（三）利用渗井、渗坑、裂隙、溶洞，私设暗管，篡改、伪造监测数据，或者不正常运行水污染防治设施等逃避监管的方式排放水污染物的；

（四）未按照规定进行预处理，向污水集中处理设施排放不符合处理工艺要求的工业废水的。

第八十四条 在饮用水水源保护区内设置排污口的，由县级以上地方人民政府责令限期拆除，处十万元以上五十万元以下的罚款；逾期不拆除的，强制拆除，所需费用由违法者承担，处五十万元以上一百万元以下的罚款，并可以责令停产整治。

除前款规定外，违反法律、行政法规和国务院环境保护主管部门的规定设置排污口的，由县级以上地方人民政府环境保护主管部门责令限期拆除，处二万元以上十万元以下的罚款；逾期不拆除的，强制拆除，所需费用由违法者承担，处十万元以上五十万元以下的罚款；情节严重的，可以责令停产整治。

未经水行政主管部门或者流域管理机构同意，在江河、湖泊新建、改建、扩建排污口的，由县级以上人民政府水行政主管部门或者流域管理机构依据职权，依照前款规定采取措施、给予处罚。

第八十五条 有下列行为之一的，由县级以上地方人民政府环境保护主管部门责令停止违法行为，限期采取治理措施，消除污染，处以罚款；逾期不采取治理措施的，环境保护主管部门可以指定有治理能力的单位代为治理，所需费用由违法者承担：

（一）向水体排放油类、酸液、碱液的；

（二）向水体排放剧毒废液，或者将含有汞、镉、砷、铬、铅、氰化物、黄磷等的可溶性剧毒废渣向水体排放、倾倒或者直接埋入地下的；

（三）在水体清洗装贮过油类、有毒污染物的车辆或者容器的；

（四）向水体排放、倾倒工业废渣、城镇垃圾或者其他废弃物，或者在江河、湖泊、运河、渠道、水库最高水位线以下的滩地、岸坡堆放、存贮固体废弃物或者其他污染物的；

（五）向水体排放、倾倒放射性固体废物或者含有高放射性、中放射性物质的废水的；

（六）违反国家有关规定或者标准，向水体排放含低放射性物质的废水、热废水或者含病原体的污水的；

（七）未采取防渗漏等措施，或者未建设地下水水质监测井进行监测的；

（八）加油站等的地下油罐未使用双层罐或者采取建造防渗池等其他有效措施，或者未进行防渗漏监测的；

（九）未按照规定采取防护性措施，或者利用无防渗漏措施的沟渠、坑塘等输送或者存贮含有毒污染物的废水、含病原体的污水或者其他废弃物的。

有前款第三项、第四项、第六项、第七项、第八项行为之一的，处二万元以上二十万元以下的罚款。有前款第一项、第二项、第五项、第九项行为之一的，处十万元以上一百万元以下的罚款；情节严重的，报经有批准权的人民政府批准，责令停业、关闭。

第九十三条 企业事业单位有下列行为之一的，由县级以上人民政府环境保护主管部门责令改正；情节严重的，处二万元以上十万元以下的罚款：

（一）不按照规定制定水污染事故的应急方案的；

（二）水污染事故发生后，未及时启动水污染事故的应急方案，采取有关应急措施的。

第九十四条　企业事业单位违反本法规定，造成水污染事故的，除依法承担赔偿责任外，由县级以上人民政府环境保护主管部门依照本条第二款的规定处以罚款，责令限期采取治理措施，消除污染；未按照要求采取治理措施或者不具备治理能力的，由环境保护主管部门指定有治理能力的单位代为治理，所需费用由违法者承担；对造成重大或者特大水污染事故的，还可以报经有批准权的人民政府批准，责令关闭；对直接负责的主管人员和其他直接责任人员可以处上一年度从本单位取得的收入百分之五十以下的罚款；有《中华人民共和国环境保护法》第六十三条规定的违法排放水污染物等行为之一，尚不构成犯罪的，由公安机关对直接负责的主管人员和其他直接责任人员处十日以上十五日以下的拘留；情节较轻的，处五日以上十日以下的拘留。

对造成一般或者较大水污染事故的，按照水污染事故造成的直接损失的百分之二十计算罚款；对造成重大或者特大水污染事故的，按照水污染事故造成的直接损失的百分之三十计算罚款。

造成渔业污染事故或者渔业船舶造成水污染事故的，由渔业主管部门进行处罚；其他船舶造成水污染事故的，由海事管理机构进行处罚。

第九十五条　企业事业单位和其他生产经营者违法排放水污染物，受到罚款处罚，被责令改正的，依法作出处罚决定的行政机关应当组织复查，发现其继续违法排放水污染物或者拒绝、阻挠复查的，依照《中华人民共和国环境保护法》的规定按日连续处罚。

【文件名称】中华人民共和国固体废物污染环境防治法（2020年修订）
【发布时间】1995年10月
【发布机构】全国人民代表大会常务委员会

第十八条　建设项目的环境影响评价文件确定需要配套建设的固体废物污染环境防治设施，应当与主体工程同时设计、同时施工、同时投入使用。建设项目的初步设计，应当按照环境保护设计规范的要求，将固体废物污染环境防治内容纳入环境影响评价文件，落实防治固体废物污染环境和破坏生态的措施以及固体废物污染环境防治设施投资概算。

第二十条　产生、收集、贮存、运输、利用、处置固体废物的单位和其他生产经营者，应当采取防扬散、防流失、防渗漏或者其他防止污染环境的措施，不得擅自倾倒、堆放、丢弃、遗撒固体废物。

禁止任何单位或者个人向江河、湖泊、运河、渠道、水库及其最高水位线以下的滩地和岸坡以及法律法规规定的其他地点倾倒、堆放、贮存固体废物。

第二十一条　在生态保护红线区域、永久基本农田集中区域和其他需要特别保护的区域内，禁止建设工业固体废物、危险废物集中贮存、利用、处置的设施、场所和生活垃圾填埋场。

第二十六条　生态环境主管部门及其环境执法机构和其他负有固体废物污染环境防治监督管理职责的部门，在各自职责范围内有权对从事产生、收集、贮存、运输、利用、处置固体废物等活动的单位和其他生产经营者进行现场检查。被检查者应当如实反映情况，并提供必要的资料。

实施现场检查，可以采取现场监测、采集样品、查阅或者复制与固体废物污染环境防治相关的资料等措施。检查人员进行现场检查，应当出示证件。对现场检查中知悉的商业秘密应当保密。

第四十九条　产生生活垃圾的单位、家庭和个人应当依法履行生活垃圾源头减量和分类投放义务，承担生活垃圾产生者责任。

任何单位和个人都应当依法在指定的地点分类投放生活垃圾。禁止随意倾倒、抛撒、堆放或者焚烧生活垃圾。

机关、事业单位等应当在生活垃圾分类工作中起示范带头作用。

已经分类投放的生活垃圾，应当按照规定分类收集、分类运输、分类处理。

第七十七条　产生危险废物的单位，应当按照国家有关规定制定危险废物管理计划；建立危险废物管理台账，如实记录有关信息，并通过国家危险废物信息管理系统向所在地生态环境主管部门申报危险废物的种类、产生量、流向、贮存、处置等有关资料。

前款所称危险废物管理计划应当包括减少危险废物产生量和降低危险废物危害性的措施以及危险废物贮存、利用、处置措施。危险废物管理计划应当报产生危险废物的单位所在地生态环境主管部门备案。

产生危险废物的单位已经取得排污许可证的，执行排污许可管理制度的规定。

第七十九条　产生危险废物的单位，应当按照国家有关规定和环境保护标准要求贮存、利用、处置危险废物，不得擅自倾倒、堆放。

第一百零二条　违反本法规定，有下列行为之一，由生态环境主管部门责令改正，处以罚款，没收违法所得；情节严重的，报经有批准权的人民政府批准，可以责令停业或者关闭：

（一）产生、收集、贮存、运输、利用、处置固体废物的单位未依法及时公开固体废物污染环境防治信息的；

（二）生活垃圾处理单位未按照国家有关规定安装使用监测设备、实时监测污染物的排放情况并公开污染排放数据的；

（三）将列入限期淘汰名录被淘汰的设备转让给他人使用的；

（四）在生态保护红线区域、永久基本农田集中区域和其他需要特别保护的区域内，建设工业固体废物、危险废物集中贮存、利用、处置的设施、场所和生活垃圾填埋场的；

（五）转移固体废物出省、自治区、直辖市行政区域贮存、处置未经批准的；

（六）转移固体废物出省、自治区、直辖市行政区域利用未报备案的；

（七）擅自倾倒、堆放、丢弃、遗撒工业固体废物，或者未采取相应防范措施，造成工业固体废物扬散、流失、渗漏或者其他环境污染的；

（八）产生工业固体废物的单位未建立固体废物管理台账并如实记录的；

（九）产生工业固体废物的单位违反本法规定委托他人运输、利用、处置工业固体废物的；

（十）贮存工业固体废物未采取符合国家环境保护标准的防护措施的；

（十一）单位和其他生产经营者违反固体废物管理其他要求，污染环境、破坏生态的。

有前款第一项、第八项行为之一，处五万元以上二十万元以下的罚款；有前款第二项、第三项、第四项、第五项、第六项、第九项、第十项、第十一项行为之一，处十万元以上一百万元以下的罚款；有前款第七项行为，处所需处置费用一倍以上三倍以下的罚款，所需处置费用不足十万元的，按十万元计算。对前款第十一项行为的处罚，有关法律、行政法规另有规定的，适用其规定。

第一百一十二条　违反本法规定，有下列行为之一，由生态环境主管部门责令改正，处以罚款，没收违法所得；情节严重的，报经有批准权的人民政府批准，可以责令停业或者关闭：

（一）未按照规定设置危险废物识别标志的；

（二）未按照国家有关规定制定危险废物管理计划或者申报危险废物有关资料的；

（三）擅自倾倒、堆放危险废物的；

（四）将危险废物提供或者委托给无许可证的单位或者其他生产经营者从事经营活动的；

（五）未按照国家有关规定填写、运行危险废物转移联单或者未经批准擅自转移危险废物的；

（六）未按照国家环境保护标准贮存、利用、处置危险废物或者将危险废物混入非危险废物中贮存的；

（七）未经安全性处置，混合收集、贮存、运输、处置具有不相容性质的危险废物的；

（八）将危险废物与旅客在同一运输工具上载运的；

（九）未经消除污染处理，将收集、贮存、运输、处置危险废物的场所、设施、设备和容器、包装物及其他物品转作他用的；

（十）未采取相应防范措施，造成危险废物扬散、流失、渗漏或者其他环境污染的；

（十一）在运输过程中沿途丢弃、遗撒危险废物的；

（十二）未制定危险废物意外事故防范措施和应急预案的；

（十三）未按照国家有关规定建立危险废物管理台账并如实记录的。

有前款第一项、第二项、第五项、第六项、第七项、第八项、第九项、第十二项、第十三项行为之一，处十万元以上一百万元以下的罚款；有前款第三项、第四项、第十项、第十一项行为之一，处所需处置费用三倍以上五倍以下的罚款，所需处置费用不足二十万元的，按二十万元计算。

第一百一十八条　违反本法规定，造成固体废物污染环境事故的，除依法承担赔偿责任外，由生态环境主管部门依照本条第二款的规定处以罚款，责令限期采取治理措施；造成重大或者特大固体废物污染环境事故的，还可以报经有批准权的人民政府批准，责令关闭。

造成一般或者较大固体废物污染环境事故的，按照事故造成的直接经济损失的一倍以上三倍以下计算罚款；造成重大或者特大固体废物污染环境事故的，按照事故造成的直接经济损失的三倍以上五倍以下计算罚款，并对法定代表人、主要负责人、直接负责的主管人员和其他责任人员处上一年度从本单位取得的收入百分之五十以下的罚款。

【文件名称】中华人民共和国噪声污染防治法
【发布时间】2021年12月
【发布机构】全国人民代表大会常务委员会

第二十九条　生态环境主管部门和其他负有噪声污染防治监督管理职责的部门，有权对排放噪声的单位或者场所进行现场检查。被检查者应当如实反映情况，提供必要的资料，不得拒绝或者阻挠。实施检查的部门、人员对现场检查中知悉的商业秘密应当保密。

检查人员进行现场检查，不得少于两人，并应当主动出示执法证件。

第三十五条　工业企业选址应当符合国土空间规划以及相关规划要求，县级以上地方人民政府应当按照规划要求优化工业企业布局，防止工业噪声污染。

在噪声敏感建筑物集中区域，禁止新建排放噪声的工业企业，改建、扩建工业企业的，应当采取有效措施防止工业噪声污染。

第四十条　建设单位应当按照规定将噪声污染防治费用列入工程造价，在施工合同中明确施工单位的噪声污染防治责任。

施工单位应当按照规定制定噪声污染防治实施方案，采取有效措施，减少振动、降低噪声。建设单位应当监督施工单位落实噪声污染防治实施方案。

第四十三条　在噪声敏感建筑物集中区域，禁止夜间进行产生噪声的建筑施工作业，但抢修、抢险施工作业，因生产工艺要求或者其他特殊需要必须连续施工作业的除外。

因特殊需要必须连续施工作业的，应当取得地方人民政府住房和城乡建设、生态环境主管部门或者地方人民政府指定的部门的证明，并在施工现场显著位置公示或者以其他方式公告附近居民。

第七十一条　违反本法规定，拒绝、阻挠监督检查，或者在接受监督检查时弄虚作假的，由生态环境主管部门或者其他负有噪声污染防治监督管理职责的部门责令改正，处二万元以上二十万元以下的罚款。

第七十六条　违反本法规定，有下列行为之一，由生态环境主管部门责令改正，处二万元以上二十万元以下的罚款；拒不改正的，责令限制生产、停产整治：

（一）实行排污许可管理的单位未按照规定对工业噪声开展自行监测，未保存原始监测记录，或者未向社会公开监测结果的；

（二）噪声重点排污单位未按照国家规定安装、使用、维护噪声自动监测设备，或者未与生态环境主管部门的监控设备联网的。

第七十七条　违反本法规定，建设单位、施工单位有下列行为之一，由工程所在地人民政府指定的部门责令改正，处一万元以上十万元以下的罚款；拒不改正的，可以责令暂停施工：

（一）超过噪声排放标准排放建筑施工噪声的；

（二）未按照规定取得证明，在噪声敏感建筑物集中区域夜间进行产生噪声的建筑施工作业的。

第七十八条　违反本法规定，有下列行为之一，由工程所在地人民政府指定的部门责令改正，处五千元以上五万元以下的罚款；拒不改正的，处五万元以上二十万元以下的罚款：

（一）建设单位未按照规定将噪声污染防治费用列入工程造价的；

（二）施工单位未按照规定制定噪声污染防治实施方案，或者未采取有效措施减少振动、降低噪声的；

（三）在噪声敏感建筑物集中区域施工作业的建设单位未按照国家规定设置噪声自动监测系统，未与监督管理部门联网，或者未保存原始监测记录的；

（四）因特殊需要必须连续施工作业，建设单位未按照规定公告附近居民的。

【文件名称】中华人民共和国土壤污染防治法
【发布时间】2018年8月
【发布机构】全国人民代表大会常务委员会

第十九条　生产、使用、贮存、运输、回收、处置、排放有毒有害物质的单位和个人，应当采取有效措施，防止有毒有害物质渗漏、流失、扬散，避免土壤受到污染。

第二十二条　企业事业单位拆除设施、设备或者建筑物、构筑物的，应当采取相应的土壤污染防治措施。

土壤污染重点监管单位拆除设施、设备或者建筑物、构筑物的，应当制定包括应急措施在内的土壤污染防治工作方案，报地方人民政府生态环境、工业和信息化主管部门备案并实施。

第三十三条　国家加强对土壤资源的保护和合理利用。对开发建设过程中剥离的表土，应当单独收集和存放，符合条件的应当优先用于土地复垦、土壤改良、造地和绿化等。

禁止将重金属或者其他有毒有害物质含量超标的工业固体废物、生活垃圾或者污染土壤用于土地复垦。

第七十七条　生态环境主管部门及其环境执法机构和其他负有土壤污染防治监督管理职责的部门，有权对从事可能造成土壤污染活动的企业事业单位和其他生产经营者进行现场检查、取样，要求被检查者提供有关资料、就有关问题作出说明。

被检查者应当配合检查工作，如实反映情况，提供必要的资料。

实施现场检查的部门、机构及其工作人员应当为被检查者保守商业秘密。

第八十六条　违反本法规定，有下列行为之一的，由地方人民政府生态环境主管部门或者其他负有土壤污染防治监督管理职责的部门责令改正，处以罚款；拒不改正的，责令停产整治：

（一）土壤污染重点监管单位未制定、实施自行监测方案，或者未将监测数据报生态环境主管部门的；

（二）土壤污染重点监管单位篡改、伪造监测数据的；

（三）土壤污染重点监管单位未按年度报告有毒有害物质排放情况，或者未建立土壤污染隐患排查制度的；

（四）拆除设施、设备或者建筑物、构筑物，企业事业单位未采取相应的土壤污染防治措施或者土壤污染重点监管单位未制定、实施土壤污染防治工作方案的；

（五）尾矿库运营、管理单位未按照规定采取措施防止土壤污染的；

（六）尾矿库运营、管理单位未按照规定进行土壤污染状况监测的；

（七）建设和运行污水集中处理设施、固体废物处置设施，未依照法律法规和相关标准的要求采取措施防止土壤污染的。

有前款规定行为之一的，处二万元以上二十万元以下的罚款；有前款第二项、第四项、第五项、第七项规定行为之一，造成严重后果的，处二十万元以上二百万元以下的罚款。

第八十九条　违反本法规定，将重金属或者其他有毒有害物质含量超标的工业固体废物、生活垃圾或者污染土壤用于土地复垦的，由地方人民政府生态环境主管部门责令改正，处十万元以上一百万元以下的罚款；有违法所得的，没收违法所得。

第九十一条　违反本法规定，有下列行为之一的，由地方人民政府生态环境主管部门责令改正，处十万元以上五十万元以下的罚款；情节严重的，处五十万元以上一百万元以下的罚款；有违法所得的，没收违法所得；对直接负责的主管人员和其他直接责任人员处五千元以上二万元以下的罚款：

（一）未单独收集、存放开发建设过程中剥离的表土的；

（二）实施风险管控、修复活动对土壤、周边环境造成新的污染的；

（三）转运污染土壤，未将运输时间、方式、线路和污染土壤数量、去向、最终处置措施等提前报所在地和接收地生态环境主管部门的；

（四）未达到土壤污染风险评估报告确定的风险管控、修复目标的建设用地地块，开工建设与风险管控、修复无关的项目的。

第九十三条　违反本法规定，被检查者拒不配合检查，或者在接受检查时弄虚作假的，由地方人民政府生态环境主管部门或者其他负有土壤污染防治监督管理职责的部门责令改正，处二万元以上二十万元以下的罚款；对直接负责的主管人员和其他直接责任人员处五千元以上二万元以下的罚款。

第九十四条　违反本法规定，土壤污染责任人或者土地使用权人有下列行为之一的，由地方人民政府生态环境主管部门或者其他负有土壤污染防治监督管理职责的部门责令改正，处二万元以上二十万元以下的罚款；拒不改正的，处二十万元以上一百万元以下的罚款，并委托他人代为履行，所需费用由土壤污染责任人或者土地使用权人承担；对直接负责的主管人员和其他直接责任人员处五千元以上二万元以下的罚款：

（一）未按照规定进行土壤污染状况调查的；

（二）未按照规定进行土壤污染风险评估的；

（三）未按照规定采取风险管控措施的；

（四）未按照规定实施修复的；

（五）风险管控、修复活动完成后，未另行委托有关单位对风险管控效果、修复效果进行评估的。

土壤污染责任人或者土地使用权人有前款第三项、第四项规定行为之一，情节严重的，地方人民政府生态环境主管部门或者其他负有土壤污染防治监督管理职责的部门可以将案件移送公安机关，对直接负责的主管人员和其他直接责任人员处五日以上十五日以下的拘留。

【文件名称】中华人民共和国水法（2016年修改）

【发布时间】1988年1月

【发布机构】全国人民代表大会常务委员会

第三十四条　禁止在饮用水水源保护区内设置排污口。

在江河、湖泊新建、改建或者扩大排污口，应当经过有管辖权的水行政主管部门或者流域管理机构同意，由环境保护行政主管部门负责对该建设项目的环境影响报告书进行审批。

第三十八条　在河道管理范围内建设桥梁、码头和其他拦河、跨河、临河建筑物、构筑物，铺设跨河管道、电缆，应当符合国家规定的防洪标准和其他有关的技术要求，工程建设方案应当依照防洪法的有关规定报经有关水行政主管部门审查同意。

因建设前款工程设施，需要扩建、改建、拆除或者损坏原有水工程设施的，建设单位应当负担扩建、改建的费用和损失补偿。但是，原有工程设施属于违法工程的除外。

第六十七条　在饮用水水源保护区内设置排污口的，由县级以上地方人民政府责令限期拆除、恢复原状；逾期不拆除、不恢复原状的，强行拆除、恢复原状，并处五万元以上十万元以下的罚款。

未经水行政主管部门或者流域管理机构审查同意，擅自在江河、湖泊新建、改建或者扩大排污口的，由县级以上人民政府水行政主管部门或者流域管理机构依据职权，责令停止违法行为，限期恢复原状，处五万元以上十万元以下的罚款。

3.2　行政法规摘录

【文件名称】排污许可管理条例

【发布时间】2021年1月

【发布机构】国务院

【文　　　号】中华人民共和国国务院令第736号

第二条　依照法律规定实行排污许可管理的企业事业单位和其他生产经营者（以下称排污单位），应当依照本条例规定申请取得排污许可证；未取得排污许可证的，不得排放污染物。

制定实行排污许可管理的排污单位范围、实施步骤和管理类别名录，应当征求有关部门、行业协会、企业事业单位和社会公众等方面的意见。

第六条　排污单位应当向其生产经营场所所在地设区的市级以上地方人民政府生态环境主管部门（以下称审批部门）申请取得排污许可证。

排污单位有两个以上生产经营场所排放污染物的，应当按照生产经营场所分别申请取得排污许可证。

第七条　申请取得排污许可证，可以通过全国排污许可证管理信息平台提交排污许可证申请表，也可以通过信函等方式提交。

第十三条　排污许可证应当记载下列信息：

（一）排污单位名称、住所、法定代表人或者主要负责人、生产经营场所所在地等；

（二）排污许可证有效期限、发证机关、发证日期、证书编号和二维码等；

（三）产生和排放污染物环节、污染防治设施等；

（四）污染物排放口位置和数量、污染物排放方式和排放去向等；

（五）污染物排放种类、许可排放浓度、许可排放量等；

（六）污染防治设施运行和维护要求、污染物排放口规范化建设要求等；

（七）特殊时段禁止或者限制污染物排放的要求；

（八）自行监测、环境管理台账记录、排污许可证执行报告的内容和频次等要求；

（九）排污单位环境信息公开要求；

（十）存在大气污染物无组织排放情形时的无组织排放控制要求；

（十一）法律法规规定排污单位应当遵守的其他控制污染物排放的要求。

第十六条　排污单位适用的污染物排放标准、重点污染物总量控制要求发生变化，需要对排污许可证进行变更的，审批部门可以依法对排污许可证相应事项进行变更。

第十七条　排污单位应当遵守排污许可证规定，按照生态环境管理要求运行和维护污染防治设施，建立环境管理制度，严格控制污染物排放。

第十八条　排污单位应当按照生态环境主管部门的规定建设规范化污染物排放口，并设置标志牌。

污染物排放口位置和数量、污染物排放方式和排放去向应当与排污许可证规定相符。

实施新建、改建、扩建项目和技术改造的排污单位，应当在建设污染防治设施的同时，建设规范化污染物排放口。

第十九条　排污单位应当按照排污许可证规定和有关标准规范，依法开展自行监测，并保存原始监测记录。原始监测记录保存期限不得少于5年。

排污单位应当对自行监测数据的真实性、准确性负责，不得篡改、伪造。

第二十一条　排污单位应当建立环境管理台账记录制度，按照排污许可证规定的格式、内容和频次，如实记录主要生产设施、污染防治设施运行情况以及污染物排放浓度、排放量。环境管理台账记录保存期限不得少于5年。

排污单位发现污染物排放超过污染物排放标准等异常情况时，应当立即采取措施消除、减轻危害后果，如实进行环境管理台账记录，并报告生态环境主管部门，说明原因。超过污染物排放标准等异常情况下的污染物排放计入排污单位的污染物排放量。

第二十二条　排污单位应当按照排污许可证规定的内容、频次和时间要求，向审批部门提交排污许可证执行报告，如实报告污染物排放行为、排放浓度、排放量等。

第二十三条　排污单位应当按照排污许可证规定，如实在全国排污许可证管理信息平台上公开污染物排放信息。

污染物排放信息应当包括污染物排放种类、排放浓度和排放量，以及污染防治设施的建设运行情况、排污许可证执行报告、自行监测数据等。

第二十四条　污染物产生量、排放量和对环境的影响程度都很小的企业事业单位和其他生产经营者，应当填报排污登记表，不需要申请取得排污许可证。

第二十六条　排污单位应当配合生态环境主管部门监督检查，如实反映情况，并按照要求提供排污许可证、环境管理台账记录、排污许可证执行报告、自行监测数据等相关材料。

禁止伪造、变造、转让排污许可证。

第三十三条　违反本条例规定，排污单位有下列行为之一的，由生态环境主管部门责令改正或者限制生产、停产整治，处20万元以上100万元以下的罚款；情节严重的，报经有批准权的人民政府批准，责令停业、关闭：

（一）未取得排污许可证排放污染物；

（二）排污许可证有效期届满未申请延续或者延续申请未经批准排放污染物；

（三）被依法撤销、注销、吊销排污许可证后排放污染物；

（四）依法应当重新申请取得排污许可证，未重新申请取得排污许可证排放污染物。

第三十四条 违反本条例规定，排污单位有下列行为之一的，由生态环境主管部门责令改正或者限制生产、停产整治，处20万元以上100万元以下的罚款；情节严重的，吊销排污许可证，报经有批准权的人民政府批准，责令停业、关闭：

（一）超过许可排放浓度、许可排放量排放污染物；

（二）通过暗管、渗井、渗坑、灌注或者篡改、伪造监测数据，或者不正常运行污染防治设施等逃避监管的方式违法排放污染物。

第三十五条 违反本条例规定，排污单位有下列行为之一的，由生态环境主管部门责令改正，处5万元以上20万元以下的罚款；情节严重的，处20万元以上100万元以下的罚款，责令限制生产、停产整治：

（一）未按照排污许可证规定控制大气污染物无组织排放；

（二）特殊时段未按照排污许可证规定停止或者限制排放污染物。

第三十六条 违反本条例规定，排污单位有下列行为之一的，由生态环境主管部门责令改正，处2万元以上20万元以下的罚款；拒不改正的，责令停产整治：

（一）污染物排放口位置或者数量不符合排污许可证规定；

（二）污染物排放方式或者排放去向不符合排污许可证规定；

（三）损毁或者擅自移动、改变污染物排放自动监测设备；

（四）未按照排污许可证规定安装、使用污染物排放自动监测设备并与生态环境主管部门的监控设备联网，或者未保证污染物排放自动监测设备正常运行；

（五）未按照排污许可证规定制定自行监测方案并开展自行监测；

（六）未按照排污许可证规定保存原始监测记录；

（七）未按照排污许可证规定公开或者不如实公开污染物排放信息；

（八）发现污染物排放自动监测设备传输数据异常或者污染物排放超过污染物排放标准等异常情况不报告；

（九）违反法律法规规定的其他控制污染物排放要求的行为。

第三十七条 违反本条例规定，排污单位有下列行为之一的，由生态环境主管部门责令改正，处每次5千元以上2万元以下的罚款；法律另有规定的，从其规定：

（一）未建立环境管理台账记录制度，或者未按照排污许可证规定记录；

（二）未如实记录主要生产设施及污染防治设施运行情况或者污染物排放浓度、排放量；

（三）未按照排污许可证规定提交排污许可证执行报告；

（四）未如实报告污染物排放行为或者污染物排放浓度、排放量。

第三十九条　排污单位拒不配合生态环境主管部门监督检查，或者在接受监督检查时弄虚作假的，由生态环境主管部门责令改正，处2万元以上20万元以下的罚款。

第四十条　排污单位以欺骗、贿赂等不正当手段申请取得排污许可证的，由审批部门依法撤销其排污许可证，处20万元以上50万元以下的罚款，3年内不得再次申请排污许可证。

第四十一条　违反本条例规定，伪造、变造、转让排污许可证的，由生态环境主管部门没收相关证件或者吊销排污许可证，处10万元以上30万元以下的罚款，3年内不得再次申请排污许可证。

第四十三条　需要填报排污登记表的企业事业单位和其他生产经营者，未依照本条例规定填报排污信息的，由生态环境主管部门责令改正，可以处5万元以下的罚款。

第四十四条　排污单位有下列行为之一，尚不构成犯罪的，除依照本条例规定予以处罚外，对其直接负责的主管人员和其他直接责任人员，依照《中华人民共和国环境保护法》的规定处以拘留：

（一）未取得排污许可证排放污染物，被责令停止排污，拒不执行；

（二）通过暗管、渗井、渗坑、灌注或者篡改、伪造监测数据，或者不正常运行污染防治设施等逃避监管的方式违法排放污染物。

第四十五条　违反本条例规定，构成违反治安管理行为的，依法给予治安管理处罚；构成犯罪的，依法追究刑事责任。

【文件名称】危险化学品安全管理条例（2013年修订）

【发布时间】2002年1月

【发布机构】国务院

【文　　号】中华人民共和国国务院令第344号

第十六条　生产实施重点环境管理的危险化学品的企业，应当按照国务院环境保护主管部门的规定，将该危险化学品向环境中释放等相关信息向环境保护主管部门报告。环境保护主管部门可以根据情况采取相应的环境风险控制措施。

第二十条 生产、储存危险化学品的单位，应当根据其生产、储存的危险化学品的种类和危险特性，在作业场所设置相应的监测、监控、通风、防晒、调温、防火、灭火、防爆、泄压、防毒、中和、防潮、防雷、防静电、防腐、防泄漏以及防护围堤或者隔离操作等安全设施、设备，并按照国家标准、行业标准或者国家有关规定对安全设施、设备进行经常性维护、保养，保证安全设施、设备的正常使用。

生产、储存危险化学品的单位，应当在其作业场所和安全设施、设备上设置明显的安全警示标志。

第二十一条 生产、储存危险化学品的单位，应当在其作业场所设置通信、报警装置，并保证处于适用状态。

第二十二条 生产、储存危险化学品的企业，应当委托具备国家规定的资质条件的机构，对本企业的安全生产条件每3年进行一次安全评价，提出安全评价报告。安全评价报告的内容应当包括对安全生产条件存在的问题进行整改的方案。

生产、储存危险化学品的企业，应当将安全评价报告以及整改方案的落实情况报所在地县级人民政府安全生产监督管理部门备案。在港区内储存危险化学品的企业，应当将安全评价报告以及整改方案的落实情况报港口行政管理部门备案。

第二十七条 生产、储存危险化学品的单位转产、停产、停业或者解散的，应当采取有效措施，及时、妥善处置其危险化学品生产装置、储存设施以及库存的危险化学品，不得丢弃危险化学品；处置方案应当报所在地县级人民政府安全生产监督管理部门、工业和信息化主管部门、环境保护主管部门和公安机关备案。安全生产监督管理部门应当会同环境保护主管部门和公安机关对处置情况进行监督检查，发现未依照规定处置的，应当责令其立即处置。

第四十一条 危险化学品生产企业、经营企业销售剧毒化学品、易制爆危险化学品，应当如实记录购买单位的名称、地址、经办人的姓名、身份证号码以及所购买的剧毒化学品、易制爆危险化学品的品种、数量、用途。销售记录以及经办人的身份证明复印件、相关许可证件复印件或者证明文件的保存期限不得少于1年。

剧毒化学品、易制爆危险化学品的销售企业、购买单位应当在销售、购买后5日内，将所销售、购买的剧毒化学品、易制爆危险化学品的品种、数量以及流向信息报所在地县级人民政府公安机关备案，并输入计算机系统。

第四十二条 使用剧毒化学品、易制爆危险化学品的单位不得出借、转让其购买的剧毒化学品、易制爆危险化学品；因转产、停产、搬迁、关闭等确需转让的，应当向具有本条例第三十八条第一款、第二款规定的相关许可证件或者证明文件的单位转让，并在转让后将有关情况及时向所在地县级人民政府公安机关报告。

第四十八条　通过道路运输危险化学品的，应当配备押运人员，并保证所运输的危险化学品处于押运人员的监控之下。

运输危险化学品途中因住宿或者发生影响正常运输的情况，需要较长时间停车的，驾驶人员、押运人员应当采取相应的安全防范措施；运输剧毒化学品或者易制爆危险化学品的，还应当向当地公安机关报告。

第六十七条　危险化学品生产企业、进口企业，应当向国务院安全生产监督管理部门负责危险化学品登记的机构（以下简称危险化学品登记机构）办理危险化学品登记。

危险化学品登记包括下列内容：

（一）分类和标签信息；

（二）物理、化学性质；

（三）主要用途；

（四）危险特性；

（五）储存、使用、运输的安全要求；

（六）出现危险情况的应急处置措施。

对同一企业生产、进口的同一品种的危险化学品，不进行重复登记。危险化学品生产企业、进口企业发现其生产、进口的危险化学品有新的危险特性的，应当及时向危险化学品登记机构办理登记内容变更手续。

第七十条　危险化学品单位应当制定本单位危险化学品事故应急预案，配备应急救援人员和必要的应急救援器材、设备，并定期组织应急救援演练。

危险化学品单位应当将其危险化学品事故应急预案报所在地设区的市级人民政府安全生产监督管理部门备案。

【文件名称】危险废物经营许可证管理办法（2016年修订）

【发布时间】2004年5月

【发布机构】国务院

【文　　　号】国务院令第408号

第二十条　领取危险废物收集经营许可证的单位，应当与处置单位签订接收合同，并将收集的废矿物油和废镉镍电池在90个工作日内提供或者委托给处置单位进行处置。

第二十七条　违反本办法第二十条规定的，由县级以上地方人民政府环境保护主管部门责令限期改正，给予警告；逾期不改正的，处1万元以上5万元以下的罚款，并可以由原发证机关暂扣或者吊销危险废物经营许可证。

3.3　部门规章摘录

【文件名称】排污许可管理办法（试行）（2019年修正）
【发布时间】2018年1月
【发布机构】原环境保护部
【文　　号】部令第48号

第十九条　排污者拒绝、阻挠环境监测工作人员进行环境监测活动或者弄虚作假的，由县级以上环境保护部门依法给予行政处罚；构成违反治安管理行为的，由公安机关依法给予治安处罚；构成犯罪的，依法追究刑事责任。

第三十四条　排污单位应当按照排污许可证规定，安装或者使用符合国家有关环境监测、计量认证规定的监测设备，按照规定维护监测设施，开展自行监测，保存原始监测记录。实施排污许可重点管理的排污单位，应当按照排污许可证规定安装自动监测设备，并与环境保护主管部门的监控设备联网。对未采用污染防治可行技术的，应当加强自行监测，评估污染防治技术达标可行性。

【文件名称】危险废物转移管理办法
【发布时间】2021年12月
【发布机构】生态环境部、公安部、交通运输部
【文　　号】部令第23号

第六条　转移危险废物的，应当执行危险废物转移联单制度，法律法规另有规定的除外。

危险废物转移联单的格式和内容由生态环境部另行制定。

第七条　转移危险废物的，应当通过国家危险废物信息管理系统（以下简称信息系统）填写、运行危险废物电子转移联单，并依照国家有关规定公开危险废物转移相关污染环境防治信息。

第九条　危险废物移出人、危险废物承运人、危险废物接受人（以下分别简称移出人、承运人和接受人）在危险废物转移过程中应当采取防扬散、防流失、防渗漏或者其他防止污染环境的措施，不得擅自倾倒、堆放、丢弃、遗撒危险废物，并对所造成的环境污染及生态破坏依法承担责任。

发生危险废物突发环境事件时，应当立即采取有效措施消除或者减轻对环境的污染危害，并按相关规定向事故发生地有关部门报告，接受调查处理。

第十条 移出人应当履行以下义务：

（一）对承运人或者接受人的主体资格和技术能力进行核实，依法签订书面合同，并在合同中约定运输、贮存、利用、处置危险废物的污染防治要求及相关责任；

（二）制定危险废物管理计划，明确拟转移危险废物的种类、重量（数量）和流向等信息；

（三）建立危险废物管理台账，对转移的危险废物进行计量称重，如实记录、妥善保管转移危险废物的种类、重量（数量）和接受人等相关信息；

（四）填写、运行危险废物转移联单，在危险废物转移联单中如实填写移出人、承运人、接受人信息，转移危险废物的种类、重量（数量）、危险特性等信息，以及突发环境事件的防范措施等；

（五）及时核实接受人贮存、利用或者处置相关危险废物情况；

（六）法律法规规定的其他义务。

移出人应当按照国家有关要求开展危险废物鉴别。禁止将危险废物以副产品等名义提供或者委托给无危险废物经营许可证的单位或者其他生产经营者从事收集、贮存、利用、处置活动。

第十六条 移出人每转移一车（船或者其他运输工具）次同类危险废物，应当填写、运行一份危险废物转移联单；每车（船或者其他运输工具）次转移多类危险废物的，可以填写、运行一份危险废物转移联单，也可以每一类危险废物填写、运行一份危险废物转移联单。

使用同一车（船或者其他运输工具）一次为多个移出人转移危险废物的，每个移出人应当分别填写、运行危险废物转移联单。

第十九条 对不通过车（船或者其他运输工具），且无法按次对危险废物计量的其他方式转移危险废物的，移出人和接受人应当分别配备计量记录设备，将每天危险废物转移的种类、重量（数量）、形态和危险特性等信息纳入相关台账记录，并根据所在地设区的市级以上地方生态环境主管部门的要求填写、运行危险废物转移联单。

第二十条 危险废物电子转移联单数据应当在信息系统中至少保存十年。

因特殊原因无法运行危险废物电子转移联单的，可以先使用纸质转移联单，并于转移活动完成后十个工作日内在信息系统中补录电子转移联单。

第二十一条 跨省转移危险废物的，应当向危险废物移出地省级生态环境主管部门提出申请。

第二十九条　违反本办法规定，未填写、运行危险废物转移联单，将危险废物以副产品等名义提供或者委托给无危险废物经营许可证的单位或者其他生产经营者从事收集、贮存、利用、处置活动，或者未经批准擅自跨省转移危险废物的，由生态环境主管部门和公安机关依照《中华人民共和国固体废物污染环境防治法》有关规定进行处罚。

违反危险货物运输管理相关规定运输危险废物的，由交通运输主管部门、公安机关和生态环境主管部门依法进行处罚。

违反本办法规定，未规范填写、运行危险废物转移联单，及时改正，且没有造成危害后果的，依法不予行政处罚；主动消除或者减轻危害后果的，生态环境主管部门可以依法从轻或者减轻行政处罚。

第三十条　违反本办法规定，构成违反治安管理行为的，由公安机关依法进行处罚；构成犯罪的，依法追究刑事责任。

【文件名称】饮用水水源保护区污染防治管理规定（2010年修正）

【发布时间】1989年7月

【发布机构】生态环境部〔1989〕201号

第十二条　饮用水地表水源各级保护区及准保护区内必须分别遵守下列规定：

一、一级保护区内

禁止新建、扩建与供水设施和保护水源无关的建设项目；

禁止向水域排放污水，已设置的排污口必须拆除；

不得设置与供水需要无关的码头，禁止停靠船舶；

禁止堆置和存放工业废渣、城市垃圾、粪便和其他废弃物；

禁止设置油库；

禁止从事种植、放养禽畜和网箱养殖活动；

禁止可能污染水源的旅游活动和其他活动。

第十八条　饮用水地下水源各级保护区及准保护区内均必须遵守下列规定：

一、禁止利用渗坑、渗井、裂隙、溶洞等排放污水和其他有害废弃物。

二、禁止利用透水层孔隙、裂隙、溶洞及废弃矿坑储存石油、天然气、放射性物质、有毒有害化工原料、农药等。

三、实行人工回灌地下水时不得污染当地地下水源。

第十九条　饮用水地下水源各级保护区及准保护区内必须遵守下列规定：

一、一级保护区内

禁止建设与取水设施无关的建筑物；

禁止从事农牧业活动；

禁止倾倒、堆放工业废渣及城市垃圾、粪便和其他有害废弃物；

禁止输送污水的渠道、管道及输油管道通过本区；

禁止建设油库；

禁止建立墓地。

3.4　政策文件摘录

【文件名称】关于印发大气污染防治行动计划的通知

【发布时间】2013年9月

【发布机构】国务院

【文　　号】国发〔2013〕37号

（二）深化面源污染治理。加强施工扬尘监管，积极推进绿色施工，建设工程施工现场应全封闭设置围挡墙，严禁敞开式作业，施工现场道路应进行地面硬化。渣土运输车辆应采取密闭措施，并逐步安装卫星定位系统。

【文件名称】关于印发打赢蓝天保卫战三年行动计划的通知

【发布时间】2018年6月

【发布机构】国务院

【文　　号】国发〔2018〕22号

（二十）加强扬尘综合治理。严格施工扬尘监管。2018年底前，各地建立施工工地管理清单。将施工工地扬尘污染防治纳入文明施工管理范畴，建立扬尘控制责任制度，扬尘治理费用列入工程造价。重点区域建筑施工工地要做到工地周边围挡、物料堆放覆盖、土方开挖湿法作业、路面硬化、出入车辆清洗、渣土车辆密闭运输"六个百分之百"，安装在线监测和视频监控设备，并与当地有关主管部门联网。

【文件名称】四川省打赢蓝天保卫战等九个实施方案

【发布时间】2019年1月

【发布机构】四川省人民政府

【文　　号】川府发〔2019〕4号

四川省打赢蓝天保卫战实施方案

对物料（含废渣）运输、装卸、储存、转移与输送以及生产工艺过程等无组织排放实施分类治理，2020年年底前基本完成。

（四）加强扬尘管控，提高城市环境管理水平。

加强城市施工工地扬尘管控，建立扬尘控制责任制度。各地建立施工工地管理清单并定期进行更新。严格落实"六必须、六不准"管控要求，对违法违规的工地，依法停工整改。严禁露天焚烧建筑垃圾，排放有毒烟尘和气体。加强预拌混凝土和预拌砂浆搅拌站扬尘防治，严格执行《预拌混凝土绿色生产及技术管理规程》，严禁在禁搅区内现场搅拌混凝土、砂浆或设置移动式搅拌站，推进全省绿色搅拌站建设。

强化道路施工管控。各地城市市区道路施工应采取逐段施工方式，尽力减少道路施工扬尘。对未硬化道路入口、未硬化停车场和道路两侧裸土，采用绿化硬化相结合的方式，实施绿化带"提档降土"改造工程和裸土覆盖工程，减少裸土面积，防止泥土洒落。

强化堆场扬尘管控。工业企业堆场实施规范化全封闭管理。易产生扬尘的物料堆场采用封闭式库仓，不具备封闭式库仓改造条件的，应设置不低于料堆高度的严密围挡，并采取覆盖措施有效控制扬尘污染；堆场内进行搅拌、粉碎、筛分等作业时应喷水抑尘，遇重污染天气时禁止进行产生扬尘的作业。物料装卸配备喷淋等防尘设施，转运物料尽量采取封闭式皮带输送。厂区主要运输通道实施硬化并定期冲洗或湿式清扫，堆场进出口设置车辆冲洗设施，运输车辆实施密闭或全覆盖，及时收集清理堆场外道路上撒落的物料。

3.5 地方法规摘录

【文件名称】四川省环境保护条例（2017年修订）

【发布时间】1991年7月

【发布机构】四川省人民代表大会常务委员会

第二十三条 企业事业单位和其他生产经营者违法排放污染物，造成或者可能造成严重污染的，县级以上地方人民政府环境保护主管部门和其他负有环境保护监督管理职责的部门，可以查封、扣押造成污染物排放的设施、设备。有下列情形之一的，应当查封、扣押造成污染物排放的设施、设备：

（一）未按照国家规定取得排污许可证排放污染物，被责令停止排污，拒不执行的；

（二）在饮用水水源一级、二级保护区或者自然保护区核心区、缓冲区违法排放、倾倒、处置污染物的；

（三）通过暗管、渗井、渗坑、灌注或者篡改、伪造监测数据，或者不正常运行污染防治设施等逃避监管的方式排放污染物的；

（四）较大、重大和特别重大突发环境事件发生后，未按照要求执行停产、停排措施，继续违法排放污染物的；

（五）已经造成严重污染的其他排污情形的。

第四十三条　排放污染物的企业事业单位和其他生产经营者，应当采取措施，防治在生产建设或者其他活动中产生的废气、废水、废渣、医疗废物、粉尘、恶臭气体、放射性物质以及噪声、振动、光辐射、电磁辐射等对环境的污染和危害。

严禁通过暗管、渗井、渗坑、灌注或者篡改、伪造监测数据，或者不正常运行防治污染设施等逃避监管的方式违法排放污染物。

第七十二条　省人民政府环境保护主管部门应当定期发布环境状况公报。省、市（州）人民政府环境保护主管部门确定并公布重点排污单位名录。

县级以上地方人民政府环境保护主管部门和其他负有环境保护监督管理职责的部门，应当依法公开以下环境信息：

（一）环境质量状况；

（二）环境监测情况，重点排污单位监测及不定期抽查、检查、明察暗访等情况；

（三）突发环境事件；

（四）环境行政许可、行政处罚、行政强制等行政执法情况；

（五）环境违法者名单及环境违法典型案例；

（六）企业事业单位和其他生产经营者环境违法情况；

（七）环境保护督察情况；

（八）其他应当公开的信息。

第七十九条　企业事业单位和其他生产经营者有下列行为之一的，由县级以上人民政府环境保护主管部门责令改正或者责令限制生产、停产整治，并处十万元以上一百万元以下的罚款；情节严重的，报经有批准权的人民政府批准，责令停业、关闭：

（一）未依法取得排污许可证排放污染物的；

（二）超过国家或者地方规定的污染物排放标准，或者超过重点污染物排放总量控制指标排放污染物的；

（三）通过烟气旁路、暗管、渗井、渗坑、灌注或者篡改、伪造监测数据，或者不按照规定运行防治污染设施等逃避监管的方式排放污染物的。

第八十条 企业事业单位和其他生产经营者有下列行为之一，受到罚款处罚，被责令改正，拒不改正的，依法作出罚款处罚决定的行政机关可以自责令改正之日的次日起，按照原处罚数额按日连续处罚：

（一）未依法取得排污许可证排放污染物的；

（二）超过国家或者地方规定的污染物排放标准，或者超过重点污染物排放总量控制指标排放污染物的；

（三）通过烟气旁路、暗管、渗井、渗坑、灌注或者篡改、伪造监测数据，或者不按照规定运行防治污染设施等逃避监管的方式排放污染物的；

（四）违法排放、倾倒和处置含重金属的污染物、持久性有机污染物、危险废物等有毒物质的；

（五）排放法律法规规定禁止排放的污染物的；

（六）法律法规规定的其他实施按日连续处罚的行为。

第八十二条 重点排污单位不公开或者不如实公开环境信息的，由县级以上地方人民政府环境保护主管部门责令公开，处一万元以上三万元以下罚款，并予以公告。

第八十三条 企业事业单位有下列情形之一的，由县级以上地方人民政府环境保护主管部门责令改正，可以处一万元以上三万元以下罚款：

（一）未按规定开展突发环境事件风险评估工作，确定风险等级的；

（二）未按规定开展环境安全隐患排查治理工作，建立隐患排查治理档案的；

（三）未按规定将突发环境事件应急预案备案的；

（四）未按规定开展突发环境事件应急培训，如实记录培训情况的；

（五）未按规定储备必要的环境应急装备和物资的；

（六）未按规定公开突发环境事件相关信息的。

【文件名称】四川省饮用水水源保护管理条例（2019年修正）
【发布时间】1995年10月
【发布机构】四川省人民代表大会常务委员会

第十六条 在地表水饮用水水源保护区内，禁止设置排污口。

第二十条 在地下水饮用水水源保护区内，禁止设置排污口。

第二十一条 地下水饮用水水源准保护区内，应当遵守下列规定：

（一）禁止新建、扩建对水体污染严重的建设项目；改建建设项目，不得增加排污量；

（二）禁止利用渗井、渗坑、裂隙或者溶洞排放、倾倒含有毒污染物的废水、含病原体污水或者其他废弃物；

（三）禁止利用透水层孔隙、裂隙、溶洞和废弃矿坑储存油类、放射性物质、有毒有害化工物品、农药等；

（四）禁止设置易溶性、有毒有害废弃物和危险废物的暂存和转运场所；禁止设置生活垃圾和工业固体废物的处置场所，生活垃圾转运站和工业固体废物暂存场所应当设置防护设施。

人工回灌补给地下水，不得低于国家规定的环境质量标准。地质钻探、隧道挖掘、地下施工等作业中，应当采取防护措施，防止破坏和污染地下饮用水水源。

第二十二条 地下水饮用水水源二级保护区内，除遵守本条例第二十一条规定外，还应当遵守下列规定：

（一）禁止新建、改建、扩建排放污染物的建设项目；已建成的排放污染物的建设项目，由县级以上人民政府责令拆除或者关闭；

（二）禁止铺设输送有毒有害物品的管道；生活污水、油类输送管道及贮存设施应当采取防护措施；

（三）禁止使用农药；禁止丢弃农药、农药包装物或者清洗施药器械；

（四）禁止修建墓地；

（五）禁止丢弃及掩埋动物尸体。

第三十八条 违反本条例规定，在饮用水水源保护区内设置排污口的，由县级以上地方人民政府责令限期拆除，处二十万元以上五十万元以下的罚款；逾期不拆除的，强制拆除，所需费用由违法者承担，处五十万元以上一百万元以下的罚款，并可以责令停产整治。

4　水土保持类

4.1　法律摘录

【文件名称】中华人民共和国水土保持法（2010年修订）

【发布时间】1991年6月

【发布机构】全国人民代表大会常务委员会

第十七条　地方各级人民政府应当加强对取土、挖砂、采石等活动的管理，预防和减轻水土流失。

禁止在崩塌、滑坡危险区和泥石流易发区从事取土、挖砂、采石等可能造成水土流失的活动。崩塌、滑坡危险区和泥石流易发区的范围，由县级以上地方人民政府划定并公告。崩塌、滑坡危险区和泥石流易发区的划定，应当与地质灾害防治规划确定的地质灾害易发区、重点防治区相衔接。

第十九条　水土保持设施的所有权人或者使用权人应当加强对水土保持设施的管理与维护，落实管护责任，保障其功能正常发挥。

第二十四条　生产建设项目选址、选线应当避让水土流失重点预防区和重点治理区；无法避让的，应当提高防治标准，优化施工工艺，减少地表扰动和植被损坏范围，有效控制可能造成的水土流失。

第二十五条　在山区、丘陵区、风沙区以及水土保持规划确定的容易发生水土流失的其他区域开办可能造成水土流失的生产建设项目，生产建设单位应当编制水土保持方案，报县级以上人民政府水行政主管部门审批，并按照经批准的水土保持方案，采取水土流失预防和治理措施。没有能力编制水土保持方案的，应当委托具备相应技术条件的机构编制。

水土保持方案应当包括水土流失预防和治理的范围、目标、措施和投资等内容。

水土保持方案经批准后，生产建设项目的地点、规模发生重大变化的，应当补充或者修改水土保持方案并报原审批机关批准。水土保持方案实施过程中，水土保持措施需要作出重大变更的，应当经原审批机关批准。

生产建设项目水土保持方案的编制和审批办法，由国务院水行政主管部门制定。

第二十六条　依法应当编制水土保持方案的生产建设项目，生产建设单位未编制水土保持方案或者水土保持方案未经水行政主管部门批准的，生产建设项目不得开工建设。

第二十七条　依法应当编制水土保持方案的生产建设项目中的水土保持设施，应当与主体工程同时设计、同时施工、同时投产使用；生产建设项目竣工验收，应当验收水土保持设施；水土保持设施未经验收或者验收不合格的，生产建设项目不得投产使用。

第二十八条　依法应当编制水土保持方案的生产建设项目，其生产建设活动中排弃的砂、石、土、矸石、尾矿、废渣等应当综合利用；不能综合利用，确需废弃的，应当堆放在水土保持方案确定的专门存放地，并采取措施保证不产生新的危害。

第二十九条　县级以上人民政府水行政主管部门、流域管理机构，应当对生产建设项目水土保持方案的实施情况进行跟踪检查，发现问题及时处理。

第三十二条　开办生产建设项目或者从事其他生产建设活动造成水土流失的，应当进行治理。

在山区、丘陵区、风沙区以及水土保持规划确定的容易发生水土流失的其他区域开办生产建设项目或者从事其他生产建设活动，损坏水土保持设施、地貌植被，不能恢复原有水土保持功能的，应当缴纳水土保持补偿费，专项用于水土流失预防和治理。专项水土流失预防和治理由水行政主管部门负责组织实施。水土保持补偿费的收取使用管理办法由国务院财政部门、国务院价格主管部门会同国务院水行政主管部门制定。

第三十八条　对生产建设活动所占用土地的地表土应当进行分层剥离、保存和利用，做到土石方挖填平衡，减少地表扰动范围；对废弃的砂、石、土、矸石、尾矿、废渣等存放地，应当采取拦挡、坡面防护、防洪排导等措施。生产建设活动结束后，应当及时在取土场、开挖面和存放地的裸露土地上植树种草、恢复植被，对闭库的尾矿库进行复垦。

在干旱缺水地区从事生产建设活动，应当采取防止风力侵蚀措施，设置降水蓄渗设施，充分利用降水资源。

第四十一条　对可能造成严重水土流失的大中型生产建设项目，生产建设单位应当自行或者委托具备水土保持监测资质的机构，对生产建设活动造成的水土流失进行监测，并将监测情况定期上报当地水行政主管部门。

从事水土保持监测活动应当遵守国家有关技术标准、规范和规程，保证监测质量。

第四十三条　县级以上人民政府水行政主管部门负责对水土保持情况进行监督检查。流域管理机构在其管辖范围内可以行使国务院水行政主管部门的监督检查职权。

第四十四条　水政监督检查人员依法履行监督检查职责时，有权采取下列措施：

（一）要求被检查单位或者个人提供有关文件、证照、资料；

（二）要求被检查单位或者个人就预防和治理水土流失的有关情况作出说明；

（三）进入现场进行调查、取证。

被检查单位或者个人拒不停止违法行为，造成严重水土流失的，报经水行政主管部门批准，可以查封、扣押实施违法行为的工具及施工机械、设备等。

第四十八条　违反本法规定，在崩塌、滑坡危险区或者泥石流易发区从事取土、挖砂、采石等可能造成水土流失的活动的，由县级以上地方人民政府水行政主管部门责令停止违法行为，没收违法所得，对个人处一千元以上一万元以下的罚款，对单位处二万元以上二十万元以下的罚款。

第五十三条　违反本法规定，有下列行为之一的，由县级以上人民政府水行政主管部门责令停止违法行为，限期补办手续；逾期不补办手续的，处五万元以上五十万元以下的罚款；对生产建设单位直接负责的主管人员和其他直接责任人员依法给予处分：

（一）依法应当编制水土保持方案的生产建设项目，未编制水土保持方案或者编制的水土保持方案未经批准而开工建设的；

（二）生产建设项目的地点、规模发生重大变化，未补充、修改水土保持方案或者补充、修改的水土保持方案未经原审批机关批准的；

（三）水土保持方案实施过程中，未经原审批机关批准，对水土保持措施作出重大变更的。

第五十四条　违反本法规定，水土保持设施未经验收或者验收不合格将生产建设项目投产使用的，由县级以上人民政府水行政主管部门责令停止生产或者使用，直至验收合格，并处五万元以上五十万元以下的罚款。

第五十五条　违反本法规定，在水土保持方案确定的专门存放地以外的区域倾倒砂、石、土、矸石、尾矿、废渣等的，由县级以上地方人民政府水行政主管部门责令停止违法行为，限期清理，按照倾倒数量处每立方米十元以上二十元以下的罚款；逾期仍不清理的，县级以上地方人民政府水行政主管部门可以指定有清理能力的单位代为清理，所需费用由违法行为人承担。

第五十六条　违反本法规定，开办生产建设项目或者从事其他生产建设活动造成水土流失，不进行治理的，由县级以上人民政府水行政主管部门责令限期治理；逾期仍不治理的，县级以上人民政府水行政主管部门可以指定有治理能力的单位代为治理，所需费用由违法行为人承担。

第五十七条　违反本法规定，拒不缴纳水土保持补偿费的，由县级以上人民政府水行政主管部门责令限期缴纳；逾期不缴纳的，自滞纳之日起按日加收滞纳部分万分之五的滞纳金，可以处应缴水土保持补偿费三倍以下的罚款。

第五十八条 违反本法规定，造成水土流失危害的，依法承担民事责任；构成违反治安管理行为的，由公安机关依法给予治安管理处罚；构成犯罪的，依法追究刑事责任。

【文件名称】中华人民共和国防洪法（2016年修改）
【发布时间】1997年8月
【发布机构】全国人民代表大会常务委员会

第六条 任何单位和个人都有保护防洪工程设施和依法参加防汛抗洪的义务。

第二十七条 建设跨河、穿河、穿堤、临河的桥梁、码头、道路、渡口、管道、缆线、取水、排水等工程设施，应当符合防洪标准、岸线规划、航运要求和其他技术要求，不得危害堤防安全、影响河势稳定、妨碍行洪畅通；其工程建设方案未经有关水行政主管部门根据前述防洪要求审查同意的，建设单位不得开工建设。

前款工程设施需要占用河道、湖泊管理范围内土地，跨越河道、湖泊空间或者穿越河床的，建设单位应当经有关水行政主管部门对该工程设施建设的位置和界限审查批准后，方可依法办理开工手续；安排施工时，应当按照水行政主管部门审查批准的位置和界限进行。

第二十八条 对于河道、湖泊管理范围内依照本法规定建设的工程设施，水行政主管部门有权依法检查；水行政主管部门检查时，被检查者应当如实提供有关的情况和资料。

前款规定的工程设施竣工验收时，应当有水行政主管部门参加。

第三十三条 在洪泛区、蓄滞洪区内建设非防洪建设项目，应当就洪水对建设项目可能产生的影响和建设项目对防洪可能产生的影响作出评价，编制洪水影响评价报告，提出防御措施。洪水影响评价报告未经有关水行政主管部门审查批准的，建设单位不得开工建设。

在蓄滞洪区内建设的油田、铁路、公路、矿山、电厂、电信设施和管道，其洪水影响评价报告应当包括建设单位自行安排的防洪避洪方案。建设项目投入生产或者使用时，其防洪工程设施应当经水行政主管部门验收。

在蓄滞洪区内建造房屋应当采用平顶式结构。

第三十五条 在防洪工程设施保护范围内，禁止进行爆破、打井、采石、取土等危害防洪工程设施安全的活动。

第三十七条 任何单位和个人不得破坏、侵占、毁损水库大坝、堤防、水闸、护岸、抽水站、排水渠系等防洪工程和水文、通信设施以及防汛备用的器材、物料等。

第四十九条　受洪水威胁地区的油田、管道、铁路、公路、矿山、电力、电信等企业、事业单位应当自筹资金，兴建必要的防洪自保工程。

第五十五条　违反本法第二十二条第二款、第三款规定，有下列行为之一的，责令停止违法行为，排除阻碍或者采取其他补救措施，可以处五万元以下的罚款：

（一）在河道、湖泊管理范围内建设妨碍行洪的建筑物、构筑物的；

（二）在河道、湖泊管理范围内倾倒垃圾、渣土，从事影响河势稳定、危害河岸堤防安全和其他妨碍河道行洪的活动的；

（三）在行洪河道内种植阻碍行洪的林木和高秆作物的。

第五十七条　违反本法第二十七条规定，未经水行政主管部门对其工程建设方案审查同意或者未按照有关水行政主管部门审查批准的位置、界限，在河道、湖泊管理范围内从事工程设施建设活动的，责令停止违法行为，补办审查同意或者审查批准手续；工程设施建设严重影响防洪的，责令限期拆除，逾期不拆除的，强行拆除，所需费用由建设单位承担；影响行洪但尚可采取补救措施的，责令限期采取补救措施，可以处一万元以上十万元以下的罚款。

第五十八条　违反本法第三十三条第一款规定，在洪泛区、蓄滞洪区内建设非防洪建设项目，未编制洪水影响评价报告或者洪水影响评价报告未经审查批准开工建设的，责令限期改正；逾期不改正的，处五万元以下的罚款。

违反本法第三十三条第二款规定，防洪工程设施未经验收，即将建设项目投入生产或者使用的，责令停止生产或者使用，限期验收防洪工程设施，可以处五万元以下的罚款。

第六十条　违反本法规定，破坏、侵占、毁损堤防、水闸、护岸、抽水站、排水渠系等防洪工程和水文、通信设施以及防汛备用的器材、物料的，责令停止违法行为，采取补救措施，可以处五万元以下的罚款；造成损坏的，依法承担民事责任；应当给予治安管理处罚的，依照治安管理处罚法的规定处罚；构成犯罪的，依法追究刑事责任。

第六十一条　阻碍、威胁防汛指挥机构、水行政主管部门或者流域管理机构的工作人员依法执行职务，构成犯罪的，依法追究刑事责任；尚不构成犯罪，应当给予治安管理处罚的，依照治安管理处罚法的规定处罚。

【文件名称】中华人民共和国水法（2016年修正）

【发布时间】1988年1月

【发布机构】全国人民代表大会常务委员会

第三十七条　禁止在江河、湖泊、水库、运河、渠道内弃置、堆放阻碍行洪的物体和种植阻碍行洪的林木及高秆作物。

禁止在河道管理范围内建设妨碍行洪的建筑物、构筑物以及从事影响河势稳定、危害河岸堤防安全和其他妨碍河道行洪的活动。

第三十八条　在河道管理范围内建设桥梁、码头和其他拦河、跨河、临河建筑物、构筑物，铺设跨河管道、电缆，应当符合国家规定的防洪标准和其他有关的技术要求，工程建设方案应当依照防洪法的有关规定报经有关水行政主管部门审查同意。

因建设前款工程设施，需要扩建、改建、拆除或者损坏原有水工程设施的，建设单位应当负担扩建、改建的费用和损失补偿。但是，原有工程设施属于违法工程的除外。

第四十一条　单位和个人有保护水工程的义务，不得侵占、毁坏堤防、护岸、防汛、水文监测、水文地质监测等工程设施。

第四十三条　在水工程保护范围内，禁止从事影响水工程运行和危害水工程安全的爆破、打井、采石、取土等活动。

第六十五条　在河道管理范围内建设妨碍行洪的建筑物、构筑物，或者从事影响河势稳定、危害河岸堤防安全和其他妨碍河道行洪的活动的，由县级以上人民政府水行政主管部门或者流域管理机构依据职权，责令停止违法行为，限期拆除违法建筑物、构筑物，恢复原状；逾期不拆除、不恢复原状的，强行拆除，所需费用由违法单位或者个人负担，并处一万元以上十万元以下的罚款。

未经水行政主管部门或者流域管理机构同意，擅自修建水工程，或者建设桥梁、码头和其他拦河、跨河、临河建筑物、构筑物，铺设跨河管道、电缆，且防洪法未作规定的，由县级以上人民政府水行政主管部门或者流域管理机构依据职权，责令停止违法行为，限期补办有关手续；逾期不补办或者补办未被批准的，责令限期拆除违法建筑物、构筑物；逾期不拆除的，强行拆除，所需费用由违法单位或者个人负担，并处一万元以上十万元以下的罚款。

虽经水行政主管部门或者流域管理机构同意，但未按照要求修建前款所列工程设施的，由县级以上人民政府水行政主管部门或者流域管理机构依据职权，责令限期改正，按照情节轻重，处一万元以上十万元以下的罚款。

第六十六条　有下列行为之一，且防洪法未作规定的，由县级以上人民政府水行政主管部门或者流域管理机构依据职权，责令停止违法行为，限期清除障碍或者采取其他补救措施，处一万元以上五万元以下的罚款：

（一）在江河、湖泊、水库、运河、渠道内弃置、堆放阻碍行洪的物体和种植阻碍行洪的林木及高秆作物的；

（二）围湖造地或者未经批准围垦河道的。

第七十二条　有下列行为之一，构成犯罪的，依照刑法的有关规定追究刑事责任；尚不够刑事处罚，且防洪法未作规定的，由县级以上地方人民政府水行政主管部门或者流域管理机构依据职权，责令停止违法行为，采取补救措施，处一万元以上五万元以下的罚款；违反治安管理处罚法的，由公安机关依法给予治安管理处罚；给他人造成损失的，依法承担赔偿责任：

（一）侵占、毁坏水工程及堤防、护岸等有关设施，毁坏防汛、水文监测、水文地质监测设施的；

（二）在水工程保护范围内，从事影响水工程运行和危害水工程安全的爆破、打井、采石、取土等活动的。

【文件名称】中华人民共和国长江保护法

【发布时间】2020年12月

【发布机构】全国人民代表大会常务委员会

第六十一条　长江流域水土流失重点预防区和重点治理区的县级以上地方人民政府应当采取措施，防治水土流失。生态保护红线范围内的水土流失地块，以自然恢复为主，按照规定有计划地实施退耕还林还草还湿；划入自然保护地核心保护区的永久基本农田，依法有序退出并予以补划。

禁止在长江流域水土流失严重、生态脆弱的区域开展可能造成水土流失的生产建设活动。确因国家发展战略和国计民生需要建设的，应当经科学论证，并依法办理审批手续。

第八十七条　违反本法规定，非法侵占长江流域河湖水域，或者违法利用、占用河湖岸线的，由县级以上人民政府水行政、自然资源等主管部门按照职责分工，责令停止违法行为，限期拆除并恢复原状，所需费用由违法者承担，没收违法所得，并处五万元以上五十万元以下罚款。

4.2　行政法规摘录

【文件名称】中华人民共和国河道管理条例（2018年修正）

【发布时间】1988年6月

【发布机构】国务院

第十一条 修建开发水利、防治水害、整治河道的各类工程和跨河、穿河、穿堤、临河的桥梁、码头、道路、渡口、管道、缆线等建筑物及设施，建设单位必须按照河道管理权限，将工程建设方案报送河道主管机关审查同意。未经河道主管机关审查同意的，建设单位不得开工建设。

建设项目经批准后，建设单位应当将施工安排告知河道主管机关。

第十二条 修建桥梁、码头和其他设施，必须按照国家规定的防洪标准所确定的河宽进行，不得缩窄行洪通道。

桥梁和栈桥的梁底必须高于设计洪水位，并按照防洪和航运的要求，留有一定的超高。设计洪水位由河道主管机关根据防洪规划确定。

跨越河道的管道、线路的净空高度必须符合防洪和航运的要求。

第二十四条 在河道管理范围内，禁止修建围堤、阻水渠道、阻水道路；种植高秆农作物、芦苇、杞柳、荻柴和树木（堤防防护林除外）；设置拦河渔具；弃置矿渣、石渣、煤灰、泥土、垃圾等。

第二十五条 在河道管理范围内进行下列活动，必须报经河道主管机关批准；涉及其他部门的，由河道主管机关会同有关部门批准：

（一）采砂、取土、淘金、弃置砂石或者淤泥；

（二）爆破、钻探、挖筑鱼塘；

（三）在河道滩地存放物料、修建厂房或者其他建筑设施；

（四）在河道滩地开采地下资源及进行考古发掘。

第二十六条 根据堤防的重要程度、堤基土质条件等，河道主管机关报经县级以上人民政府批准，可以在河道管理范围的相连地域划定堤防安全保护区。在堤防安全保护区内，禁止进行打井、钻探、爆破、挖筑鱼塘、采石、取土等危害堤防安全的活动。

第二十八条 加强河道滩地、堤防和河岸的水土保持工作，防止水土流失、河道淤积。

第三十二条 山区河道有山体滑坡、崩岸、泥石流等自然灾害的河段，河道主管机关应当会同地质、交通等部门加强监测。在上述河段，禁止从事开山采石、采矿、开荒等危及山体稳定的活动。

第三十七条 对壅水、阻水严重的桥梁、引道、码头和其他跨河工程设施，根据国家规定的防洪标准，由河道主管机关提出意见并报经人民政府批准，责成原建设单位在规定的期限内改建或者拆除。汛期影响防洪安全的，必须服从防汛指挥部的紧急处理决定。

第四十四条 违反本条例规定，有下列行为之一的，县级以上地方人民政府河道主管机关除责令其纠正违法行为、采取补救措施外，可以并处警告、罚款、没收非法所得；对有关责任人员，由其所在单位或者上级主管机关给予行政处分；构成犯罪的，依法追究刑事责任：

（三）未经批准或者不按照国家规定的防洪标准、工程安全标准整治河道或者修建水工程建筑物和其他设施的。

（四）未经批准或者不按照河道主管机关的规定在河道管理范围内采砂、取土、淘金、弃置砂石或者淤泥、爆破、钻探、挖筑鱼塘的。

第四十五条 违反本条例规定，有下列行为之一的，县级以上地方人民政府河道主管机关除责令其纠正违法行为、赔偿损失、采取补救措施外，可以并处警告、罚款；应当给予治安管理处罚的，按照《中华人民共和国治安管理处罚法》的规定处罚；构成犯罪的，依法追究刑事责任：

（一）损毁堤防、护岸、闸坝、水工程建筑物，损毁防汛设施、水文监测和测量设施、河岸地质监测设施以及通信照明等设施；

（二）在堤防安全保护区内进行打井、钻探、爆破、挖筑鱼塘、采石、取土等危害堤防安全的活动的；

（三）非管理人员操作河道上的涵闸闸门或者干扰河道管理单位正常工作的。

4.3　部门规章摘录

【文件名称】开发建设项目水土保持方案编报审批管理规定（2017年修正）
【发布时间】1995年5月
【发布机构】水利部

第二条 凡从事有可能造成水土流失的开发建设单位和个人，必须编报水土保持方案。其中，审批制项目，在报送可行性研究报告前完成水土保持方案报批手续；核准制项目，在提交项目申请报告前完成水土保持方案报批手续；备案制项目，在办理备案手续后、项目开工前完成水土保持方案报批手续。经批准的水土保持方案应当纳入下阶段设计文件中。

第三条 开发建设项目的初步设计，应当依据水土保持技术标准和经批准的水土保持方案，编制水土保持篇章，落实水土流失防治措施和投资概算。初步设计审查时应当有水土保持方案审批机关参加。

第四条 水土保持方案分为水土保持方案报告书和水土保持方案报告表。

凡征占地面积在一公顷以上或者挖填土石方总量在一万立方米以上的开发建设项目，应当编报水土保持方案报告书；其他开发建设项目应当编报水土保持方案报告表。

水土保持方案报告书、水土保持方案报告表的内容和格式应当符合《开发建设项目水土保持方案技术规范》和有关规定。

第五条　水土保持方案的编报工作由开发建设单位或者个人负责。具体编制水土保持方案的单位和人员，应当具有相应的技术能力和业务水平，并由有关行业组织实施管理，具体管理办法由该行业组织制定。

第六条　编制水土保持方案所需费用应当根据编制工作量确定，并纳入项目前期费用。

第七条　水土保持方案经过水行政主管部门审查批准，开发建设项目方可开工建设。

第八条　水行政主管部门审批水土保持方案实行分级审批制度，县级以上地方人民政府水行政主管部门审批的水土保持方案，应报上一级人民政府水行政主管部门备案。

地方立项的开发建设项目和限额以下技术改造项目，水土保持方案报告书由相应级别的水行政主管部门审批。

第九条　开发建设单位或者个人要求审批水土保持方案的，应当向有审批权的水行政主管部门提交书面申请和水土保持方案报告书或者水土保持方案报告表各一式三份。

第十一条　经审批的项目，如性质、规模、建设地点等发生变化时，项目单位或个人应及时修改水土保持方案，并按照本规定的程序报原批准单位审批。

第十二条　项目单位必须严格按照水行政主管部门批准的水土保持方案进行设计、施工。项目工程竣工验收时，必须由水行政主管部门同时验收水土保持设施。水土保持设施验收不合格的，项目工程不得投产使用。

第十三条　水土保持方案未经审批擅自开工建设或者进行施工准备的，由县级以上人民政府水行政主管部门责令停止违法行为，采取补救措施。当事人从事非经营活动的，可以处一千元以下罚款；当事人从事经营活动，有违法所得的，可以处违法所得三倍以下罚款，但是最高不得超过三万元，没有违法所得的，可以处一万元以下罚款，法律、法规另有规定的除外。

【文件名称】水利工程建设监理规定（2017年修正）

【发布时间】2006年12月

【发布机构】水利部

【文　　　号】中华人民共和国水利部令第28号

第三条 水利工程建设项目依法实行建设监理。

总投资200万元以上且符合下列条件之一的水利工程建设项目，必须实行建设监理：

铁路、公路、城镇建设、矿山、电力、石油天然气、建材等开发建设项目的配套水土保持工程，符合前款规定条件的，应当按照本规定开展水土保持工程施工监理。

其他水利工程建设项目可以参照本规定执行。

4.4 政策文件摘录

【文件名称】水利部关于加强大中型开发建设项目水土保持监理工作的通知
【发布时间】2003年3月
【发布机构】水利部
【文　　号】水保〔2003〕89号

一、凡水利部批准的水土保持方案，在其实施过程中必须进行水土保持监理，其监理成果是开发建设项目水土保持设施验收的基础和验收报告必备的专项报告。地方各级水行政主管部门审批的水土保持方案，其项目的水土保持监理工作可参照本通知执行。

四、承担水土保持监理工作的单位，由建设单位通过招标方式确定，并向水土保持方案批准单位备案。承担水土保持监理工作的单位要定期将监理报告向建设单位和有关水行政主管部门报告。同时，其监理报告的质量将作为考核监理单位的依据。

【文件名称】水利部办公厅关于印发《全国水土保持区划（试行）》的通知
【发布时间】2012年11月
【发布机构】水利部
【文　　号】办水保〔2012〕512号

根据《全国水土保持区划导则（试行）》，本次区划采用三级分区体系，一级区为总体格局区，二级区为区域协调区，三级区为基本功能区。全国共划分为8个一级区，41个二级区，117个三级区〔详见附表全国水土保持区划（试行）〕。

一级区主要用于确定全国水土保持工作战略部署与水土流失防治方略，反映水土资源保护、开发和合理利用的总体格局，体现水土流失的自然条件（地势—构造和水热条件）及水土流失成因的区内相对一致性和区间最大差异性。二级区主要用于确定区域水土保持总体布局和防治途径，主要反映区域特定优势地貌特征、水土流失特点、植被区带分布特征等的区内相对一致性和区间最大差异性。三级区主要用于确定水土流失防治途径及技术体系，作为重点项目布局与规划的基础。反映区域水土流失及其防治需求的区内相对一致性和区间最大差异性。

附表　全国水土保持区划（试行）

一级区代码及名称	二级区代码及名称	三级区代码及名称		行政范围	
				省（自治区、直辖市）	县（市、区、旗）
VII 西南岩溶区（云贵高原区）	VII-1 滇黔桂山地丘陵区	VII-1-3h 黔桂山地水源涵养区		贵州省	三都水族自治县、荔波、独山县、天柱县、锦屏县、剑河县、台江县、黎平县、榕江县、从江县、雷山县、丹寨县
				广西壮族自治区	融安县、融水苗族自治县、三江侗族自治县
		VII-1-4xt 滇黔桂峰丛洼地蓄水保土区		广西壮族自治区	德保县、靖西县、那坡县、凌云县、乐业县、田林县、西林县、隆林各族自治县、百色市右江区、田阳县、田东县、平果县、南丹县、天峨县、凤山县、东兰县、巴马瑶族自治县、河池市金城江区、罗城仫佬族自治县、环江毛南族自治县、都安瑶族自治县、大化瑶族自治县、田阳县、宜州市、隆安县、马山县、忻城县、大新县、天等县、龙州县、凭祥市、宁明县、崇左市江州区、扶绥县
				贵州省	兴义市、望谟县、册亨县、安龙县、罗甸县、平塘县
				云南省	文山县、砚山县、西畴县、麻栗坡县、马关县、广南县、富宁县、丘北县
	VII-2 滇北及川西南高山峡谷区	VII-2-1tz 川西南高山峡谷保土减灾区		四川省	攀枝花市西区、攀枝花市东区、攀枝花市仁和区、米易县、盐边县、西昌市、盐源县、德昌县、普格县、金阳县、昭觉县、喜德县、冕宁县、越西县、甘洛县、美姑县、布拖县、雷波县、宁南县、会东县、会理县
		VII-2-2xj 滇北中低山蓄水拦沙区		云南省	昆明市东川区、禄劝彝族苗族自治县、昭通市昭阳区、鲁甸县、盐津县、大关县、永善县、绥江县、水富县、巧家县、会泽县、永胜县、华坪县、宁蒗彝族自治县、永仁县、元谋县、武定县
VIII 青藏高原区	VIII-1 柴达木盆地及昆仑山北麓高原区	VIII-1-1ht 祁连山地水源涵养保土区		甘肃省	甘肃中牧山丹马场、天祝藏族自治县、阿克塞哈萨克族自治县、肃北蒙古族自治县、肃南裕固族自治县、民乐县
				青海省	祁连县

续　表

一级区代码及名称	二级区代码及名称	三级区代码及名称	行政范围	
			省（自治区、直辖市）	县（市、区、旗）
Ⅷ 青藏高原区	Ⅷ-1 柴达木盆地及昆仑山北麓高原区	Ⅷ-1-2wt 青海湖高原山地生态维护保土区	青海省	海晏县、刚察县、共和县、德令哈市、乌兰县、天峻县
		Ⅷ-1-3nf 柴达木盆地农田防护防沙区	青海省	格尔木市、都兰县、茫崖行政委员会、大柴旦行政委员会、冷湖行政委员会
	Ⅷ-2 若尔盖-江河源高原山地区	Ⅷ-2-1wh 若尔盖高原生态维护水源涵养区	四川省	阿坝县、若尔盖县、红原县
			甘肃省	合作市、玛曲县、碌曲县、夏河县
		Ⅷ-2-2wh 三江黄河源山地生态维护水源涵养区	四川省	石渠县
			青海省	同德县、兴海县、贵南县、玛沁县、甘德县、达日县、久治县、玛多县、班玛县、称多县、曲麻莱县、玉树县、杂多县、治多县、囊谦县、格尔木市（唐古拉山乡部分）、泽库县、河南蒙古族自治县、那曲县、聂荣县、巴青县
	Ⅷ-3 羌塘-藏西南高原区	Ⅷ-3-1w 羌塘藏北高原生态维护区	西藏自治区	安多县、申扎县、班戈县、尼玛县、当雄县、日土县、革吉县、改则县
		Ⅷ-3-2wf 藏西南高原山地生态维护防沙区	西藏自治区	仲巴县、普兰县、札达县、噶尔县、措勤县
	Ⅷ-4 藏东-川西高山峡谷区	Ⅷ-4-1wh 川西高原高山峡谷生态维护水源涵养区	四川省	理县、松潘县、金川县、小金县、黑水县、马尔康县、壤塘县、康定县、丹巴县、九龙县、雅江县、道孚县、炉霍县、甘孜县、新龙县、德格县、白玉县、色达县、理塘县、巴塘县、乡城县、稻城县、得荣县、泸定县、木里藏族自治县

续　表

一级区代码及名称		二级区代码及名称	三级区代码及名称	行政范围	
				省（自治区、直辖市）	县（市、区、旗）
VIII 青藏高原区		VIII-4 藏东-川西高山峡谷区	VIII-4-2wh 藏东高山峡谷生态维护水源涵养区	云南省	福贡县、贡山独龙族怒族自治县、香格里拉县、德钦县、维西傈僳族自治县
				西藏自治区	昌都县、江达县、贡觉县、类乌齐县、丁青县、察雅县、八宿县、左贡县、芒康县、洛隆县、边坝县、比如县、索县、嘉黎县
		VIII-5 雅鲁藏布河谷及藏南山地区	VIII-5-1w 藏东南高山峡谷生态维护区	西藏自治区	隆子县、错那县、林芝县、米林县、墨脱县、波密县、朗县、工布江达县、察隅县
			VIII-5-2n 西藏高原中部高山河谷农田防护区	西藏自治区	拉萨市城关区、林周县、尼木县、曲水县、堆龙德庆县、达孜县、墨竹工卡县、乃东县、扎囊县、贡嘎县、桑日县、琼结县、曲松县、加查县、日喀则市、南木林县、江孜县、萨迦县、拉孜县、白朗县、仁布县、昂仁县、谢通门县、萨嘎县
			VIII-5-3w 藏南高原山地生态维护区	西藏自治区	措美县、洛扎县、浪卡子县、定日县、康马县、定结县、亚东县、吉隆县、聂拉木县、岗巴县

注：水土保持基础功能包括水源涵养（h）、土壤保持（简称保土，t）、蓄水保水（简称蓄水，x）、防风固沙（简称防沙，f）、生态维护（w）、农田防护（n）、水质维护（s）、防灾减灾（简称减灾，z）、拦沙减沙（简称拦沙，j）、人居环境维护（r）。

【文件名称】水利部办公厅关于印发《全国水土保持规划国家级水土流失重点预防区和重点治理区复核划分成果》的通知

【发布时间】2013年8月

【发布机构】水利部

【文　　号】办水保〔2013〕188号

　　根据本次"两区复核划分"成果，全国共划分了大小兴安岭等23个国家级水土流失重点预防区，涉及460个县级行政单位，重点预防面积43.92万km²，约占国土面积的4.6%；东北漫川漫岗等17个国家级水土流失重点治理区，涉及631个县级行政单位，重点治理面积49.44万km²，约占国土面积的5.2%，划分成果详见附表。

国家级水土流失重点预防区

区名称	范围		县个数	县域总面积/km²	重点预防面积/km²
	省	县（市、区、旗）			
金沙江岷江上游及三江并流国家级水土流失重点预防区	西藏自治区	江达县、贡觉县、芒康县	42	299196.2	99027.8
	四川省	石渠县、德格县、甘孜县、色达县、白玉县、新龙县、炉霍县、道孚县、丹巴县、巴塘县、理塘县、雅江县、得荣县、乡城县、稻城县、若尔盖县、九寨沟县、阿坝县、红原县、松潘县、壤塘县、马尔康县、黑水县、金川县、小金县、理县、茂县、汶川县			
	云南省	德钦县、香格里拉县、维西傈僳族自治县、贡山独龙族怒族自治县、福贡县、兰坪白族普米族自治县、泸水县、玉龙纳西族自治县、丽江市古城区、剑川县、洱源县			

国家级水土流失重点治理区

区名称	范围		县个数	县域总面积/km²	重点治理面积/km²
	省	县（市、区、旗）			
金沙江下游国家级水土流失重点治理区	四川省	石棉县、汉源县、甘洛县、冕宁县、越西县、美姑县、雷波县、西昌市、喜德县、昭觉县、德昌县、普格县、布拖县、金阳县、宁南县、会东县、会理县、盐边县、米易县、攀枝花市东区、攀枝花市西区、攀枝花市仁和区、	38	89346.9	25512.9
	云南省	绥江县、水富县、永善县、大关县、盐津县、昭通市昭阳区、鲁甸县、巧家县、彝良县、会泽县、马龙县、昆明市东川区、禄劝彝族苗族自治县、寻甸回族彝族自治县、永仁县、元谋县			

【文件名称】关于印发《水土保持补偿费征收使用管理办法》的通知

【发布时间】2014年1月

【发布机构】财政部、国家发展改革委、水利部、中国人民银行

【文　　　号】财综〔2014〕8号

第二条　水土保持补偿费是水行政主管部门对损坏水土保持设施和地貌植被、不能恢复原有水土保持功能的生产建设单位和个人征收并专项用于水土流失预防治理的资金。

第五条　在山区、丘陵区、风沙区以及水土保持规划确定的容易发生水土流失的其他区域开办生产建设项目或者从事其他生产建设活动，损坏水土保持设施、地貌植被，不能恢复原有水土保持功能的单位和个人（以下简称缴纳义务人），应当缴纳水土保持补偿费。

前款所称其他生产建设活动包括：

（一）取土、挖砂、采石（不含河道采砂）；

（二）烧制砖、瓦、瓷、石灰；

（三）排放废弃土、石、渣。

第六条　县级以上地方水行政主管部门按照下列规定征收水土保持补偿费。

开办生产建设项目的单位和个人应当缴纳的水土保持补偿费，由县级以上地方水行政主管部门按照水土保持方案审批权限负责征收。其中，由水利部审批水土保持方案的，水土保持补偿费由生产建设项目所在地省（区、市）水行政主管部门征收；生产建设项目跨省（区、市）的，由生产建设项目涉及区域各相关省（区、市）水行政主管部门分别征收。

从事其他生产建设活动的单位和个人应当缴纳的水土保持补偿费，由生产建设活动所在地县级水行政主管部门负责征收。

第七条　水土保持补偿费按照下列方式计征：

（一）开办一般性生产建设项目的，按照征占用土地面积计征。

第九条　开办一般性生产建设项目的，缴纳义务人应当在项目开工前一次性缴纳水土保持补偿费。

从事其他生产建设活动的，缴纳水土保持补偿费的时限由县级水行政主管部门确定。

第十条　缴纳义务人应当向负责征收水土保持补偿费的水行政主管部门如实报送征占用土地面积（矿产资源开采量、取土挖砂采石量、弃土弃渣量）等资料。

负责征收水土保持补偿费的水行政主管部门审核确定水土保持补偿费征收额，并向缴纳义务人送达水土保持补偿费缴纳通知单。缴纳通知单应当载明征占用土地面积（矿产资源开采量、取土挖砂采石量、弃土弃渣量）、征收标准、缴纳金额、缴纳时间和地点等事项。

缴纳义务人应当按照缴纳通知单的规定缴纳水土保持补偿费。

第二十五条　缴纳义务人拒不缴纳、拖延缴纳或者拖欠水土保持补偿费的，依照《中华人民共和国水土保持法》第五十七条规定进行处罚。缴纳义务人对处罚决定不服的，可以依法申请行政复议或者提起行政诉讼。

第二十六条 缴纳义务人缴纳水土保持补偿费，不免除其水土流失防治责任。

【文件名称】水利部办公厅关于印发《生产建设项目水土保持监测规程（试行）》
　　　　　　的通知
【发布时间】2015年6月
【发布机构】水利部
【文　　号】办水保〔2015〕139号

2 基本规定

2.0.8 建设单位应及时向水土保持方案审批机关报送监测情况：

a）每季度第一个月底前报送上一季度水土保持监测季度报告。

b）工期3年以上的项目，应每年1月底前报送上一年度监测报告，监测年度报告宜与第四季度报告结合上报。

c）水土流失危害事件发生后7日内报送水土流失危害事件报告。

d）监测工作完成后3个月内报送水土保持监测总结报告。

11 监测总结与成果要求

11.2 总结报告要求

11.2.1 监测总结报告应内容全面、语言简明、数据真实、重点突出、结论客观。

11.2.2 监测总结报告应包含水土保持监测特性表、防治责任范围表、水土保持措施监测表、土壤流失量统计表、扰动土地整治率等六项指标计算及达标情况表。

11.2.3 监测总结报告应附照片集。监测点照片应包含施工前、施工期和施工后三个时期同一位置、角度的对比。

11.2.4 监测总结报告附图应包含项目区地理位置图、水土保持监测点分布图、防治责任范围图、取土（石、料）场、弃土（石、渣）场分布图等。附图应按相关制图规范编制。

11.3 成果要求

11.3.1 监测成果包括监测实施方案、记录表、水土保持监测意见、监测季度报告、监测年度报告、监测汇报材料、监测总结报告及相关图件、影像资料等。

11.3.2 影像资料包括照片集和影音资料。照片集应包含监测项目部和监测点照片。同一监测点每次监测应拍摄同一位置、角度照片不少于三张。照片应标注拍摄时间。

11.3.3 水土保持设施竣工验收和检查时应提交的监测成果清单见附录H。

11.3.4 生产建设项目水土保持监测成果应按照档案管理相关规定建立档案。

【文件名称】水利部办公厅关于印发《水利部生产建设项目水土保持方案变更管理规定（试行）》的通知

【发布时间】2016年3月

【发布机构】水利部

【文　　号】办水保〔2016〕65号

第二条　本规定适用于水利部审批的生产建设项目水土保持方案的变更管理。

县级以上地方人民政府水行政主管部门审批的生产建设项目，水土保持方案的变更管理可参照执行。

第三条　水土保持方案经批准后，生产建设项目地点、规模发生重大变化，有下列情形之一的，生产建设单位应当补充或者修改水土保持方案，报水利部审批。

（一）涉及国家级和省级水土流失重点预防区或者重点治理区；

（二）水土流失防治责任范围增加30%以上的；

（三）开挖填筑土石方总量增加30%以上的；

（四）线型工程山区、丘陵区部分横向位移超过300米的长度累计达到该部分线路长度的20%以上的；

（五）施工道路或者伴行道路等长度增加20%以上的；

（六）桥梁改路堤或者隧道改路整累计长度20千米以上的。

第四条　水土保持方案实施过程中，水土保持措施发生下列重大变更之一的，生产建设单位应当补充或者修改水土保持方案，报水利部审批。

（一）表土剥离量减少30%以上的；

（二）植物措施总面积减少30%以上的；

（三）水土保持重要单位工程措施体系发生变化，可能导致水土保持功能显著降低或丧失的。

第五条　在水土保持方案确定的废弃砂、石、土、矸石、尾矿、废渣等专门存放地（以下简称"弃渣场"）外新设弃渣场的，或者需要提高弃渣场堆渣量达到20%以上的，生产建设单位应当在弃渣前编制水土保持方案（弃渣场补充）报告书，报水利部审批。

其中，新设弃渣场占地面积不足1公顷且最大堆渣高度不高于10米的，生产建设单位可先征得所在地县级人民政府水行政主管部门同意，并纳入验收管理。

渣场上述变化涉及稳定安全问题的，生产建设单位应组织开展相应的技术论证工作，按规定程序审查审批。

第六条　其他变化纳入水土保持设施验收管理，并符合水土保持方案批复和水土保持标准、规范的要求。

第七条　生产建设单位应当按照批准的水土保持方案，与主体工程同步开展水土保持初步设计（后续设计），加强水土保持组织管理，严格控制重大变更。

【文件名称】四川省水利厅关于印发《四川省省级水土流失重点预防区和重点治理区划分成果》的通知

【发布时间】2017年3月

【发布机构】四川省水利厅

【文　　号】川水函〔2017〕482号

四川省水土保持规划依法划定雅砻江、大渡河中下游水土流失重点预防区、峨眉山水土流失重点预防区2个省级水土流失重点预防区，涉及9个县（市、区），面积共计3.93万km²。

四川省水土保持规划依法划定嘉陵江下游水土流失重点治理区、沱江下游水土流失重点治理区和盐源省级水土流失重点治理区3个省级水土流失重点治理区，涉及38个县（市、区），面积共计5.72万km²。

四川省水土保持规划省级水土流失重点预防区
和重点治理区划分成果

分区类型	分区名称	编码	县个数	包括范围	面积/km²
省级重点预防区	雅砻江、大渡河中下游省级水土流失重点预防区	SI1	4	九龙县、康定市、泸定县、木里县	39275.6
	峨眉山省级水土流失重点预防区	SI2	5	峨眉山市、金口河区、沐川县、丹棱县、洪雅县	
省级重点治理区	嘉陵江下游省级水土流失重点治理区	SⅡ1	20	安县、北川县、江油市、平武县、广安区、前锋区、华蓥市、射洪县、邻水县、武胜县、岳池县、高坪区、嘉陵区、南部县、蓬安县、顺庆区、西充县、安居区、船山区、蓬溪县	57196.2

续　表

分区类型	分区名称	编码	县个数	包括范围	面积/km²
省级重点治理区	沱江下游省级水土流失重点治理区	SⅡ2	17	合江县、江阳区、龙马潭区、泸县、纳溪区、东兴区、隆昌县、内江市中区、翠屏区、高县、珙县、筠连县、南溪县、屏山县、大安区、富顺县、沿滩区	
	盐源省级水土流失重点治理区	SⅡ3	1	盐源县	

【文件名称】四川省发展和改革委员会四川省财政厅关于制定水土保持补偿费收费标准的通知

【发布时间】2017年7月

【发布机构】四川省发展和改革委员会、四川省财政厅

【文　　号】川发改价格〔2017〕347号

二、水土保持补偿费收费标准按下列规定执行

（一）对一般性生产建设项目，按照征占用土地面积每平方米1.3元一次性计征。

（四）排放废弃土、石、渣的，根据土、石、渣量，按照每立方米0.3元计征（不足1立方米的按1立方米计）。对缴纳义务人已按前三种方式计征水土保持补偿费的，不再重复计征。

【文件名称】水利部关于加强事中事后监管规范生产建设项目水土保持设施自主验收的通知

【发布时间】2017年11月

【发布机构】水利部

【文　　号】水保〔2017〕365号

三、严格执行水土保持设施验收标准和条件，确保人为水土流失得到有效防治

生产建设单位自主验收水土保持设施，要严格执行水土保持标准、规范、规程确定的验收标准和条件，对存在下列情形之一的，不得通过水土保持设施验收：

（一）未依法依规履行水土保持方案及重大变更的编报审批程序的。

（二）未依法依规开展水土保持监测的。

（三）废弃土石渣未堆放在经批准的水土保持方案确定的专门存放地的。

（四）水土保持措施体系、等级和标准未按经批准的水土保持方案要求落实的。

（五）水土流失防治指标未达到经批准的水土保持方案要求的。

（六）水土保持分部工程和单位工程未经验收或验收不合格的。

（七）水土保持设施验收报告、水土保持监测总结报告等材料弄虚作假或存在重大技术问题的。

（八）未依法依规缴纳水土保持补偿费的。

（九）存在其他不符合相关法律法规规定情形的。

附件1

生产建设项目水土保持设施验收报告示范文本

4.3　弃渣场稳定性评估

说明弃渣场稳定性评估情况及结论（原则上4级及以上的弃渣场应开展稳定性评估；其他弃渣场应根据弃渣场选址、堆渣量、最大堆渣高度和周边重要防护设施情况，开展必要的稳定性评估）。

涉及尾矿库、灰场、排矸场、排土场等需要说明其稳定安全问题的，说明其安全评价情况。

【文件名称】四川省水利厅转发水利部关于加强事中事后监管规范生产建设项目水土保持设施自主验收的通知

【发布时间】2018年6月

【发布机构】四川省水利厅

【文　　号】川水函〔2018〕887号

一、简化部分生产建设项目水土保持设施自主验收程序

依法编制水土保持方案报告表的生产建设项目投产使用前，由生产建设单位直接组织有关参建单位对水土保持设施进行验收，填写自主验收报备表向水行政主管部门报备。

二、规范做好生产建设项目水土保持设施自主验收工作

（一）规范验收资料编制。依法编制水土保持方案报告书的生产建设项目投产使用前，生产建设单位应当根据水土保持方案及其审批决定等，组织第三方机构编制验收报告。同一项目的水土保持监测、监理机构不得承担水土保持设施验收报告编制工作。建设单位与受委托的技术机构之间的权利义务关系，以及受委托的技术机构应当承担的责

任，可以通过合同形式约定。

2012年12月1日以后土建完工的依法应当编制水土保持方案报告书的生产建设项目，在开展水土保持设施验收时，应当提供水土保持监测总结报告，其中征占地面积小于10公顷且挖填方总量小于10万方的项目可以不提供水土保持监测总结报告。

（二）严格自主验收程序。验收报告编制完成后，生产建设单位应当组织成立验收工作组，验收工作组应当由生产建设单位、水土保持方案编制、设计、施工、监测、监理及验收报告编制等单位代表组成。生产建设单位可根据生产建设项目的规模、性质、复杂程度等情况邀请水土保持专家参加验收组。其中水利部下放权限项目（办水保〔2016〕203号）和交通、电力（输变电、光伏项目除外）、水利、矿山行业的大中型项目或涉及10万方（含）以上弃渣场的项目应当邀请水土保持专家参加验收。验收工作组要严格遵循水土保持标准、规范、规程确定的验收标准和条件，按以下程序开展自主验收：

1. 现场检查。验收工作组应对各防治区的水土保持措施实施情况和措施的外观、数量、防治效果进行检查，重点查看弃渣场高陡边坡、取料场、施工道路等扰动破坏严重的区域。

2. 资料查阅。重点查阅水土保持方案审批、后续设计及设计变更资料、水土保持补偿费缴纳凭证、水土保持监测记录及监测季报、水土保持监理记录及监理报表、水土保持单位工程及分部工程验收签证、水行政主管部门历次监督检查意见及整改情况等资料。

3. 召开会议。验收工作组在听取水土保持方案编制、设计、施工、监理、监测、验收报告编制等单位汇报，并经质询讨论后，宣布验收意见。对满足验收合格条件的，形成生产建设项目水土保持设施验收鉴定书，验收组成员签字；对不满足验收合格条件的生产建设项目，形成不予通过验收的意见，明确具体原因和整改要求，验收组成员签字。

（三）验收公示。对验收合格的项目，除按照国家规定需要保密的情形外，生产建设单位应在10个工作日内将水土保持设施验收鉴定书、水土保持监测总结报告和水土保持设施验收报告通过其官方网站或上级单位网站、行业网站、项目属地政府部门网站向社会公开，公示的时间不得少于20个工作日，并注明该项目建设单位和水土保持设施验收报备机关的联系电话。对于公众反映的主要问题和意见，生产建设单位应当及时给予处理或者回应。

三、切实加强生产建设项目水土保持设施自主验收报备管理

（一）报备材料要求。生产建设单位应当在向社会公开水土保持设施验收材料后、生产建设项目投产使用前，向水土保持设施验收报备机关报备验收材料。报备材料包括水土保持设施验收报备申请函、水土保持设施验收鉴定书、水土保持设施验收报告和水土保持监测总结报告。报备的材料为纸质版1份，电子版1份（Pdf+Word格式）（可供网

上公开）。纸质版材料应当加盖单位公章，并经相关责任人员签字（原件）。

（二）出具报备证明。对生产建设单位报备的水土保持设施验收材料完整、符合格式要求且已向社会公示无异议的项目，水土保持设施验收报备机关应当在收到报备材料后5个工作日内出具水土保持设施验收报备证明。验收报备机关应定期在门户网站对报备项目进行公告。对报备材料不完整或者不符合相应格式要求的，应当在5个工作日内一次性告知生产建设单位予以补充。省级验收报备项目由省水土保持局出具报备证明。

（三）填报验收信息。建设单位应当在取得报备证明后5个工作日内登录全国水土保持监督管理系统平台，填报生产建设项目基本信息、水土保持设施验收情况等相关信息。

【文件名称】水利部办公厅关于印发生产建设项目水土保持设施自主验收规程
　　　　　　（试行）的通知
【发布时间】2018年7月
【发布机构】水利部办公厅
【文　　　号】办水保〔2018〕133号

4　水土保持设施竣工验收

4.1　竣工验收应在第三方提交水土保持设施验收报告后，生产建设项目投产运行前完成。

4.2　竣工验收应由项目法人组织，一般包括现场查看、资料查阅、验收会议等环节。

4.3　竣工验收应成立验收组，验收组由项目法人和水土保持设施验收报告编制，水土保持监测、监理、方案编制、施工等有关单位代表组成。项目法人可根据生产建设项目的规模、性质、复杂程度等情况邀请水土保持专家参加验收组。

4.4　验收结论应经2/3以上验收组成员同意。

4.5　验收组应从水土保持设施竣工图中选择有代表性、典型性的水土保持设施进行查看，有重要防护对象的应重点查看。

4.6　验收组应对验收资料进行重点抽查，并对抽查资料的完整性、合规性提出意见。验收组查阅内容参见附录水土保持设施验收应提供的资料清单。

4.8　存在下列情况之一的，竣工验收结论应为不通过：

a）未依法依规履行水土保持方案及重大变更的编报审批程序的。

b）未依法依规开展水土保持监测或补充开展的水土保持监测不符合规定的。

c）未依法依规开展水土保持监理工作。

d）废弃土石渣未堆放在经批准的水土保持方案确定的专门存放地的。

e）水土保持措施体系、等级和标准未按经批准的水土保持方案要求落实的。

f）重要防护对象无安全稳定结论或结论为不稳定的。

g）水土保持分部工程和单位工程未经验收或验收不合格的。

h）水土保持监测总结报告、监理总结报告等材料弄虚作假或存在重大技术问题的。

【文件名称】水利部关于进一步深化"放管服"改革全面加强水土保持监管的意见

【发布时间】2019年6月

【发布机构】水利部

【文　　号】水保〔2019〕160号

二、深化简政放权，精简优化审批

（一）优化审批方式

征占地面积在5公顷以上或者挖填土石方总量在5万立方米以上的生产建设项目（以下简称项目）应当编制水土保持方案报告书，征占地面积在0.5公顷以上5公顷以下或者挖填土石方总量在1000立方米以上5万立方米以下的项目编制水土保持方案报告表。水土保持方案报告书和报告表应当在项目开工前报水行政主管部门（或者地方人民政府确定的其他水土保持方案审批部门，以下简称其他审批部门）审批，其中对水土保持方案报告表实行承诺制管理。征占地面积不足0.5公顷且挖填土石方总量不足1000立方米的项目，不再办理水土保持方案审批手续，生产建设单位和个人依法做好水土流失防治工作。

确需在批准的水土保持方案确定的专门存放地外新设弃渣场的，生产建设单位可在征得所在地县级水行政主管部门同意后先行使用，同步做好防护措施，保证不产生水土流失危害，并及时向原审批部门办理变更审批手续。

（四）简化验收报备

水土保持设施自主验收报备应当提交水土保持设施验收鉴定书、水土保持设施验收报告和水土保持监测总结报告。其中，实行承诺制或者备案制管理的项目，只需要提交水土保持设施验收鉴定书，其水土保持设施验收组中应当有至少一名省级水行政主管部门水土保持方案专家库专家。

三、加强事中事后监管，严格责任追究

（二）强化监测和监理

编制水土保持方案报告书的项目，应当依法开展水土保持监测工作。实行水土保持监测"绿黄红"三色评价，水土保持监测单位根据监测情况，在监测季报和总结报告等监测成果中提出"绿黄红"三色评价结论。监测成果应当公开，生产建设单位应当在工程建设期间将水土保持监测季报在其官方网站公开，同时在业主项目部和施工项目部公开。水行政主管部门对监测评价结论为"红"色的项目，纳入重点监管对象。

凡主体工程开展监理工作的项目，应当按照水土保持监理标准和规范开展水土保持工程施工监理。其中，征占地面积在20公顷以上或者挖填土石方总量在20万立方米以上的项目，应当配备具有水土保持专业监理资格的工程师；征占地面积在200公顷以上或者挖填土石方总量在200万立方米以上的项目，应当由具有水土保持工程施工监理专业资质的单位承担监理任务。

（三）严格规范设计和施工管理

各级水行政主管部门和流域管理机构要把设计和施工管理作为监督检查的重要内容。生产建设单位应当依据批准的水土保持方案与主体工程同步开展水土保持初步设计和施工图设计，按程序与主体工程设计一并报经有关部门审核，作为水土保持措施实施的依据。弃渣场等重要防护对象应当开展点对点勘察与设计。无设计的水土保持措施，不得通过水土保持设施自主验收。

严格控制施工扰动范围，禁止随意占压破坏地表植被。生产建设单位应当加强对施工单位的管理，在招投标文件和施工合同中明确施工单位的水土保持责任，强化奖惩制度，规范施工行为。

【文件名称】水利部办公厅关于印发生产建设项目水土保持监督管理办法的通知

【发布时间】2019年7月

【发布机构】水利部办公厅

【文　　号】办水保〔2019〕172号

第五条　生产建设单位是生产建设项目水土保持设施验收的责任主体，应当在生产建设项目投产使用或者竣工验收前，自主开展水土保持设施验收，完成报备并取得报备回执。

第六条　生产建设项目水土保持设施验收一般应当按照编制验收报告、组织竣工验收、公开验收情况、报备验收材料的程序开展。

编制水土保持方案报告书的生产建设项目，其生产建设单位应当组织第三方机构编制水土保持设施验收报告。水土保持设施验收报告结论为具备验收条件的，生产建设单位组织开展水土保持设施竣工验收，形成的水土保持设施验收鉴定书应当明确水土保持设施验收合格与否的结论。

编制水土保持方案报告表的生产建设项目，不需要编制水土保持设施验收报告。生产建设单位组织开展水土保持设施竣工验收时，验收组中应当有至少一名省级水行政主管部门水土保持方案专家库专家参加并签署意见，形成的水土保持设施验收鉴定书应当明确水土保持设施验收合格与否的结论。

水土保持分部工程和单位工程验收按照有关规定开展。

第七条　生产建设单位开展水土保持设施验收，应当严格执行水土保持标准规范，对存在下列情形之一的，水土保持设施验收结论应当为不合格：

（一）未依法依规履行水土保持方案及重大变更的编报审批程序的；

（二）未依法依规开展水土保持监测的；

（三）未依法依规开展水土保持监理的；

（四）废弃土石渣未堆放在经批准的水土保持方案确定的专门存放地的；

（五）水土保持措施体系、等级和标准未按经批准的水土保持方案要求落实的；

（六）重要防护对象无安全稳定结论或者结论为不稳定的；

（七）水土保持分部工程和单位工程未经验收或者验收不合格的；

（八）水土保持设施验收报告、监测总结报告和监理总结报告等材料弄虚作假或者存在重大技术问题的；

（九）未依法依规缴纳水土保持补偿费的。

第八条　生产建设单位应当在水土保持设施验收合格后，及时在其官方网站或者其他公众知悉的网站公示水土保持设施验收材料，公示时间不得少于20个工作日。对于公众反映的主要问题和意见，生产建设单位应当及时给予处理或者回应。

编制水土保持方案报告书的生产建设项目水土保持设施验收材料包括水土保持设施验收鉴定书、水土保持设施验收报告和水土保持监测总结报告；编制水土保持方案报告表的验收材料为水土保持设施验收鉴定书。

第九条　生产建设单位应当在水土保持设施验收通过3个月内，向审批水土保持方案的水行政主管部门或者水土保持方案审批机关的同级水行政主管部门报备水土保持设施验收材料。

第十条　水行政主管部门应当向社会公开报备服务指南，采取多种方式接受报备，推行网上报备。

【文件名称】水利部办公厅关于做好生产建设项目水土保持承诺制管理的通知

【发布时间】2020年7月

【发布机构】水利部

【文　　号】办水保〔2020〕160号

四、事中事后监管

水行政主管部门应当将水土保持方案的真实性和质量作为日常监管内容，对水土保持方案报告书存在较严重质量问题或者报告表存在"以大报小"问题的，应当撤销作出的准予许可决定，并责成生产建设单位按非承诺制方式限期重新办理水土保持方案审批手续；涉及其他审批部门作出准予许可决定的，水行政主管部门应当提出撤销准予许可决定的建议意见，由作出许可决定的审批部门予以撤销。

> 【文件名称】水利部办公厅关于印发生产建设项目水土保持问题分类和责任追究标准的通知
> 【发布时间】2020年7月
> 【发布机构】水利部办公厅
> 【文　　号】办水保函〔2020〕564号

生产建设项目水土保持问题分类和责任追究标准

工作环节	序号	具体问题	问题性质	责任对象	追责方式
一、方案编制和设计	1	未完成水土保持方案报批手续，先行开工建设	严重	生产建设单位	通报批评
	2	未履行水土保持方案变更报批手续，擅自进行变更	严重	生产建设单位	通报批评
	3	未组织完成水土保持初步设计和施工图设计	严重	生产建设单位	通报批评
	4	水土保持方案报告书未通过审查审批	较重	方案编制单位	约谈
	5	承诺制项目被撤销准予许可决定	较重	生产建设单位、方案编制单位	约谈
	6	未依据水土保持方案和标准规范进行设计，或水土保持设计工作严重滞后	一般	设计单位	责令整改
二、弃渣堆置	7	在水土保持方案确定的专门存放地外新设弃渣场且未征得县级水行政主管部门同意	严重	生产建设单位、施工单位、监理单位	通报批评
	8	施工中乱倒乱弃或顺坡溜渣（4处及以上）	较重	施工单位、监理单位	约谈
	9	施工中乱倒乱弃或顺坡溜渣（4处以下）	一般	施工单位、监理单位	责令整改
	10	弃渣堆放未按要求分级堆放、分层碾压等	一般	施工单位、监理单位	责令整改

续　表

工作环节	序号	具体问题	问题性质	责任对象	追责方式
三、水土保持措施落实	11	弃渣场存在严重水土流失危害或隐患	严重	生产建设单位、施工单位、监理单位	纳入重点监管名单
	12	水土保持工程措施或者植物措施、临时措施落实到位不足50%	较重	生产建设单位、施工单位、监理单位	约谈
	13	未严格控制施工扰动范围扩大施工扰动区域面积达到1000平方米及以上	一般	施工单位	责令整改
	14	未按要求实施表土剥离与保护面积达到1000平方米及以上	一般	施工单位	责令整改
	15	水土保持临时防护措施（拦挡、排水、苫盖、植草、限定扰动范围等）落实不及时、不到位	一般	施工单位	责令整改
	16	水土保持工程措施（拦挡、截排水、工程护坡、土地整治等）落实不及时、不到位	一般	施工单位	责令整改
	17	水土保持工程措施存在如下问题之一：①拦渣措施存在垮塌倾覆或贯穿性开裂；②挡渣墙标准、断面尺寸、布设方式等明显不合理；③排水沟标准、断面尺寸、布设方式等明显不合理；④截排水沟中断、不能顺接和未设置消能防冲设施；⑤削坡开级不符合要求，形成高陡边坡	一般	施工单位	责令整改
	18	土地整治措施（场地清理、土地平整、松土覆土、防风固沙等）未落实面积达到1000平方米及以上	一般	施工单位	责令整改
	19	植物措施未落实或者已落实的成活率、覆盖率不达标面积达到1000平方米及以上	一般	施工单位	责令整改
	20	未按照生产建设单位、监测单位、监理单位等提出的要求对存在的水土保持问题进行整改	较重	施工单位	责令整改
四、监测监理	21	未组织开展水土保持监测	严重	生产建设单位	通报批评
	22	水土保持监测滞后或中断6个月及以上	严重	监测单位	通报批评
	23	未按时提交水土保持监测季报	一般	监测单位	责令整改
	24	对项目实施中出现的较严重问题未向生产建设单位及施工单位提出监测意见	较重	监测单位	约谈

续　表

工作环节	序号	具体问题	问题性质	责任对象	追责方式
四、监测监理	25	水土保持监测季报、总结报告的内容不符合相关规定	一般	监测单位	责令整改
	26	水土保持监测季报三色评价结论或者总结报告结论与实际不符	严重	监测单位	通报批评
	27	水土保持监测原始记录和过程资料不完整	一般	监测单位	责令整改
	28	未开展水土保持监理（征占地在200公顷及以上或者挖填土石方总量在200万立方米及以上的生产建设项目）	严重	生产建设单位	通报批评
	29	未开展水土保持监理（征占地在200公顷以下且挖填土石方总量在200万立方米以下的生产建设项目）	一般	生产建设单位	责令整改
	30	未按规定开展施工监理和设计变更管理	一般	监理单位	责令整改
	31	对工程施工中出现的严重问题未及时制止和督促处理	较重	监理单位	约谈
五、水土保持设施自主验收	32	未完成水土保持设施自主验收或者验收不合格，工程投产使用或通过竣工验收	严重	生产建设单位	通报批评
	33	不满足验收标准和条件而通过水土保持设施自主验收	严重	生产建设单位、验收报告编制单位	通报批评
	34	水土保持设施验收报告的内容不符合相关规定	一般	验收报告编制单位	责令整改
六、组织管理	35	不配合水行政主管部门的监督检查	严重	生产建设单位	通报批评
	36	未按要求完成水行政主管部门提出的整改要求	严重	生产建设单位、方案编制单位、设计单位、施工单位、监测单位、监理单位、验收报告编制单位	通报批评
	37	发生严重水土流失危害事件，未及时有效处置	严重	生产建设单位、施工单位、监测单位、监理单位	纳入重点监管名单
	38	技术成果弄虚作假，隐瞒问题，编造或者篡改数据	严重	方案编制单位、设计单位、监理单位、验收报告编制单位	通报批评
	39	未依法依规缴纳水土保持补偿费	较重	生产建设单位	约谈

续　表

工作环节	序号	具体问题	问题性质	责任对象	追责方式
六、组织管理	40	水土保持档案资料不完整、不规范	一般	生产建设单位、方案编制单位、设计单位、监测单位、监理单位、验收报告编制单位	责令整改

备注：1．单个项目出现一般问题4个及以上的，对责任单位进行约谈。

2．单个项目出现较重问题3个及以上的，对责任单位进行通报批评。

3．涉及水土保持信用惩戒的问题情形的认定及实施，按照生产建设项目水土保持信用监"两单"制度的规定执行。

4．涉及水土保持违法违规问题，依法应当给予行政处罚或者实施行政强制的，按照《中华人民共和国水土保持法》及《生产建设项目水土保持监督管理办法》（办水保〔2019〕172号）等的规定执行。

【文件名称】水利部办公厅关于实施生产建设项目水土保持信用监管"两单"制度的通知

【发布时间】2020年7月

【发布机构】水利部

【文　　号】办水保〔2020〕157号

一、"两单"列入问题情形

（一）生产建设项目水土保持市场主体存在下列问题情形之一的，应当列入水土保持"重点关注名单"。

1．生产建设单位："未批先建""未批先弃""未验先投"的；作出不实承诺或者未履行承诺的；未按规定组织开展水土保持设计、监测、监理工作的；水土保持工程、植物、临时措施落实不足50%的；不满足验收标准和条件而通过自主验收的。

2．方案编制单位：1年内有2个及以上编制的水土保持方案未通过审查审批的。

3．方案技术评审单位：因未按规定程序和标准开展技术评审，评审通过的水土保持方案未被准予许可的。

4．验收报告编制单位：不满足验收标准和条件而作出验收合格结论的。

5．监测单位：迟于合同规定6个月以上未开展监测工作的；同一项目的监测季报2次未按时提交的；监测季报三色评价和总结报告结论与实际不符的。

6．监理单位：对施工单位违反规定擅自作出重大变更未予制止和督促整改的；对未批先弃、乱弃乱倒、顺坡溜渣、随意开挖等未予制止和督促整改的。

7．设计单位：未按水土保持方案和设计规范开展设计，擅自降低防治标准等级的。

8．施工单位：水土保持工程、植物、临时措施落实到位不足50%的；未按照监督检查、监测、监理意见要求对未批先弃、乱弃乱倒、顺坡溜渣、随意开挖等问题进行整改的。

9．法律、法规规定的其他应当列入情形。

（二）生产建设项目水土保持市场主体有下列情形之一的，应当列入水土保持"黑名单"。

1．在"重点关注名单"公开期内再次发生应当列入"重点关注名单"情形的。

2．作出不实承诺被撤销准予许可决定的。

3．在水土保持方案编制、设计、施工、监测、监理、验收等工作及相关技术成果中弄虚作假，谋取不正当利益的。

4．被实施水土保持行政强制的。

5．拒不执行水土保持行政处罚决定的。

6．法律、法规规定的其他应当列入情形。

【文件名称】水利部办公厅关于进一步加强生产建设项目水土保持监测工作的通知
【发布时间】2020年7月
【发布机构】水利部
【文　　号】办水保〔2020〕161号

二、明确生产建设项目水土保持监测的任务要求

对编制水土保持方案报告书的生产建设项目（即征占地面积在5公顷以上或者挖填土石方总量在5万立方米以上的生产建设项目），生产建设单位应当自行或者委托具备相应技术条件的机构开展水土保持监测工作。

四、强化生产建设项目水土保持监测成果应用

生产建设单位要根据水土保持监测成果和三色评价结论，不断优化水土保持设计，加强施工组织管理，对监测发现的问题建立台账，及时组织有关参建单位采取整改措施，有效控制新增水土流失。

【文件名称】水利部办公厅关于进一步加强河湖管理范围内建设项目管理的通知
【发布时间】2020年8月
【发布机构】水利部
【文　　号】办河湖〔2020〕177号

二、进一步规范涉河建设项目许可

（一）规范许可范围。在河湖管理范围内建设跨河、穿河、穿堤、临河的桥梁、码头、道路、渡口、管道、缆线等工程设施，要依法依规履行涉河建设项目许可手续。禁止在河湖管理范围内建设妨碍行洪的建筑物、构筑物，倾倒、弃置渣土。禁止围垦湖泊，禁止违法围垦河道。

【文件名称】关于印发《生产建设项目水土保持方案技术审查要点》的通知

【发布时间】2020年12月

【发布机构】水利部水土保持监测中心

【文　　　号】水保监〔2020〕63号

2.2　施工组织

4）设置取土场的，应明确布设位置、地形条件、取土量、占地面积、最大取土深度等。有多个取土场时应列表明确其设置情况。10万立方米以上的山丘区取土场，应介绍工程地质情况。取土场应在比例尺不小于1∶10000的地形图上明确位置。有依托其他项目取土或外购的，应说明依托项目情况并附相关支撑性附件。

5）设置弃渣场的，应明确布设位置、地形条件、容量、弃渣量、占地面积、汇水面积、最大堆高、堆置方案，以及下游重要设施、居民点等情况。有多个弃渣场时应列表明确其设置情况。应在地形图和遥感影像图上明确弃渣场位置，地形图比例尺不小于1∶10000，地形图范围应满足弃渣场汇水计算要求，并能反映下游不小于1公里范围内的地形地物情况；遥感影像图应反映下游不小于1公里范围内重要设施、居民点等情况，满足弃渣场选址合理性分析的需要。10万立方米以上的沟道和坡地弃渣场，应介绍工程地质情况。

【文件名称】四川省财政厅 国家税务总局四川省税务局 四川省水利厅关于水土保持
　　　　　　补偿费划转税务部门征收有关事项的通知

【发布时间】2020年12月

【发布机构】四川省财政厅、国家税务总局四川省税务局、四川省水利厅

【文　　　号】川财税〔2020〕30号

一、划转交接衔接

自2021年1月1日起，我省水土保持补偿费划转至税务部门征收，其征收范围、对

象、标准、分成、使用等政策继续按照现行规定执行。

二、征管部门确定

生产建设项目所在地县级税务部门为该项目水土保持补偿费的征收部门。项目跨区域或存在争议的，由上级水利部门商同级税务部门确定。税务部门应积极履行征收职责，督促缴费人按时申报缴费，确保水土保持补偿费及时足额缴纳入库，应收尽收。

五、申报缴费流程

缴费人自行到税务部门办税服务厅申报缴费，税务部门要积极引导缴费人使用"国家税务总局四川省电子税务局"办理申报缴费事项。

缴费完成后，由税务部门出具缴费凭证或者由缴费人自行在四川省电子税务局打印缴费凭证。征收水土保持补偿费应当使用财政部统一监（印）制的非税收入票据，按照税务部门全国统一信息化方式规范管理。缴费人采用电子方式缴纳费款，可通过金税三期系统打印财政部统一监制的非税收入票据，该类票据为非印刷票据。缴费人采用其他缴款方式的，在金税三期系统开发到位前，暂使用税收票证。

七、退费审核办理

资金入库后需要退库的，按照财政部门有关退库管理规定办理。其中，因缴费人误缴、税务部门误收以及汇算清缴原因需要退库的，由财政部门授权税务部门审核退库，具体由缴费人直接向税务部门申请，税务部门比照现行税收退库流程办理；因项目取消、征占地变化等原因申请退库的，由缴费人向水利部门提出申请，税务部门根据水利部门出具的审核文书比照现行税收退库流程办理退库。

4.5　地方法规摘录

> 【文件名称】四川省《中华人民共和国水土保持法》实施办法（2012年修订）
> 【发布时间】1993年12月
> 【发布机构】四川省人民代表大会常务委员会

第十三条　有关基础设施建设、矿产资源开发、城镇建设、公共服务设施建设、土地开发整理、旅游开发、水利水电开发、经济开发区建设等方面的规划，在实施过程中可能造成水土流失的，规划的组织编制机关应当编制水土保持专章，提出水土流失预防和治理的对策和措施。规划审批机关在规划审批前应当征求本级人民政府水行政主管部门的意见。

第十五条　地方各级人民政府应当加强对取土、挖砂、采石等活动的管理，预防和减轻水土流失。

县级以上地方人民政府应当组织国土资源、水利等行政主管部门划定并公告崩塌、滑坡危险区和泥石流易发区的范围。

禁止在崩塌、滑坡危险区和泥石流易发区从事取土、挖砂、采石等可能造成水土流失的活动。

第二十条　开办扰动地表、损坏地貌植被并进行土石方开挖、填筑、转运、堆存的生产建设项目，生产建设单位应当编制水土保持方案，报县级以上地方人民政府水行政主管部门审批，并按照经批准的水土保持方案，采取水土流失预防和治理措施。

地质灾害应急防治工程不适用前款规定。

第二十一条　前条规定的生产建设项目，应当按照下列规定编报水土保持方案：

（一）依法实行审批的生产建设项目，在报送工程可行性研究报告前；

（二）依法实行核准的生产建设项目，在报送有关行政主管部门核准前；

（三）依法实行备案的生产建设项目及其他生产建设项目，在项目开工前。

第二十二条　依法应当编制水土保持方案的生产建设项目，未编制水土保持方案或者水土保持方案未经水行政主管部门批准的，生产建设项目不得开工建设。

第二十三条　编制水土保持方案的生产建设项目中的水土保持设施，应当与主体工程同时设计、同时施工、同时投产使用。

生产建设单位应当按照批准的水土保持方案和有关技术标准，开展水土保持的初步设计、施工图设计。建设中的水土保持设施应当加强监理，保证工程质量。

水土保持方案审批部门应当按照国家规定验收水土保持设施，并对其监测结论的真实性进行审核；未经验收或者验收不合格的，生产建设项目不得投产使用。

第二十四条　依法应当编制水土保持方案的生产建设项目，其生产建设活动中产生的砂、石、土、矸石、尾矿、废渣等应当综合利用；不能综合利用，确需废弃的，应当堆放在水土保持方案确定的专门存放地，并采取措施保证不产生新的危害。

城镇建设、经济开发区建设的主管部门应当建立健全土石方综合利用制度，加强区域内土石方的统一调配、管理和综合利用。

第二十七条　开办生产建设项目或者从事其他生产建设活动造成水土流失的，应当进行治理。损坏水土保持设施、地貌植被，降低或者丧失原有水土保持功能的，应当依法缴纳水土保持补偿费。水土保持补偿费专项用于水土流失的预防、治理和监测工作。

第三十一条　依法应当编制水土保持方案的生产建设项目，生产建设单位应当按照国家要求对水土流失情况进行监测，并将监测情况报当地水行政主管部门。不具备监测条件和能力的，应当委托具备相应水土保持监测资质的机构进行监测。

从事水土保持监测活动应当遵守国家有关技术标准、规范和规程，编制监测设计与实施计划，保证监测结论的真实性。县级以上地方人民政府水行政主管部门应当对生产建设项目的监测情况进行监督检查。

第三十三条 水行政监督检查人员依法履行监督检查职责时，有权采取下列措施：

（一）要求被检查单位或者个人提供有关文件、证照、资料；

（二）要求被检查单位或者个人就预防和治理水土流失的有关情况作出说明；

（三）进入现场进行调查、取证。

被检查单位或者个人拒不停止违法行为，造成严重水土流失的，报经水行政主管部门批准，可以查封、扣押实施违法行为的工具及施工机械、设备等。

第三十六条 违反本实施办法第十七条规定，未采取水土保持措施的，由所在地县级以上地方人民政府水行政主管部门责令限期改正，采取补救措施。应当编制水土保持方案的，责令限期补办手续。

第三十八条 违反本实施办法第三十一条规定，生产建设单位或者水土保持监测机构从事水土保持监测活动违反国家有关技术标准、规范和规程，提供虚假监测结论的，由所在地县级以上地方人民政府水行政主管部门责令改正，给予警告，有违法所得的，可处以违法所得三倍以下且不超过三万元的罚款，没有违法所得的，可处以一万元以下的罚款。

4.6　行业标准摘录

【文件名称】水土保持工程施工监理规范
【发布时间】2011年12月
【发布机构】住房和城乡建设部、国家市场监督管理总局
【文　　号】SL 523—2011

6.6　工程变更

6.6.1　监理机构应对工程建设各方依据有关规定和工程现场实际情况提出的工程变更建议进行审查，同意后报建设单位批准。

6.6.2　建设单位批准的工程变更，应由建设单位委托原设计单位负责完成具体的工程变更设计。

6.6.3　监理机构应参加或受建设单位委托组织对变更设计的审查。对一般的变更设

计，应由建设单位审批；对较大的变更设计，应由建设单位报原批准单位审批。

6.6.4　监理工程师在接到变更设计批复文件后，应向施工单位下达工程变更指示，并作为施工单位组织工程变更实施的依据。

6.6.5　在特殊情况下，如出现危及人身、工程安全或财产严重损失的紧急事件时，工程变更可不受程序限制，但监理机构仍应督促变更提出单位及时补办相关手续。

【文件名称】水土保持工程设计规范

【发布时间】2014年12月

【发布机构】水利部、住房和城乡建设部

【文　　　号】GB/T 51018—2014

12　弃渣场及拦挡工程

12.1　一般规定

12.1.1　弃渣场设计应符合下列要求：

1　弃渣场设计应坚持安全可靠、经济合理的原则。

2　弃渣场堆置应根据渣场地形地质条件、弃渣岩土组成及物理力学参数等确定堆置要素，并应满足渣场整体稳定，且不影响河（沟）道行洪安全的要求。

3　应根据弃渣场位置、类型及堆置情况，进行弃渣拦挡、防洪排洪等设计。

12.1.2　弃渣拦挡工程应符合下列要求：

1　弃渣拦挡工程应包括挡渣墙、拦渣堤、拦渣坝、围渣堰等。

2　应通过现场查勘或勘探，按就地取材、安全可靠、经济合理的原则，选择拦挡工程型式。

3　弃渣拦挡工程设计应综合渣场类型、弃渣堆置方案、渣场地形和工程地质、气象及水文、建筑材料、施工机械类型等因素确定。

12.1.3　弃渣场及拦挡工程设计所需基本资料应包括下列内容：

1　地形测绘资料：渣场区地形、地貌及地类资料，渣场地形图。

2　工程地质资料：渣场区工程地质及地质勘察资料，包括地层岩性、覆盖层组成及厚度、渣场是否涉及泥石流、滑坡等不良地质情况及基础物理力学参数。

3　弃渣基础资料：弃渣的来源、组成、堆渣量以及弃渣的物理力学参数等资料。

4　水文气象资料：与渣场设防标准相应的，涉及河道、沟道的洪水流量及洪水位、流速等资料。

12.2 弃渣场设计

12.2.1 弃渣场按地形条件、与河（沟）相对位置、洪水处理方式等，可分为沟道型、临河型、坡地型、平地型、库区型五种类型，其相应特征及适用条件应符合表12.2.1的规定。

表12.2.1 弃渣场分类

弃渣场类型	特征	适用条件
沟道型	弃渣堆放在沟道内，堆渣体将沟道全部或部分填埋	适用于沟底平缓、肚大口小的沟谷，其拦渣工程为拦渣坝（堤）或挡渣墙，视情况配套拦洪（坝）及排水（渠、涵、隧洞等）措施
临河型	弃渣堆放在河流或沟道两岸较低台地、阶地和河滩地上，堆渣体临河（沟）侧底部低于河（沟）道设防洪水位，渣脚全部或部分受洪水影响	河（沟）道流最大，河流或沟道两岸有较宽台地、阶地或河滩地，其拦渣工程为拦渣堤
坡地型	弃渣堆放在缓坡地、河流或沟道两侧较高台地上，堆渣体底部高程高于河（沟）中弃渣场设防洪水位	沿山坡堆放，坡度不大于25°且坡面稳定的山坡；其拦渣工程为挡渣墙
平地型	弃渣堆放在宽缓平地、河（沟）道两岸阶（平）地上，堆渣体底部高程低于或高于弃渣场设防洪水位，渣脚全部受洪水影响或不受洪水影响	地形平缓，场地较宽广地区；坡脚受洪水影响时其拦渣工程为围渣堰，不受影响时可设挡渣墙，或不设挡墙，采取斜坡防护措施
库区型	弃渣堆放在主体工程水库库区内河（沟）道两岸台地、阶地和河滩地上，水库建成后堆渣体全部或部分被库水位淹没	对于山区、丘陵区无合适堆渣场地，同时未建成水库内有适合弃渣的沟道、台地、阶地和滩地，其拦渣工程主要为拦渣堤、斜坡防护工程或挡渣墙

12.2.2 弃渣场选址应符合下列规定：

1 弃渣场选址应根据弃渣场容量、占地类型与面积、弃渣运距及道路建设、弃渣组成及排放方式、防护整治工程量及弃渣场后期利用等情况，经综合分析后确定。

2 严禁在对重要基础设施、人民群众生命财产安全及行洪安全有重大影响的区域布设弃渣场。

3 弃渣场不应影响河流、沟谷的行洪安全，弃渣不应影响水库大坝、水利工程取用水建筑物、泄水建筑物、灌（排）干渠（沟）功能，不应影响工矿企业、居民区、交通干线或其他重要基础设施的安全。

4 弃渣场应避开滑坡体等不良地质条件地段，不宜在泥石流易发区设置弃渣场；确需设置的，应确保弃渣场稳定安全。

5 弃渣场不宜设置在汇水面积和流量大、沟谷纵坡陡、出口不易拦截的沟道；对弃渣场选址进行论证后，确需在此类沟道弃渣的，应采取安全有效的防护措施。

6 不宜在河道、湖泊管理范围内设置弃渣场，确需设置的，应符合河道管理和防洪行洪的要求，并应采取措施保障行洪安全，减少由此可能产生的不利影响。

7 弃渣场选址应遵循"少占压耕地，少损坏水土保持设施"的原则。山区、丘陵区弃渣场宜选择在工程地质和水文地质条件相对简单，地形相对平缓的沟谷、凹地、坡台地、滩地等；平原区弃渣应优先弃于洼地、取土（采砂）坑，以及裸地、空闲地、平滩地等。

8 风蚀区的弃渣场选址应避开风口区域。

12.2.3 弃渣堆置应符合下列规定：

1 弃渣场宜采取自下而上的方式堆置；堆渣总高度小于10 m的，在采取安全挡护措施下可采取自上而下的方式堆置。

2 弃渣场堆置要素应包括：容量、堆渣总高度与台阶高度、平台宽度、综合坡度和占地面积等。

3 堆渣量应以自然方为基础，按弃渣组成折算为松方，并根据堆渣工艺、沉降因素进行修正。无试验资料的，松散系数可按表12.2.3-1选取。

表12.2.3-1　土（石、渣）松散系数

种类	砂	砂质黏土	黏土	带夹石的黏土	最大边长度小于30 cm的岩石	最大边长度大于30 cm的岩石
松散系数	1.05~1.15	1.15~1.2	1.15~1.2	1.2~1.3	1.25-1.4	1.35~1.6

4 弃渣场占地面积应综合堆渣量、地形、堆置要素、拦渣及截排水措施等因素确定。

5 弃渣场堆渣高度与台阶高度的确定应符合下列规定：

1）最大堆渣高度按弃渣初期基底压实到最大承载能力控制，应按下式计算：

$$H = \pi C \cot\varphi \left[\gamma \left(\cot\varphi + \frac{\pi\varphi}{180} - \frac{\pi}{2} \right) \right]^{-1} \qquad （12.2.3）$$

式中：H——弃渣场的最大堆渣高度（m）；

C——弃渣场基底岩土的黏结力（kPa）；

φ——弃渣场基底岩土的内摩擦角（°）；

γ ——弃渣场弃渣的容重（kN/m³）。

2）堆渣高度与台阶高度应根据弃渣物理力学性质、施工机械设备类型、地形、工程地质、气象及水文等条件确定。弃渣堆渣高度40 m以上时，应分台阶堆置，综合坡度宜取22°~25°，并应经整体稳定性验算最终确定综合坡度。采用多台阶堆渣时，原则上第一台阶高度不应超过15 m~20 m；当地基为倾斜的砂质土时，第一台阶高度不应大于10 m。

3）4级、5级弃渣场，当缺乏工程地质资料时，堆置台阶高度可按表12.2.3-2确定。

表12.2.3-2　弃渣堆置台阶高度（m）

弃渣类别		堆置台阶高度
岩石	硬质岩石	30~40（20~30）
	软质岩石	10~20（8~15）
土石混合	混合土石	20~30（15~20）
土	黏土	10~15（8~12）
	砂土、人工土	5~10

注：1　括号内数值系工程地质不良及气象条件不利时参考值；
　　2　弃渣场地基（原地面）坡度平缓，渣为坚硬岩石或利用狭窄山沟、谷地、坑塘堆置的弃渣场，可不受此表限制。

6　弃渣场堆渣坡比应由渣场稳定计算确定。4级、5级弃渣场，当缺乏工程地质资料时，稳定堆渣坡度应小于或等于弃渣自然安息角除以渣体正常工况时的安全系数。弃渣自然安息角根据弃渣岩土组成，可按表12.2.3-3确定。

表12.2.3-3　弃渣堆置自然安息角

弃渣体类别			自然安息角/（°）	堆渣坡比
岩石	硬质岩石	花岗岩	35~40	1：1.85~1：1.60
		玄武岩	35~40	1：1.85~1：1.60
		致密石灰岩	32~36	1：2.10~1：1.85
	软质岩石	页岩（片岩）	29~43	1：2.35~1：1.45
		砂岩（块石、碎石、角砾）	26~40	1：2.70~1：1.60
		砂岩（砾石、碎石）	27~39	1：2.55~1：1.70

续　表

弃渣体类别		自然安息角/（°）	堆渣坡比
土	碎石土 砂质片岩（角砾、碎石）与砂黏土	25~42	1：2.80~1：1.65
	片岩（角砾、碎石）与功黏土	36~43	1：1.80~1：1.65
	砾石土	27~37	1：2.55~1：2.0
	黏土 松散的、软的黏土及砂质黏土	20~40	1：3.60~1：1.80
	中等紧密的黏土及砂质黏土	25~40	1：2.80~1：1.80
	紧密的黏土及砂质黏土	25~45	1：2.80~1：1.5
	特别紧密的黏土	25~45	1：2.80~1：1.5
	亚黏土	25~50	1：2.80~1：1.30
	肥黏土	15~50	1：4.85~1：1.30
	砂土 细砂加泥	20~40	1：3.60~1：1.80
	松散细砂	22~37	1：3.20~1：2.0
	砂土 紧密细砂	25~45	1：2.80~1：1.5
	松散中砂	25~37	1：2.80~1：2.0
	紧密中砂	27~45	1：2.55~1：1.5
	人工土 种植土	25~40	1：2.80~1：1.80
	密实的种植土	30~45	1：2.30~1：1.5

12.2.4 弃渣场与重要基础设施之间的安全防护距离应符合下列规定：

1 弃渣场与重要基础设施之间应留有安全防护距离，安全防护距离应满足相关行业要求。

2 安全防护距离计算，以弃渣场坡脚线为起始界线；涉及铁路、公路等建构筑物的由其边缘算起；航道由设计水位线岸边算起；工矿企业由其边缘或围墙算起。

3 涉及规模较大、人口0.5万人以上的居住区和建制城镇的，安全防护距离应适当加大。

12.2.5 弃渣场稳定计算应符合下列规定：

1 弃渣场稳定计算包括堆渣体边坡及其地基的抗滑稳定计算。抗滑稳定应根据弃渣场级别、地形、地质条件，并应结合弃渣堆置形式、堆置高度、弃渣组成、弃渣物理力学参数等选择有代表性的断面进行计算。

2 弃渣场抗滑稳定计算应分为正常运用工况和非常运用工况。

1）正常运用工况：弃渣场在正常和持久的条件下运用，弃渣场处在最终弃渣状态时，渣体无渗流或稳定渗流。

2）非常运用工况：弃渣场在正常工况下遭遇Ⅶ度以上（含Ⅶ度）地震。

3 多雨地区的弃渣场还应核算连续降雨期边坡的抗滑稳定，其安全系数按非、常运用工况采用。

4 弃渣场抗滑稳定计算可采用不计条块间作用力的瑞典圆弧滑动法；对均质渣体，宜采用计及条块间作用力的简化毕肖普法；对有软弱夹层的弃渣场，宜采用满足力和力矩平衡的摩根斯顿-普赖斯法进行抗滑稳定计算；对于存在软基的弃渣场，宜采改良圆弧法进行抗滑稳定计算。

5 抗滑稳定计算应符合本规范附录B的规定。

6 弃渣用于填平坑、塘时可不进行弃渣场稳定计算。

12.2.6 弃渣场防护措施总体布置应符合下列规定：

1 不同类型弃渣场的工程防护措施体系宜按表12.2.6确定。

表12.2.6 弃渣场主要工程防护措施体系

弃渣场类型	主要工程防护措施体系			备注
	拦挡工程类型	斜坡防护工程类型	防洪排导工程类型	
沟道型	挡渣墙、拦渣堤、拦渣坝	框格护坡、浆砌石护坡、干砌石护坡等	拦洪坝、排洪集、泄洪隧（涵）洞、截水沟、排水沟	—
坡地型	挡渣墙	框格护坡、干砌石护坡等	截水沟、排水沟	—
临河型	拦渣堤	浆砌石护坡、干砌石护坡等	截水沟、排水沟	—
平地型	挡渣墙或围渣堰	植物护坡或综合护坡	排水沟	视弃渣场坡脚受洪水影响情况
库区型	拦渣堤、挡渣墙	干砌石护坡等	截水沟、排水沟	—

2 沟道型弃渣场防护措施总体布置应符合下列规定：

1）根据洪水处置方式及堆渣方式，沟道型弃渣场可分为截洪式、滞洪式、填沟式三种型式。

2）截洪式弃渣场的上游洪水可通过隧洞排泄到邻近沟道中，或通过埋涵方式排至场地下游。

3）滞洪式弃渣场下游应布设拦渣坝，具有一定库容，可调蓄上游来水。拦渣坝应配套溢洪、消能设施等。

4）填沟式弃渣场上游无汇水或者汇水量很小，弃渣场下游末端应布置挡渣墙等构筑物。对于降雨量大于800 mm的地区，应布置截排水沟以排泄周边坡面径流，并应结合地形条件布置消能、沉沙设施；降雨量小于800 mm的地区可适当布设排水措施。

3 临河型弃渣场防护措施总体布置应符合下列规定：

1）宜在迎水侧坡脚布设拦渣堤，或设置浆砌石、干砌石、抛石、柴枕等护脚措施。

2）设计洪水位以下的迎水坡面宜采取斜坡防护措施；设计洪水位以上坡面宜优先采取植物措施，坡比大于1∶1.5的，宜采取综合护坡措施。

3）渣顶和坡面宜布设截排水措施。

4）渣顶宜采取复耕或植物措施。

4 坡地型弃渣场防护措施总体布置应符合下列规定：

1）堆渣坡脚宜设置挡渣墙或护脚护坡措施。

2）渣体周边有汇水的，宜布设截水沟、排水沟。

3）弃渣场顶部宜采取复耕或植物措施；坡面应首先采取植物措施，坡比大于1∶1的，宜采取综合护坡措施。

5 平地型弃渣场防护措施总体布置应符合下列规定：

1）堆渣坡脚宜设置围渣堰，坡面宜布设截排水措施；不需设置围渣堰时，可直接采取斜坡防护措施，坡脚宜适当处理。

2）弃渣场顶部宜采取复耕或植物措施；坡面应首先采取植物措施，坡比大于1∶1的坡面宜采取综合护坡措施。

3）填凹型弃渣应首先填平并复耕；当超出原地面线时，应符合本款前两项的要求。

6 库区型弃渣场应根据地形地貌、蓄水淹没可能对永久工程建筑物的影响，采取相应工程及临时防护措施；弃渣场可不采取植物恢复措施，有需要的应结合蓄水淹没前时段水土流失影响分析确定。

12.3 拦挡工程设计

12.3.1 拦挡工程布置应符合下列规定：

1 挡渣墙应布置在原地形斜坡面或坡顶位置弃渣的渣场坡脚，轴线平面走向宜顺直，转折处应采用平滑曲线连接。

2 拦渣堤应布置在河道或沟道两侧较低台地、阶地、滩地弃渣的渣场坡脚，拦渣堤宜位于相对较高的地面；拦渣堤应顺河道或沟道布置，平面走向应顺直，转折处应采用平滑曲线连接。

3 拦渣坝应布置在河道或沟道中渣场下游弃渣末端坡脚，拦渣坝轴线应垂直河道或沟道布置，平面走向宜顺直。

4 围渣堰类似于挡渣墙，适于地形平缓的宽阔地带，其布置应减少弃渣占地。

12.3.2 挡渣墙设计应符合下列规定：

1 挡渣墙级别应按本规范第5.7.2条的规定确定。

2 挡渣墙型式应根据弃渣堆置型式、地形、地质、降水与汇水条件、建筑材料来源等选择。挡渣墙应分为重力式、半重力式、衡重式、悬臂式、扶臂式。

3 挡渣墙基底埋置深度应符合下列要求：

1）应根据地形、地质、结构稳定和地基整体稳定等确定。

2）冻结深度不大于1 m时，基底应位于冻结线以下不小于0.25 m且不小于1 m；冻结深度大于1 m时，基底最小埋置深度不小于1.25 m，并应将基底至冻结线以下0.25 m范围地基土换填为弱冻胀材料。

4 挡渣墙应每隔10 m~15 m设置变形缝。挡渣墙轴线转折处、地形变化大、地质条件、荷载和结构断面变化处，应增设变形缝。

5 作用在挡渣墙上的荷载可分为基本组合和特殊组合两类，可按表12.3.2的规定采用。

12.3.2 荷载组合表

荷载组合		主要考虑情况自重	荷载类别										附注
			附加荷载	土压力	水重	静水压力	扬压力	土的冻胀力	冰压力	地震荷载	其他荷载		
基本组合		正常挡渣情况	√	√	√	√	√	√	—	—	—	—	按正常挡渣组合计算水重、静水压力、扬压力、土压力
		冰冻情况	√	√	√	√	√	√	√	—	—	—	按正常挡渣组合计算水重、静水压力、扬压力、土压力及冰压力
特殊组合	I	施工情况	√	√	√	—	—	—	—	—	—	√	应考虑施工过程中各个阶段的临时荷载
		长期降雨情况	√	√	√	√	√	√	—	—	—	—	考虑渣体饱和含水

续　表

荷载组合	主要考惠情况自重	荷载类别									附注
		附加荷载	土压力	水重	静水压力	扬压力	土的冻胀力	冰压力	地震荷载	其他荷载	
Ⅱ	地震情况	√	—	√	√	√	√	—	—	√	按正常挡渣组合计算水重、静水压力、扬压力、土压力

注：1　应根据各种荷载同时作用的实际可能性，选择计算中最不利的荷载组合；
　　2　分期施工的挡渣墙应按相应的荷载组合分期进行计算。

1）基本组合：挡渣墙结构及其底板以上填料和永久设备的自重，墙后填土破裂体范围内的车辆、人群等附加荷载，相应于正常挡渣高程的土压力，墙后正常地下水位下的水重、静水压力和扬压力，土的冻胀力，其他出现机会较多的荷载。

2）特殊组合：多雨期墙后土压力、水重、静水压力和扬压力、地震荷载、其他出现机会很少的荷载。墙前有水位降落时，还应按特殊荷载组合计算此种不利工况。

6　挡渣墙断面尺寸应通过抗滑稳定、抗倾覆稳定和基底应力计算等确定，并应符合本规范第5.7.5条和第5.7.6条的规定。

12.3.3　拦渣堤设计应符合下列规定：

1　拦渣堤工程级别和防洪标准应按本规范第5.7.2条和第5.7.3条的规定确定。

2　拦渣堤基础埋置深度应按本规范第12.3.2条第3款的规定和河流冲刷深度确定。

3　拦渣堤顶高程应满足挡渣和防洪要求，与防洪堤起同等作用的拦渣堤堤顶高程应按设计洪水位（或设计潮水位）加堤顶超高确定。安全超高值应按表12.3.3确定。

表12.3.3　拦渣堤工程的安全超高值（m）

拦渣堤工程的级别		1	2	3	4	5
安全超高值	不允许越浪的拦渣堤工程	1.0	0.8	0.7	0.6	0.5
	允许越浪的拦渣堤工程	0.5	0.4	0.4	0.3	0.3

4　地基处理可按现行国家标准《堤防工程设计规范》GB 50286的有关规定执行。

5　拦渣堤稳定安全系数应符合本规范第5.7.5条的规定。

12.3.4 拦渣坝设计应符合下列规定：

1 拦渣坝级别和防洪标准应按本规范第5.7.2条和第5.7.3条的规定确定。

2 拦渣坝坝型应有土石坝、砌石坝等，可一次成坝或多次成坝。

3 应根据地形地质、水文、料源、施工等条件，结合弃渣岩土组成和性质，综合分析确定拦渣坝坝型。

4．滞洪式弃渣场拦渣坝总库容应由拦渣库容、拦泥库容、滞洪库容三部分组成。坝顶高程应按总库容在水位-库容曲线对应高程，加安全超高确定。

5．截洪式弃渣场宜采用首建初级坝、多次成坝方案。初级坝坝高宜取8 m~10 m，可不进行调洪计算。拦渣坝总体布置、坝型及逐级加坝应符合现行行业标准《火力发电厂水工设计规范》DL/T 5339的有关干式贮灰坝的设计规定。

6 采用放水建筑物、涵洞、溢洪道布置方案的，应根据坝址地形地质条件、设计泄洪流量等因素，确定构筑物型式。溢洪道设计应按本规范第7.4节的规定执行，放水建筑物设计应按本规范第7.5节的规定执行。

7 洪水量最较小，放水建筑物、涵洞满足泄洪要求时，不可布设溢洪道。

8 应根据坝型采用相应稳定分析方法，确定坝体断面。稳定安全系数及基底应力应符合本规范第5.7.4条和第5.7.5条的规定。

12.3.5 围渣堰设计应符合下列规定：

1 围渣堰级别和防洪标准应按本规范第5.7.2条和第5.7.3条的规定确定。

2 围渣堰根据筑堰材料可采用土围堰、砌石围堰等；当围渣堰不受渣体压力时，可采用砖砌墙、钢板围挡等型式。

3 围渣堰临水时应按拦渣堤设计要求执行，不临水时应按挡渣墙设计要求执行。

4 围渣堰断面应根据堆渣高度、堆渣容量、筑堰材料，通过稳定分析确定，稳定安全系数应符合本规范第5.7.4条的规定；堰顶有交通要求时可适当加宽。

12.4 截排洪设计

12.4.1 弃渣场傍山一侧边界根据坡面径流大小可布设截水天沟，截水天沟纵坡比降应根据地形、地质等因素结合设计断面计算确定。

12.4.2 渣场上游洪水集中时，应设置排洪建筑物，多采用排洪沟和涵洞，也可采用暗管、隧洞。

12.4.3 排洪建筑物进出口宜布置八字形导流翼墙，翼墙长度可取设计水深的3倍~4倍。集中排洪流速较大时，排洪建筑物出口应布置消能防冲设施。

12.4.4 排洪建筑物过水断面的主要尺寸和设计水深应根据设计排水流量确定。

12.4.5 排洪建筑物纵断面设计，应将地面线、渠底线、水面线、渠顶线绘制在纵断面设计图中。

12.4.6　排洪沟布置应利用天然沟道，并应力求顺直。

12.4.7　排洪沟设计纵坡应根据走向、地形、地质以及与山洪沟连接条件等因素确定。高差较大时，宜设置急流槽或跌水。

12.4.8　排洪沟应按明渠流设计，宜采用浆砌块石或混凝土砌筑。

12.4.9　排洪暗沟每隔50 m ~100 m应设置检查井，暗沟走向变化处应加设检查井。排洪沟宜按无压流设计，设计水位以上净空面积不应小于过水断面面积的15%。

12.4.10　渣场排洪涵洞宜用无压形式，其设计应符合现行国家标准《灌溉与排水工程设计规范》GB 50288的有关规定。

【文件名称】生产建设项目水土保持技术标准

【发布时间】2018年11月

【发布机构】住房和城乡建设部、国家市场监督管理总局

【文　　　号】GB 50433—2018

3.1.2　生产建设项目水土流失防治应符合下列规定

　　1　项目全过程应控制和减少对原地貌、地表植被、水系的扰动和损毁，保护原地表植被、表土及结皮层、沙壳与地衣等，减少占用水、土资源，提高利用效率；

　　2　开挖、填筑、排弃的场地应采取拦挡、护坡、截（排）水等防治措施；

　　3　弃土（石、渣）应综合利用，不能利用的应集中堆放在专门的存放；

　　4　土建施工过程应有临时防护措施；

　　5　施工迹地应及时进行土地整治，恢复其利用功能。

3.2.1　主体工程选址（线）应避让下列区域：

　　1　水土流失重点预防区和重点治理区；

　　2　河流两岸、湖泊和水库周边的植物保护带；

　　3　全国水土保持监测网络中的水土保持监测站点、重点试验区及国家确定的水土保持长期定位观测站。

3.2.4　取土（石、砂）场设置尚应符合下列规定：

　　1　应符合城镇、景区等规划要求，并与周边景观相互协调；

　　2　在河道取土（石、砂）的应符合河道管理的有关规定；

　　3　应综合考虑取土（石、砂）结束后的土地利用。

3.2.6　弃土（石、渣灰、矸石、尾矿）场设置尚应符合下列规定

1　涉及河道的应符合河流防洪规划和治导线的规定，不得设在河道、湖泊和建成水库管理范围内；

2　在山丘区宜选择荒沟、凹地、支毛沟，平原区宜选择凹地、荒地，风沙区宜避开风口；

3　应充分利用取土（石、砂）场、废弃采坑、沉陷区凹地；

4　应综合考虑弃土（石、渣、灰、矸石、尾矿）结束后的土地利用。

3.2.8　工程施工应符合下列规定

1　施工活动应控制在设计的施工道路、施工场地内。

2　施工开始时应首先对表土进行剥离或保护，剥离的表土应集中堆放，并采取防护措施。

3　裸露地表应及时防护，减少裸露时间，填筑土方时应随挖、随运、随填、随压。

4　临时堆土（石、渣）应集中堆放，并采取临时拦挡、苫盖、排水、沉沙等措施。

5　施工产生的泥浆应先通过泥浆沉淀池沉淀，再采取其他处置措施。

6　围堰填筑、拆除应采取减少流失的有效措施。

7　弃土（石、渣）场应事先设置拦挡措施，弃土（石、渣）应有序堆放。

8　取土（石、砂）场开挖前应设置截（排）水、沉沙等措施。

9　土（石、料渣、矸石）方在运输过程中应采取保护措施，防止沿途散溢。

【文件名称】生产建设项目水土流失防治标准

【发布时间】2018年11月

【发布机构】水利部、住房和城乡建设部

【文　　号】GB/T 50434—2018

4.0.1　生产建设项目水土流失防治标准等级应根据项目所处地区水土保持敏感程度和水土流失影响程度确定，并应符合下列规定：

1　项目位于各级人民政府和相关机构确定的水土流失重点预防区和重点治理区、饮用水水源保护区，水功能一级区的保护区和保留区、自然保护区、世界文化和自然遗产地、风景名胜区、地质公园、森林公园，重要湿地，且不能避让的，以及位于县级及以上城市区域的，应执行一级标准；

2　项目位于湖泊和已建成水库周边、四级以上河道两岸3km汇流范围内，或项目周边500 m范围内有乡镇、居民点的，且不在一级标准区域的应执行二级标准；

3　项目位于一级、二级标准区域以外的，应执行三级标准。

青藏高原区水土流失防治指标值

防治指标	一级标准		二级标准		三级标准	
	施工期	设计水平年	施工期	设计水平年	施工期	设计水平年
水土流失治理度/%	—	85	—	82		77
土壤流失控制比	—	0.80	—	0.75		0.70
渣土防护率/%	85	87	83	85	80	83
表土保护率/%	90	90	85	85	80	80
林草植被恢复率/%	—	95	—	90		85
林草覆盖率/%	—	16	—	13		10

4.0.3　生产期新增扰动范围的防治指标值不应低于施工期指标值，其他区域不应低于设计水平年指标值。

4.0.4　同一项目涉及两个以上防治标准等级区域时，应分区段确定指标值。

【文件名称】生产建设项目水土保持监测与评价标准

【发布时间】2018年11月

【发布机构】住房和城乡建设部、国家市场监督管理总局

【文　　号】GB/T 51240—2018

4.1　监测范围及分区

4.1.1　生产建设项目水土保持监测范围应包括水土保持方案确定的水土流失防治责任范围，及项目建设与生产过程中扰动与危害的其他区域。

4.1.4　水土保持监测重点区域应为易发生水土流失、潜在流失较大或发生水土流失后易造成严重影响的区域，不同类型生产建设项目水土保持监测重点区域应按下列规定选取：

　　2　线型项目的监测重点区域主要应为大型开挖（填筑）面、施工道路、取土（石、料）场、弃土（石、渣）场、穿（跨）越工程、土石料场、临时转运场和集中排水区周边。

4.1.5　各行业生产建设项目水土保持监测重点区域应按下列规定选取：

　　2　铁路、公路工程应为弃土（石、渣）场、取土（石、料）场、大型开挖（填筑）面、土石料临时转运场、集中排水区下游和施工道路。

4.2　监测时段

4.2.2　建设生产类项目水土保持监测应从施工准备期开始至运行期结束。监测时段可分为建设期和生产运行期两个阶段，其中建设期可分为施工准备期、施工期和试运行期。

4.2.3　不同监测时段监测重点内容的确定应符合下列规定：

　　1　施工准备期和施工期应重点监测扰动地表面积、土壤流失和水土保持措施实施情况；

　　2　试运行期应重点监测植被措施恢复、工程措施运行及其防治效果；

　　3　建设生产类项目的生产运行期应重点监测水土流失及其危害、水土保持措施运行情况及其防治效果。

5　监测内容

5.0.1　生产建设项目水土保持监测内容应包括水土流失影响因素、水土流失状况、水土流失危害和水土保持措施等。

5.0.2　水土流失影响因素监测应包括下列内容：

　　1　气象水文、地形地貌、地表组成物质、植被等自然影响因素；

　　2　项目建设对原地表、水土保持设施、植被的占压和损毁情况；

　　3　项目征占地和水土流失防治责任范围变化情况；

　　4　项目弃土（石、渣）场的占地面积、弃土（石、渣）量及堆放方式；

　　5　项目取土（石、料）的扰动面积及取料方式。

5.0.3　水土流失状况监测应包括下列内容：

　　1　水土流失的类型、形式、面积、分布及强度；

　　2　各监测分区及其重点对象的土壤流失量。

5.0.4　水土流失危害监测应包括下列内容：

　　1　土流失对主体工程造成危害方式、数量和程度；

　　2　水土流失掩埋冲毁农田、道路、居民点等的数量、程度；

　　3　对高等级公路、铁路、输变电、输油（气）管线等重大工程造成的危害；

　　4　生产建设项目造成的沙化、崩塌滑坡、泥石流等灾害；

　　5　对水源地、生态保护区、江河湖泊、水库、塘坝、航道的危害，有可直接进入江河湖泊或产生行洪安全影响的弃土（石、渣）情况。

5.0.5　水土保持措施监测应包括下列内容：

　　1　植物措施的种类、面积、分布、生长状况、成活率、保存率和林草覆盖率；

　　2　工程措施的类型、数量、分布和完好程度；

3　临时措施的类型、数量和分布；

4　工程和各项水土保持措施的实施进展情况；

5　水土保持措施对主体工程安全建设和运行发挥的作用；

6　水土保持措施对周边生态环境发挥的作用。

6　监测方法与频次

6.1.5　地表扰动情况应采用实地调查并结合查阅资料的方法行监测。调查中，可采用实测法、填图法和遥感监测法。实测法宜用测绳、测尺、全站仪、GPS或其他设备监测；填图法宜应用大比例尺地形图现场勾绘，并应进行室内量算；遥感监测法宜采用高分辨率遥感影像。监测记录表格式应按本标准附录执行。点型项目每月监测1次。线型项目全线巡查每季度不应少于1次，典型地段监测每月1次。

6.1.7　弃土弃渣应查阅资料的基础上，以实地量测为主，监测弃土（石、渣）量及占地面积。弃土弃渣监测应符合下列规定：

6.1.8　取土（石、料）应在查阅资料的基础上，进行实地调查与量测，监测地表扰动面积，点型项目正在使用的取土（石、料）场应每10天监测1次，其他时段应每月监测1次；线型项目正在使用的大型和重要料场应每10天监测1次，其他料场应每季度监测1次。

6.4　水土保持措施监测

6.4.1　植物措施监测应符合下列规定：

1　植物类型及面积应在综合分析相关技术资料的基础上，实地调查确定。应每季度调查1次。

2　成活率、保存率及生长状况宜采用抽样调查的方法确定。应在栽植6个月后调查成活率，且每年调查1次保存率及生长状况。乔木的成活率与保存率应采用样地或样线调查法。灌木的成活率与保存率应采用样地调查法。

6.4.2　工程措施监测应符合下列规定：

1　措施的数量、分布和运行状况应在工程设计、监理、施工等资料的基础上，结合实地勘测与全面巡查确定。

2　重点区域应每月监测1次，整体状况应每季度1次。

3　对于措施运行状况，可设立监测点进行定期观测。

8　重点对象监测

8.1　弃土（石、渣）场

8.1.1　弃渣期间，应重点监测扰动面积、弃渣量、土壤流失量已经拦挡、排水和边坡防护措施情况。弃渣结束后，应重点监测土地整治、植被恢复或水土保持措施情况。

8.1.2 大型弃土（石、渣）场弃渣监测可通过实测或调查获得。

实测时，应在弃渣前后进行大比例尺地形图测绘，并应进行比较计算弃渣量。

8.1.3 弃土（石、渣）场水土保持措施监测应以调查为主，掌握措施实施以及弃渣先拦后弃、堆放等情况。

8.1.4 土壤流失量监测可采用坡面径流小区、集沙池、控制站法，或利用工程建设的沉沙池、排水沟等设施进行监测。土壤流失量应按下列规定执行：

1. 对未设置拦挡措施的弃渣堆积体，布设全坡面径流小区测泥沙；

2. 对已设置拦挡措施的弃渣堆积体，应监测流出拦砂墙或拦砂坝的渣量；

3. 对设置在沟道的弃土（石、渣）场，可在下游设置控制站或集砂池监测径流泥沙。

8.2 取土（石、料）场

8.2.1 取料期间，应重点监测扰动面积、废弃料处置和土壤流失量。取料结束后，应重点监测边坡防护、土地整治、植被恢复或复耕等水土保持措施实施情况。

8.2.2 废弃料处置应定期进行现场调查，掌握废弃料的数量、堆放位置和防护措施。

8.2.3 土壤流失量监测可采用下列方法：

1. 对开挖后形成的边坡，可采用全坡面径流小区和集沙池方法，或利用工程建设的沉沙池、排水沟等设施进行监测，或量测坡脚的堆积物体积；

2. 对取土（石、料）场，可采用集沙池、控制站等方法，或利用工程建设的沉沙池、排水沟等设施进行监测。

8.3 大型开挖（填筑）区

8.3.1 施工过程中，应通过定期现场调查，记录开挖（填筑）面的面积、坡度，并应监测土壤流失量和水土保持措施实施情况。

8.3.2 土壤流失量监测可采用全坡面径流小区、集沙池、测钎、侵蚀沟等方法，或利用工程建设的排水沟、沉沙池进行监测。

8.3.3 施工结束后，应重点监测水土保持措施情况。

8.4 施工道路

8.4.1 施工期间，应通过定期现场调查，掌握扰动地表面积、弃（石、渣）量、水土流失及其危害、拦挡和排水等水土保持措施的情况。

8.4.2 土壤流失量监测可采用侵蚀沟、集沙池、测钎等方法，或利用工程建设的排水沟、沉沙池进行监测。

8.4.3 结束后，应重点监测扰动区域恢复情况及水土保持措施情况。

8.5   临时堆土（石、渣）场

8.5.1   临时堆土（石、渣）场应重点监测临时堆土（石、渣）场数量、面积及采取的临时防护措施。

8.5.2   在堆土过程中，应通过定期调查，结合监理及施工记录，确认堆放位置和面积，并拍摄照片或录像等影像资料，监测水土保持措施的类型、数量及运行情况。

8.5.3   堆土使用完毕后，应调查土料去向以及场地恢复情况。

第六分册
通用参考图集

四川高速公路建设生态环境保护指南

通用参考图集

四川藏区高速公路有限责任公司
四川省公路规划勘察设计研究院有限公司

2022 年 12 月　成都

目 录

四川高速公路建设生态环境保护指南 通用参考图集

第 1 页 共 1 页

图纸说明

1 编制依据

根据国家有关生态文明建设、交通强国以及加强标准体系建设和建设项目环境保护政策法规的规定，结合高速公路建设过程中的生态环境保护现状及问题，四川藏区高速公路有限责任公司组织开展《四川高速公路建设生态环境保护指南》的制定工作。

本册图纸为《四川高速公路建设生态环境保护指南》中提及施工环保措施的设计图纸，旨在指导施工单位标准、规范的落实发生态环境保护措施。

2 设计依据

2.1 《中华人民共和国环境保护法》（2015 年 4 月 24 修订）；

2.2 《中华人民共和国水污染防治法》（2017 年 6 月 27 日修订）；

2.3 《中华人民共和国大气污染防治法》（2018 年 10 月 26 日修订）；

2.4 《中华人民共和国固体废物污染环境防治法》（2019 年 4 月 29 日）；

2.5 《中华人民共和国土壤污染防治法》（2019 年 1 月 1 日）；

2.6 《中华人民共和国土地管理法》（2020 年修订，2020 年 1 月 1 日施行）；

2.7 《中华人民共和国水土保持法》（2011 年 3 月 1 日施行）；

2.8 《中华人民共和国水法》（2016 年 7 月 2 日修订）；

2.9 《中华人民共和国防洪法》（2015 年 4 月 24 日修订）；

2.10 《中华人民共和国河道管理条例》（2011 年 1 月 8 日修订）；

2.11 《四川省环境保护条例》（四川省第十二届人民代表大会常务委员会公告第 94 号）；

2.12 《土地复星条例》（2011 年 2 月 22 日通过，2011 年 3 月 5 日发布并施行）；

2.13 《久治（川青界）至马尔康高速公路标准化施工技术指南》；

2.14 《藏高公司高速公路建设生态环境保护指南》。

3 适用范围

本图纸适用于四川藏区高速公路有限责任公司所参与建设的高速公路的建设生态环境保护措施，可供其他单位、地区公路项目参考。

4 临建场地环保综合措施适用技术条件

4.1 本册图纸中临建场地的生态环境保护措施存在多种方案。施工单位可因地制宜、结合现场实际情况选择合适方案。

4.2 本册图纸中的生态环境保护措施仅适用于一般临时建场地，当遇特殊隧道涌水等现有生态环境保护措施无法满足要求时，施工单位须委托第三方单位开展专项环保设计。

5 施工生态环保通用措施适用一般规定

5.1 临时工程生态环保护设计方案的构思，将安全设计分解，融入到各项环保措施设计中去。

5.2 临建工程环保措施的设计和实施应确保水环境、大气环境、声环境、固废和危废污染治治措施可行，满足环评报告及其批复等要求。

5.3 临建环保设计的主要目的是对受到影响的河流水体。居民生活环境等要素进行保护，恢复，以降低项目建设对自然、社会造成的负面影响。这就要求设计产品在使用中能使防治效果达到环境标准才真正的做到"以人为本"。

5.4 经济合理性是工程的共性要求。临时工程的生态环保护设计与设备的选择方案在满足功能需求的基础上，方案的确定、材料的选择，施工组织的安排等方面都应尽可能地遵循经济合理原则，达到技术可行、经济合理、实施便捷。

5.5 生态环境保护措施工程应认真做好施工组织设计，在不同的地段、区域、选择适宜环保措施方案，每道工序的衔接、物质材料的供应、施工人员的各项工作力量的调配做出精心安排，以保证生态环境保护措施能够高质量地如期完成。

5.6 施工单位应按指南要求配备（聘请）足够的专业生态环境保护护工程师作为生态环境保护措施技术指导或代理人，在技术上指导或统领全部生态环境保护护措施落实。

四川高速公路建设生态环境保护措施 通用参考图集

5.7 施工单位完成生态环境保护措施、配备生态环境保护设施设备后，须经建设单位和监理单位现场验收通过以后，方可开展施工建设。

6 施工注意事项

6.1 生态环境保护措施施工过程中应强化安全意识，做好施工人员的安全保障，此外还应加强对施工期通行车辆的安全管理，确保施工、交通安全。

6.2 由于临建工程伴随主体工程就近设置，承包商应高度重视安全生产，施工进场前应对施工现场进行详细调查，对临近高空作业、攀登与悬空作业的安全防护应根据相关行业规范、规程等相关要求，编制详细的施工组织设计及应急预案，报监理工程师核准、核准后上报建设单位和当地安监部门认可、备案后执行。如需搭设支架，应对支架进行验算，并通过技术检证后方可实施。

6.3 高山峡谷地带设置的临建工程，应高度重视选址安全、避免泥石流沟、滑坡体下方等地势危险地带设置临建工程，其环保措施也应避免类似问题。

7 其他

7.1 在具体实施过程中，建议建设单位对生态环境保护工作的重视，将生态环境保护措施的设计与施工建设同等重视，认真贯彻并落实施工环保专项措施。

7.2 临建工程建设过程中需加强生态环境保护措施的施工组织设计与管理、强化生态环境保护责任奖励与惩罚制度，切实加强项目管理，为项目的顺利建设奠定坚实基础。

7.3 本册图纸是现阶段调研结合各部分施工而制定，其设施设备应结合立地条件以及当下环境保护形势，鼓励施工现场选择新工艺、新方法以及新材料。

桥梁工程施工环保措施说明

1 适用范围

本图纸适用于桥梁施工场地环保标准化建设，主要包括水污染和水土流失等等防治措施。

2 一般要求

2.1 桥梁桩基采用循环施工工艺的，应对泥浆废水进行沉淀处理。临河、涉水以及施工作业面位于洪水位以下的桥梁桩基施工泥浆废水可采用钢箱沉淀池进行沉淀处理。其他区域泥浆废水池不做要求，泥浆沉淀池、钢箱沉淀池应尽可能布置在远离河流一侧。

2.2 钢箱沉淀池可重复利用以及多个桩基共用，其设置数量可结合冲桩机的数量进行配套设置。

2.3 桩群密集及雨季施工时，应综合考虑泥浆产生量及突降暴雨等情况，建议现场设置泥浆集中压滤设备，提升泥浆处理效率，避免突发降雨致使泥浆溢流至外部环境造成生态影响。

2.4 临河、涉水桩基施工应对临水平台设置临时防护措施。对水流缓慢路段建议使用吨袋防护，石笼进行临时防护，防护高度需高于水面 0.5 m，不得影响河流通畅排水。抗渗标号为 P6，构筑物的混凝土灰比不大于 0.5。水流湍急路段采用铅丝（钢筋）

2.5 吨袋集装袋的装载材料为土石方。吨袋采用大开口+封口+有托底形式。

2.6 铅丝石笼填充材料为大于石笼网孔的片石、块石或鹅卵石等。

2.7 桥梁上部养护产生的废水设置简易隔油沉淀池收集，建设单位验收通过后，施工单位方可进行主体生产作业。

2.8 在满足上述环水保措施要求且经监理、建设单位验收通过后，施工单位方可进行主体生产作业。

3 材料与设备

3.1 钢箱沉淀池的钢板采用 Q235-B 级钢，转角连接采用 20#A 型工字钢。

3.2 简易隔油沉淀池池体采用 C30 混凝土，基础垫层采用 C15 混凝土，混凝土抗渗标号为 P6，构筑物的混凝土灰比不大于 0.5。

4 施工要求

4.1 钢箱沉淀池、简易隔油沉淀池结构基础按场地地基承载力特征值 $f_{ak}=120$ kN/m² 进行设计：基坑开挖至设计标高后，确认场地地基承载力能够达到上述要求和没有不稳定边坡等不良地质现象。

4.2 基础施工完毕后应及时回填，两侧填土应均匀对称进行。

4.3 在施工期间，施工单位应复算基础施工阶段的抗浮稳定，当不能满足抗浮要求时，必须采取施工抗浮措施。

4.4 图纸标高为相对标高，±0.00 可根据实际情况进行调整，需由业主、监理现场确定后方开展施工。

4.5 各道工序应按照施工技术标准进行质量控制，每道工序完成后，应进行检查并由监理工程师检查认可。

4.6 施工单位在施工过程中应充分重视施工安全，加强施工人员的安全教育工作，做好安全保障措施，以确保施工安全，做到"文明施工、安全第一"。

4.7 未尽事宜详见设计文件及相关的设计、施工技术规范。

5 质量检验

5.1 施工过程中，应对每一道工序进行认真检查并通过验收。

5.2 池体施工质量应满足《混凝土结构工程施工质量验收规范》（GB50204—2015）、《钢结构工程施工质量验收规范》（GB50205—2020）要求。

5.3 相关质量验收要求如下：

四川高速公路建设生态环境保护指南 通用参考图集

表 5-1 质量要求

项次	项目		要求
1	简易隔油沉淀池		不低于技术指南设计处理能力，使用合格的混凝土，池体接缝严密；不得存在裂缝，蜂窝麻面等质量缺陷
2	泥浆池	钢箱	钢箱焊接密实，厚度不低于设计要求
3	临河防护措施	吨袋	不得影响河流通畅排水，有效防止水流冲刷
		铅丝石笼	防护高度需高于水面 0.5 m，不得影响河流通畅排水，有效防止水流冲刷

6 运行维护

6.1 施工单位应定期对钢箱沉淀池进行淤泥清掏，清掏频次视池体内负荷运行状况而定，建议清掏频次不少于 2 天 1 次。

6.2 施工单位应定期检查临河防冲刷措施维护情况，对出现吨袋破损或铅丝石笼破损环段及时进行修复完善，建议检查频次不少于每月 1 次。

桥梁桩基施工环保综合措施工程数量表

序号	措施类型	主要设备名称	场地类别			单位	数量			备注
			YS 型	LS 型	SS 型		YS 型	LS 型	SS 型	
1	泥浆废水污染防治	泥浆沉淀池	简易沉淀池	钢箱沉淀池	钢箱沉淀池	个	1	1	1	见图ZN1-3
2	临河防护	防冲刷措施	—	吨袋或铅丝石笼	围堰施工	个				成品
3	上部养护废水处理	隔油沉淀池	I 型	I 型	I 型	个	1	1	1	见图ZN1-4

注：
1.本表配备环保措施数量要求为最低配备要求，实际情况可结合各场地实际需求进行适当增加。
2.本表备注成品单元，均通过设计市场调查获得。购买成品设备时可能满足场地污染防治要求的措施方案。（位可根据现场实际情况，适当选取成品）
3.YS型：桩基距河岸线≥25m；LS型：桩基距河岸线≤25m；SS型：桩基涉水。
4.简易沉淀池为人工开挖形成。

图号	ZN1-1		
设计			
复核			
审核			
版次	A	日期	2022.12

四川高速公路建设生态环境保护指南　通用参考图集　桥梁施工环保措施

四川省公路规划勘察设计研究院有限公司
Sichuan Highway Planning Survey Design And Research Institute Ltd

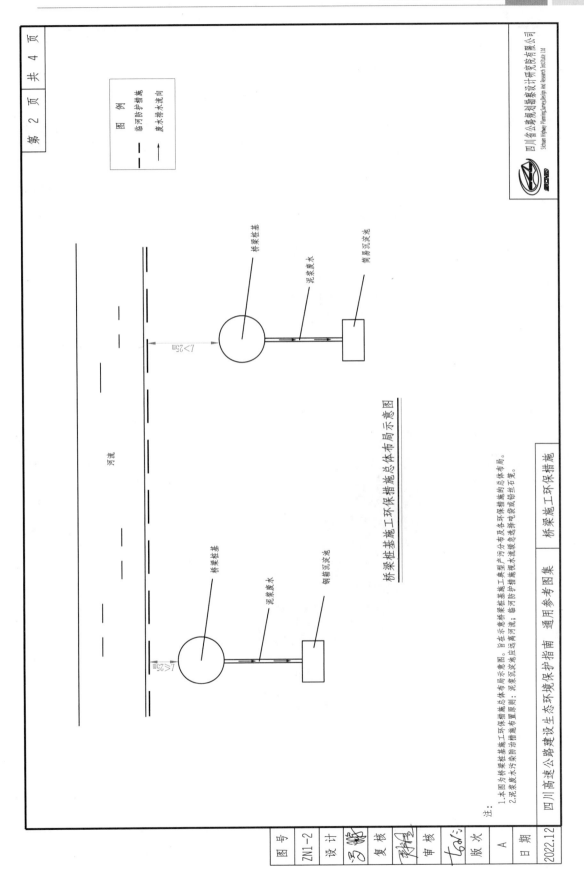

桥梁桩基施工环保措施总体布局示意图

注:
1.本图为桥梁桩基施工环保措施总体布局示意图。旨在示意桥梁桩基施工典型污产布及各环保措施的总体布局。
2.泥浆废水污染治措施布置原则:泥浆沉淀池应远离河流;临河防护措施视水流情况选择电袋裁剪丝石等。

四川省公路规划勘察设计研究院有限公司
Sichuan Highway Planning Survey Design And Research Institute Ltd

图　例
—·—·—·— 临河防护措施
—→ 废水排水流向

河流

桥梁桩基
泥浆废水
简易沉淀池

桥梁桩基
泥浆废水
铜箱沉淀池

L>25m

L>25m

桥梁施工环保措施

四川高速公路建设生态环境保护指南　通用参考图集

图号	ZN1-2
设计	吕帅
复核	周祥
审核	七6w's
版次	A
日期	2022.12

钢箱沉淀池工程数量表

项目名称	规格	单位	单元数量	备注
钢板	Q235b级钢,6mm厚	块	5	1224.6kg
工字钢	20#A型	块	8	223.5kg

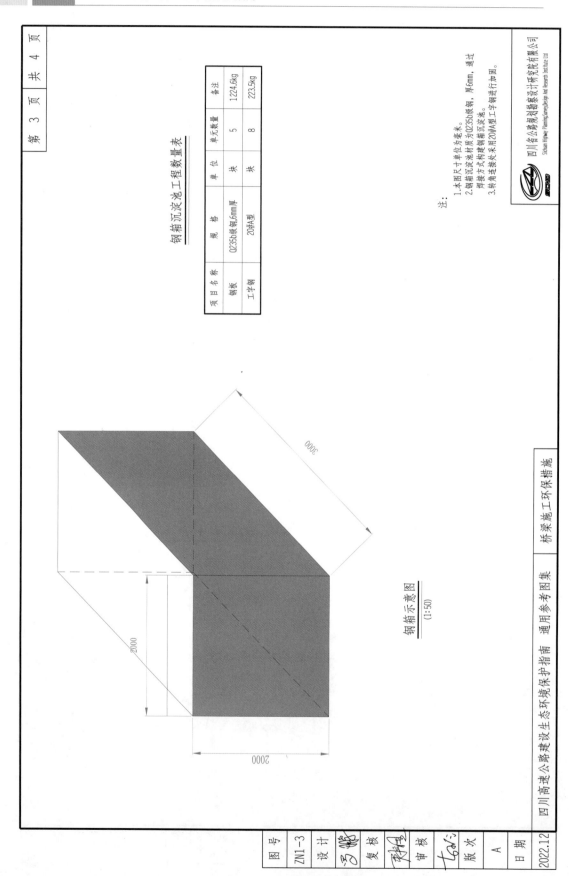

钢箱示意图
(1:50)

3000

2000

2000

注:
1.本图尺寸单位为毫米。
2.钢箱沉淀池材质为Q235b级钢，厚6mm，通过焊接方式构建钢箱沉淀池。
3.转角连接处采用20#A型工字钢进行加固。

四川省公路规划勘察设计研究院有限公司
Sichuan Highway Planning Survey Design And Research Institute Ltd

图号	ZN1-3		
设计			四川高速公路建设生态环境保护指南
复核			通用参考图集
审核			桥梁施工环保措施
版次	A		
日期	2022.12		

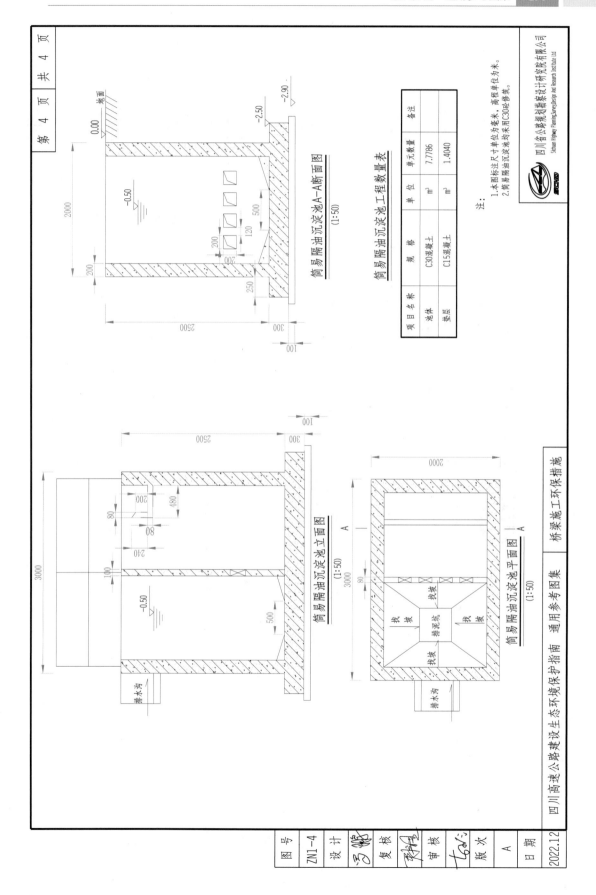

简易隔油沉淀池A-A断面图
(1:50)

简易隔油沉淀池工程数量表

项 目 名 称	规 格	单 位	单元数量	备 注
池体	C30混凝土	m³	7.7786	
垫层	C15混凝土	m³	1.4040	

注:
1.本图标注尺寸单位为毫米，高程单位为米。
2.简易隔油沉淀池均采用C30砼浇筑。

四川省公路规划勘察设计研究院有限公司
Sichuan Highway Planning Survey Design And Research Institute Ltd

简易隔油沉淀池立面图
(1:50)

简易隔油沉淀池平面图
(1:50)

排泥沟

找坡

排水沟

桥梁施工环保措施

四川高速公路建设生态环境保护指南　通用参考图集

图 号	ZN1-4
设 计	
复 核	
审 核	
版 次	A
日 期	2022.12

隧道施工场地环保措施说明

1 适用范围

本图适用于高速公路隧道施工场地环保标准化建设，包含了污水污染防治、固体废物处置、大气污染防治、噪声污染防治措施等。

2 一般要求

2.1 隧道施工场地应采取雨污分流措施。雨水、生产废水分开处理。应结合实际地形条件，设置场外雨水沟、雨水排水沟应存在一定坡度并在终端低处连续处置沉淀池。隔油沉淀池适宜依势布设应结合场地总体布局，地面坡度宜布设在地表水流汇集处。

2.2 一般隧道施工场地废水及涌水处理的隔油沉淀池容量及级数应满足场地废水收集要求，宜采用斜坡式五级隔油沉淀池，并结合水质监测情况增加絮凝措施以及 pH 调节措施，待出水达标后排放或存储于清水池中回用。

2.3 斜坡式五级隔油沉淀池单池宜采用长宽高 4.0 m×4.0 m×5.0 m，具体尺寸大小及设置方式可结合隧道实际情况进行布设，需现场修建。池体采用 C30 混凝土浇筑，沉淀池隔墙采用空心砖。池子第一级为斜坡式沉淀池，斜坡开口方向可与第二级至第四级沉淀池方向一致，也可与之垂直。沉淀池的选型及容量大小应结合场地实际情况以及废水产生量进行调整。

2.4 当隔油沉淀池尚不能满足达标排放指标时，应结合水质实际情况，增加絮凝沉淀和中和处理工艺，选择不同的絮凝剂和酸进行沉淀和 pH 调节，隧道废水常用絮凝剂有 PAM 和 PAN 等，中和酸类通常采用草酸。

2.5 隧道废水经沉淀处理后宜进入清水池，清水池一般采用混凝土池体，池体规格宜为长宽高 8 m×6 m×5 m。观察清澈度、测试 pH 等，达标后排放或回用。

2.6 隧道施工场地应在场界和堆料区配备除尘加湿器，应配在线监测设备。

2.7 隧道施工场地危废暂存间宜布置于施工驻地下风向且尽可能远离施工人员居住地，危废暂存间应须远离灾火灾隐患处。固废污染防治措施布置原则：四分类生活垃圾收桶应布设于易于产生污染区域。

2.8 隧道施工场地周边分布有居民时，场内高噪声器械尽量远离居民生活时，应在靠近居民一侧设置实体围挡，降低噪声对居民的影响。

2.9 结合场地总体布局，选择地势开阔、尽可能远离生产生活区位置布设环水保信息板、展板内容涵盖：场地相关手续、环水保措施平面布局、环水保措施介绍、环水保新工艺、新方法和新材料介绍等。

2.10 湿喷站等受限的场地，污水经三级沉淀处理，处理后的泥浆渣土运至弃渣场填埋处理。

2.11 在满足上述环水保措施要求且经监理、建设单位验收通过后，施工单位方可进行主体生产作业。

3 材料与设备

3.1 斜坡式五级沉淀池、隧道清水池、切水井等池体采用 C30 混凝土、基础垫层采用 C15 混凝土、沉砂池池体采用 C30 混凝土；混凝土抗渗标号为 P6，构筑物的混凝土抗灰比不大于 0.5。

3.2 池体所用受力钢筋采用二级钢筋，焊接采用电弧焊，**HRB400 级钢筋**之间采用 E50。

3.3 池体进水管：进水口材质均采用 PVC 管。

3.4 高压微雾除尘加湿器、进出口冲洗设备、雾炮、噪声扬尘在线监测设备，加盖四分类垃圾桶均为成品购买，其处理能力不得低于技术指南要求。

3.5 危废暂存间为成品购买，其储存容积不得低于技术指南要求；其防渗材料为少 1 mm 厚黏土层或 2 mm 厚高密度聚乙烯或 2 mm 厚其他人工材料，其渗透系数至少满足≤10⁻⁷ cm/s。

3.6 环水保信息展板：可委托广告厂家生产制作，展板主体、横梁等框架材质宜为矩管焊接并进行环氧底漆喷绘，信息栏面板宜为耐力板＋镀锌板＋乳白色面板。

4 施工要求

4.1 池体结构基础按地基地基承载力特征值 $f_{ak}=120$ kN/m² 进行设计；基坑开挖至设计标

表 5-1　质量要求

项次	项目	要求
1	沉淀池	不低于技术指南设计处理能力，使用合格的钢筋及混凝土、池体接缝严密；不得存在裂缝、蜂窝麻面、露筋等质量缺陷
2	水处理、降尘、固废设备	按技术指南要求购置相应参数的合格产品
3	危废暂存间	储存容积不低于技术指南设计能力，防渗能力满足 $\leq 10^{-7}$ cm/s
4	环水保信息展板	抗风，挡雨，不易损坏，展示场地相关手续，平面布局图、环水保措施等

高后，必须经监理现场验槽，确认场地地基承载力能够达到上述要求和没有不稳定边坡等不良地质现象。杜绝因场地地基承载力不够从而导致池体破裂。

4.2 各池体基础施工完毕后应及时回填，防止基坑集水池造成水池上浮。

4.3 在施工期间，施工单位应验算施工阶段的抗浮稳定，当不能满足抗浮要求时，必须采取施工抗浮措施。池体施工完毕后应按《给水排水构筑物施工及验收规范》（GBJ141-90）做满水试验，试验合格后方可做回填及饰面。

4.4 受力钢筋保护层厚度：池壁内侧和外侧均为 40 mm。施工时，底板上下层均为 35 mm。施工时，预留洞和预埋件位置必须严格按照工艺图留设，并且在浇注混凝土时进行复查，以免错漏，造成返工。

4.5 图纸标高为相对标高，±0.00 可根据实际情况进行调整，需由业主、监理现场确定后方可开展施工。

4.6 各道工序应按照施工技术标准进行质量控制，每道工序完成后，应进行检查并由监理工程师检查认可。

4.7 施工单位在施工过程中应充分重视施工安全，加强施工人员的安全教育工作，做好安全保障措施，以确保施工安全，做到"文明施工，安全第一"。

4.8 未尽事宜详见相关设计文件及相关的设计、施工技术规范。

5 质量检验

5.1 施工过程中，应对每一道工序进行认真检查并达到合格质量要求。

5.2 池体施工应满足《混凝土结构工程施工质量验收规范》（GB50204-2015）、《钢结构工程施工质量验收规范》（GB50205-2020）要求。

5.3 相关质量验收要求如下：

6 运行维护

6.1 施工单位应定期对场地进行清扫，沉淀池进行淤泥清掏，清掏频次视池体内负荷运行状况而定，建议清掏频次不少于 2 天 1 次。

6.2 施工单位应定期对进出口冲洗设备、高压微雾除尘加湿器、雾炮、噪声扬尘在线监测设备等环水保设备的运行情况进行检查，确保其能正常运行；若出现故障设备，应即维修。

6.3 加盖四分类垃圾桶应视场地产污情况，及时清洁，确保不出现垃圾溢出现象。

6.4 施工单位应将场地危险废物按危废管理台录分类收集至危废暂存间，定期将危废转移交由有资质单位进行处置。

6.5 施工单位在进行上述措施、设备运维管理时，应做好台账记录、影像资料、生活垃圾和危险废物须办理转运协议、清运票据；危险废物转移时应填写危废转移单并保存。

隧道施工场地环保综合措施工程数量表

序号	措施类型	主要设备设施名称	场地类别			单位	数量			备注
			S型	M型	L型		S型	M型	L型	
1	水污染防治	沉砂池	I型	II型	III型	个	4	4	4	见图ZN2-3
2		切水井	I型	I型	I型	个	1	1	1	见图ZN2-4
3		切水闸门	切水闸门横截面面积不小于场地截排水沟衡面面积			个	2	2	2	成品
4		斜坡式五级隔油沉淀池	I型	II型	III型	个	1	1	1	见图ZN2-5、6、7
5		隧道清水池	I型	II型	III型	个	1	1	1	见图ZN2-8
6	大气污染防治	进出口冲洗设备	洗轮机功率7.5kW	洗轮机功率15kW	龙门架洗车机功率15kW	台	1	1	1	成品
7		高压微雾除尘加湿器	功率不低于4.5kW，除尘率不低于98%			台	3	3	3	成品
8		雾炮	射程不低于20m，雾粒度处于50~150μm范围			台	3	3	3	成品
9		扬尘噪声在线监测设备	须监测粉尘、颗粒物、噪声、温度、风速 测量精度：±2℃或±2%			个	1	1	1	成品
10	固废危废	危废暂存间	储存容积:20m³	储存容积:20m³	储存容积:20m³	个	1	1	1	成品套装式集装箱 见图ZN2-9
11	污染防治	加盖四分类垃圾桶	240L	240L	240L	个	3	3	3	成品
12	环保宣传	环水保信息展板				个	6~8	6~8	6~8	见图ZN2-10

注：
1.本表配备各环保措施数量要求为最低配备要求。
2.本表各项成品环保措施数量要求均通过市场购买获得。对实际成品购买数量、功能型式或成品要求不得低于本表要求，施工单位可根据现场实际情况，适当选取能满足环水保防治要求的措施方案。
3.S型：日涌水量小于1000m³；M型：日涌水量1000m³~5000m³；L型：日涌水量大于5000m³。

四川省公路规划勘察设计研究院有限公司 Sichuan Highway Planning Survey Design And Research Institute Ltd

图号	ZN2-1	四川高速公路建设生态环境保护指南	通用参考图集	隧道施工环保措施
设计	多娜			
复核				
审核				
版次	A			
日期	2022.12			

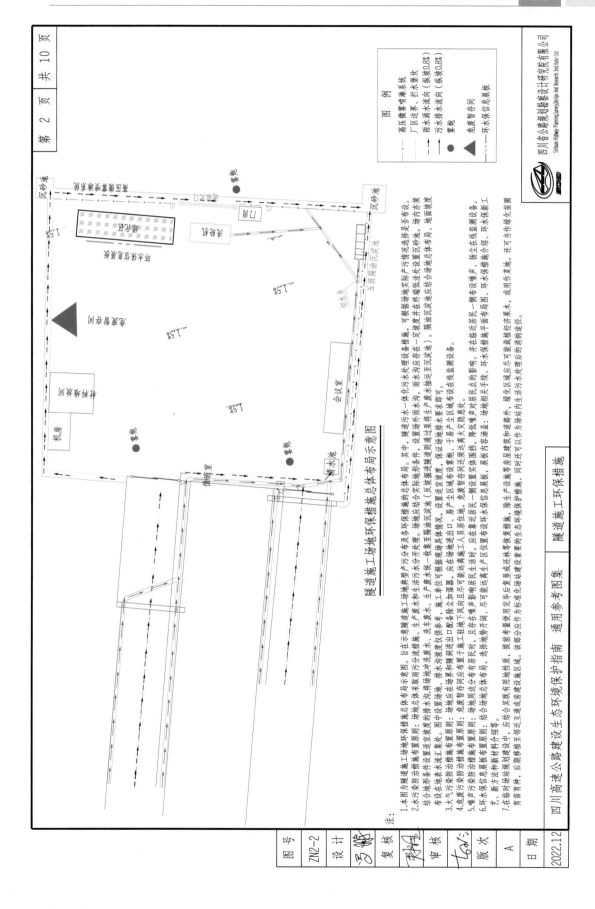

隧道施工场地环保措施总体布局示意图

注：
1. 本图为隧道施工场地环保措施总体布局示意图，旨在示意隧道施工场地典型产污分布及各环保措施的总体布局。其中，隧道污水一体化污水处理设备布置，可根据场地实际产污情况选择是否设。
2. 水污染措施布置原则：场地措施布置宜采取雨污分流形式。场地应结合实际地形条件，设置污水系统（反应进池至沉砂池），雨水沟（雨水应布置在一定坡度并终端运至产废暂存处）。隔油沉淀池应结合场地总体布局、地面坡度布设在地表水流汇集处。图中设置场地、排水沟坡度仅供参考，施工单位可根据现场具体情况加密布设。
3. 大气污染措施布置原则：隧道洞口进出口需配备除尘加湿雾炮，易于产生扬尘区域布设雾炮，保证场地排水要求及时同。
4. 危废污染措施布置原则：危废暂存间应布置于离地下水井且易于转运处，应加强对居民区的影响，产生全区域布设雾炮。
5. 噪声污染措施布置原则：场地周边应分布有居民时，且日常生产噪声较大时，应在靠近居民一侧布置声屏障，降低噪音对居民生活的影响。
6. 环保信息展布措施布置原则：结合场地总体布局，位置靠近事生产区或位于事近民住，应设环保信息展板。展板内容含环保措施介绍、环保新工艺、新方法和新材料介绍等。
7. 在临时场地建设中，应结合其既有用地性质，提前考虑使用完毕后复原或建设永久绿化等措施。除生产设施复原措施，绿化区域应尽可能兼顾经济类果木，或用作绿化苗圃青苗青年，后期移植至邻近废弃区域。该部分应作为标准化场地建设要求的生态环境保护措施，同时还可以作为场地内生活污水处理后的消纳途径。

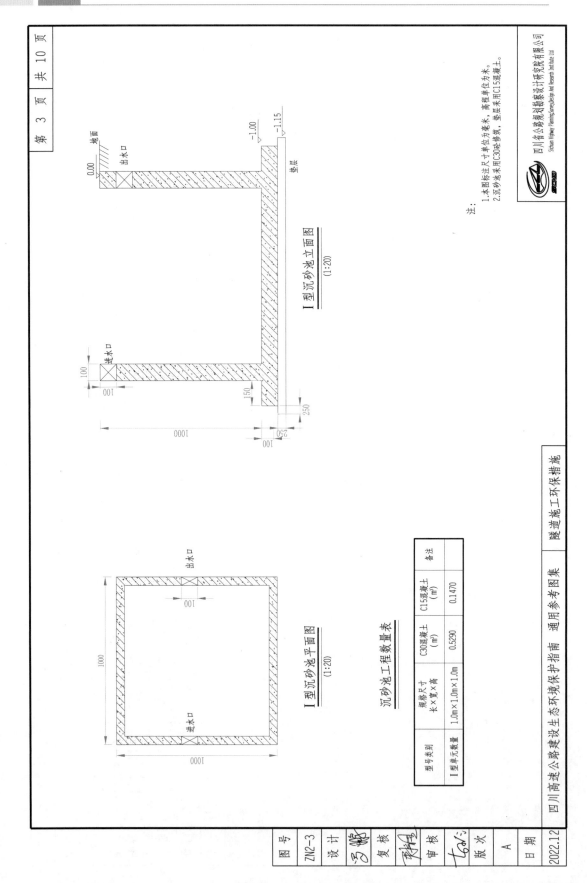

I型沉砂池平面图
(1:20)

I型沉砂池立面图
(1:20)

沉砂池工程数量表

型号类别	规格尺寸 长×宽×高	C30混凝土 (m³)	C15混凝土 (m³)	备注
I型单元数量	1.0m×1.0m×1.0m	0.5290	0.1470	

注:
1.本图标注尺寸单位为毫米,高程单位为米。
2.沉砂池采用C30全修筑,垫层采用C15混凝土。

四川省公路规划勘察设计研究院有限公司
Sichuan Highway Planning Survey Design And Research Institute Ltd

图 号	ZN2-3		四川高速公路建设生态环境保护指南	通用参考图集	隧道施工环保措施
设 计					
复 核					
审 核					
版 次	A				
日 期	2022.12				

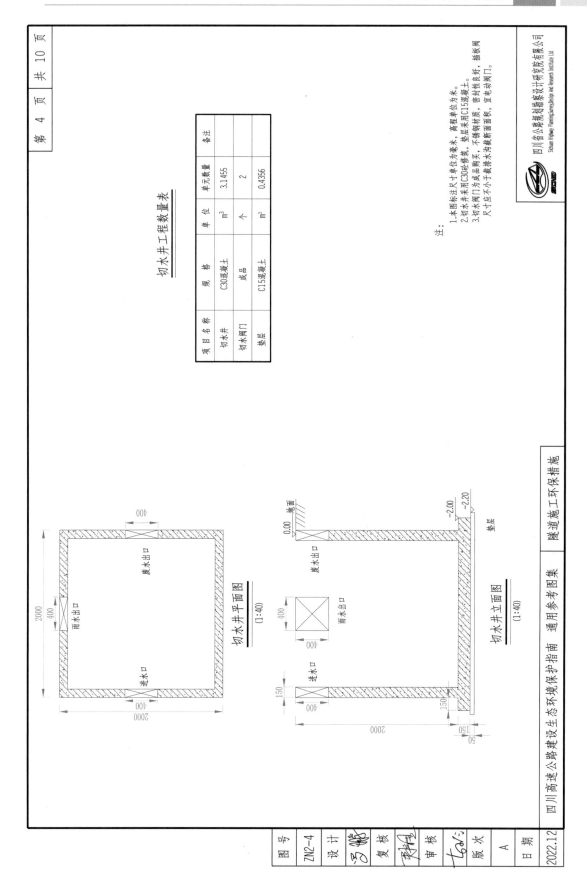

切水井工程数量表

项目名称	规格	单位	单元数量	备注
切水井	C30混凝土	m³	3.1455	
切水闸门	成品	个	2	
垫层	C15混凝土	m³	0.4356	

切水井平面图
(1:40)

切水井立面图
(1:40)

注：
1.本图标注尺寸单位为毫米，高程单位为米。
2.切水井采用C30砼修筑，垫层采用C15混凝土。
3.切水闸门为成品购买，不锈钢材质，密封性良好，插板阀尺寸应不小于截排水沟截断面积，宜电动阀门。

四川省公路规划勘察设计研究院有限公司
Sichuan Highway Planning,Survey,Design And Research Institute Ltd

四川高速公路建设生态环境保护指南　通用参考图集　隧道施工环保措施

图号	ZN2-4
设计	
复核	
审核	
版次	A
日期	2022.12

第 4 页　共 10 页

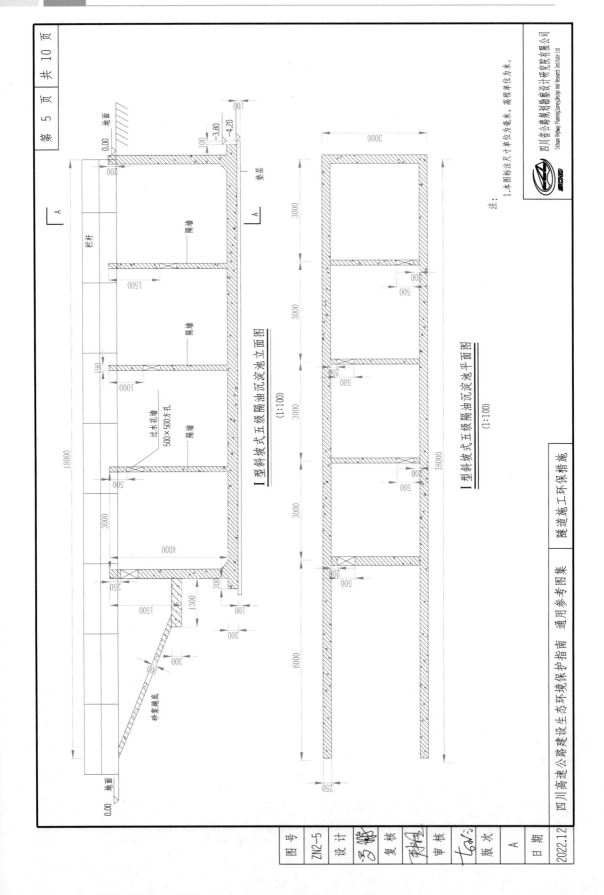

I型斜坡式五级隔油沉淀池立面图
(1:100)

I型斜坡式五级隔油沉淀池平面图
(1:100)

注：
1.本图标注尺寸单位为毫米，高程单位为米。

四川省公路规划勘察设计研究院有限公司
Sichuan Highway Planning,Survey,Design And Research Institute Ltd

图　号	ZN2-5
设　计	
复　核	
审　核	
版　次	A
日　期	2022.12

四川高速公路建设生态环境保护指南　通用参考图集　隧道施工环保措施

第 5 页 共 10 页

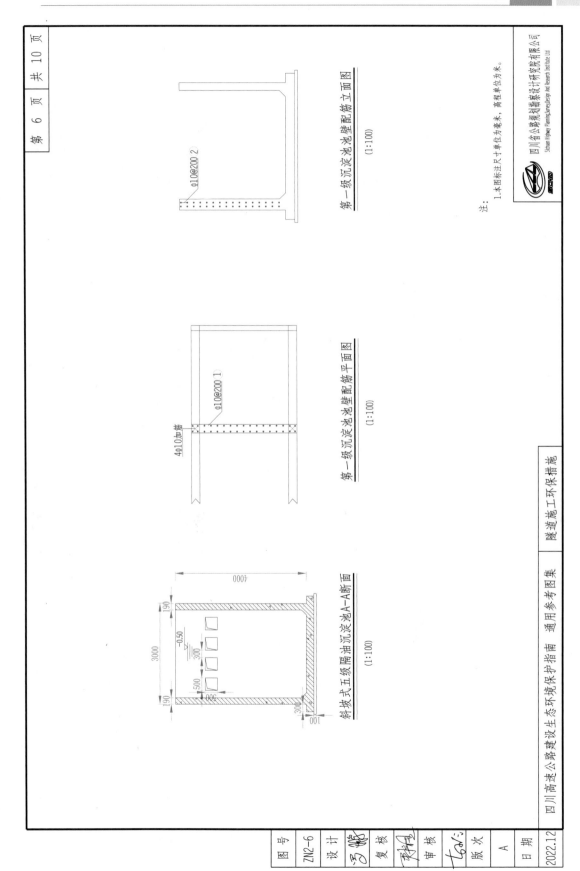

φ10@200 2

第一级沉淀池池壁配筋立面图
(1:100)

注：1.本图标注尺寸单位为毫米，高程单位为米。

四川省公路规划勘察设计研究院有限公司
Sichuan Highway Planning,Survey,Design And Research Institute Ltd

φ10@200 1

4φ10加筋

第一级沉淀池池壁配筋平面图
(1:100)

隧道施工环保措施

4000

−0.50
300

3000

500

190 190

300
100

斜坡式五级隔油沉淀池A−A断面
(1:100)

四川高速公路建设生态环境保护指南　通用参考图集

图号　ZN2-6
设计
复核
审核
版次　A
日期　2022.12

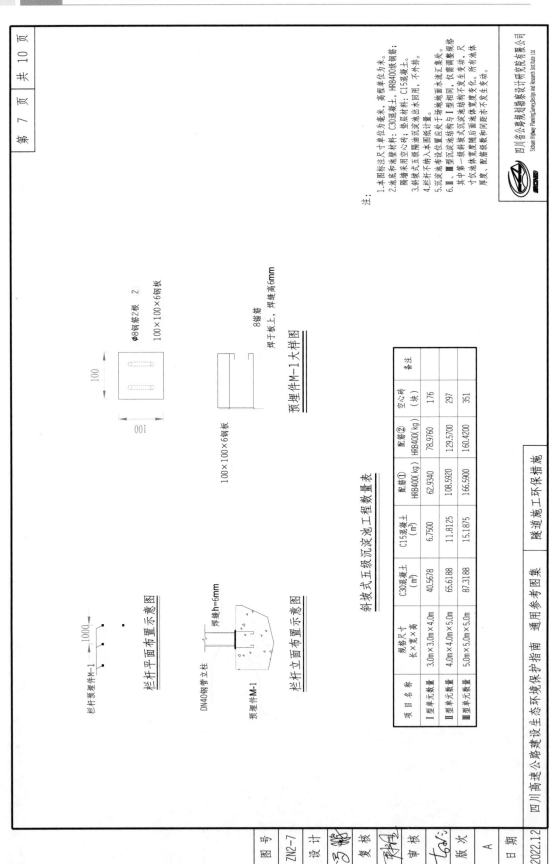

注：
1. 本图标注尺寸单位为毫米，高程单位为米。
2. 池底和池壁材料：C30混凝土，HRB400级钢筋；隔墙采用空心砖；垫层材料：C15混凝土。
3. 斜坡式五级隔油沉淀池出水回用，不外排。
4. 栏杆不纳入本图纸计量。
5. 沉淀池布设位置应处于场地地面水流汇集处。
6. Ⅱ、Ⅲ型沉淀池结构与Ⅰ型沉淀池相同，仅需调整整规格，其中第一级斜坡式沉淀池结构不发生变动，尺寸沉淀池高度随池体高度变化。所有池体厚度、配筋级数和间距均不发生变动。

四川省公路规划勘察设计研究院有限公司
Sichuan Highway Planning Survey Design and Research Institute Ltd

预埋件M-1大样图

Φ8钢筋2根 2
100×100×6钢板

100×100×6钢板

8锚筋
焊于板上，焊缝高6mm

栏杆平面布置示意图

栏杆预埋件M-1

DN40钢管立柱

焊缝h=6mm

预埋件M-1

栏杆立面布置示意图

斜坡式五级沉淀池工程数量表

项目 名 称	规格尺寸 长×宽×高	C30混凝土 (m³)	C15混凝土 (m³)	配筋① HRB400(kg)	配筋② HRB400(kg)	空心砖 (块)	备注
Ⅰ型单元数量	3.0m×3.0m×4.0m	40.5678	6.7500	62.9340	78.9760	176	
Ⅱ型单元数量	4.0m×4.0m×5.0m	65.6188	11.8125	108.5920	129.5700	297	
Ⅲ型单元数量	5.0m×5.0m×5.0m	87.3188	15.1875	166.5900	160.4200	351	

图 号	ZN2-7
设 计	习鹏
复 核	程利龙
审 核	七川3
版 次	A
日 期	2022.12

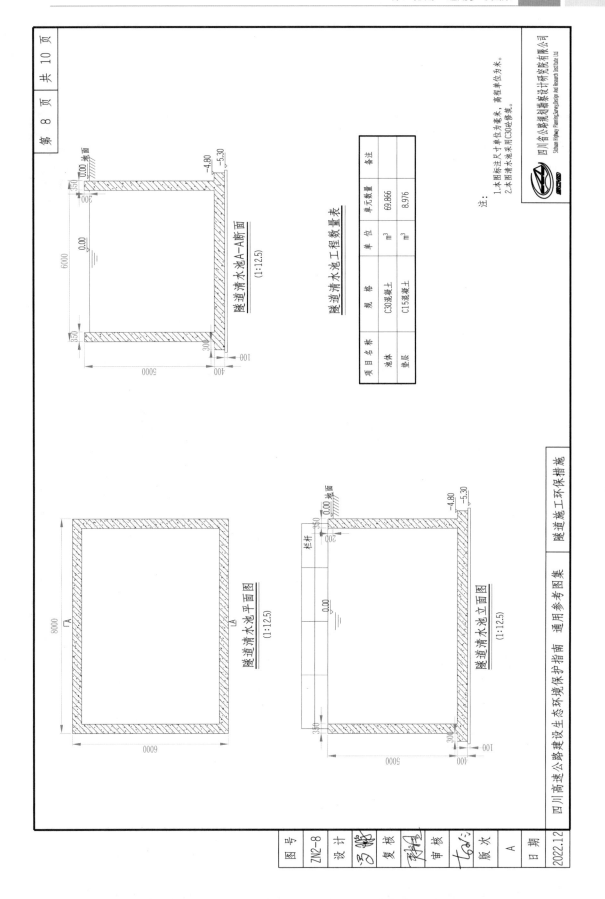

隧道清水池A-A断面
(1:12.5)

隧道清水池平面图
(1:12.5)

隧道清水池立面图
(1:12.5)

隧道清水池工程数量表

项目名称	规格	单位	单元数量	备注
池体	C30混凝土	m³	69.866	
垫层	C15混凝土	m³	8.976	

注:
1.本图标注尺寸单位为毫米,高程单位为米。
2.本图清水池采用C30砼修筑。

四川省公路规划勘察设计研究院有限公司
Sichuan Highway Planning,Survey,Design And Research Institute Ltd

四川高速公路建设生态环境保护指南 通用参考图集   隧道施工环保措施

图号	ZN2-8
设计	弓城
复核	宋科
审核	七办心
版次	A
日期	2022.12

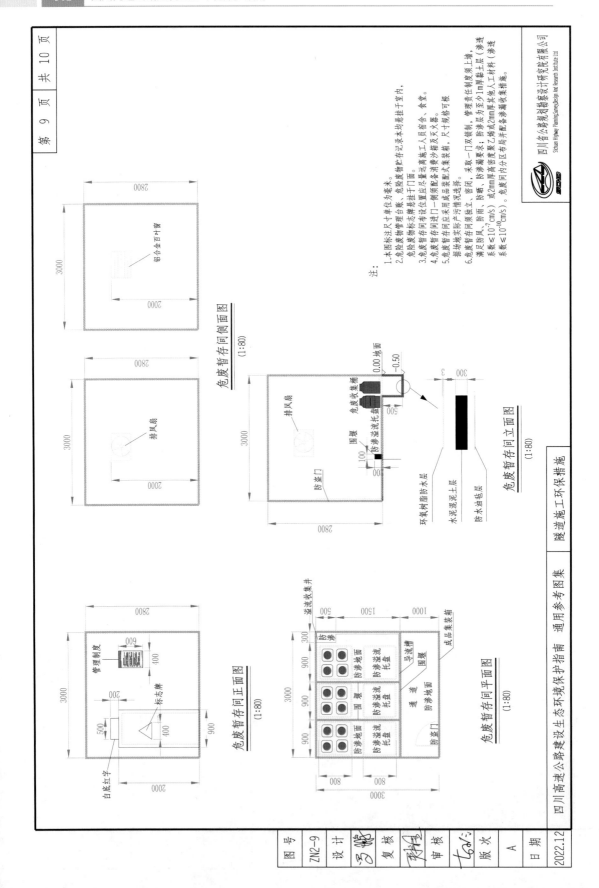

危废暂存间侧面图
(1:80)

铝合金百叶窗

排风扇

危废暂存间正面图
(1:80)

排风扇

防盗门

危废暂存间立面图
(1:80)

环氧树脂防水层

水泥混泥土层

防水油毡层

危废暂存间正面图
(1:80)

管理制度

标志牌

白底红字

危废暂存间平面图
(1:80)

溢流收集井

防渗地面

防渗溢流托盘

防渗地面

围堰

防渗溢流托盘

导流槽

围堰

成品集装箱

通道

防渗地面

防盗门

注：
1.本图标注尺寸单位为毫米。
2.危险废物管理台账、危险废物贮存记录本均悬挂于室内。
3.危险废物标志牌悬挂于门面。
4.危险废存间内应采用成品装置消费沙箱及灭火器。
5.危险废存间回应采用成品装配式集装箱，尺寸规格可根据场地实际产污清况选择。
6.危废暂存间须独立、密闭，采取一门双锁制，管理责任制度须上墙；防渗层为至少1m厚黏土层（渗透系数≤10⁻⁷cm/s）或2mm厚高密度聚乙烯且配备其他人工材料（渗透满足要求；防渗层、防雨、防晒、防漏，防渗层为至少1m厚黏土层（渗透系数≤10⁻⁷cm/s）或2mm厚高密度聚乙烯且配备渗漏收集措施。危废间内分区布局并配备渗漏收集措施。

四川省公路规划勘察设计研究院有限公司
Sichuan Highway Planning Survey Design And Research Institute Ltd

四川高速公路建设生态环境保护指南　通用参考图集　隧道施工环保措施

图号	ZN2-9
设计	
复核	
审核	
版次	A
日期	2022.12

第 10 页 共 10 页

环水保信息展板工程数量表

项 目	型号规格（mm）	单位	单元数量	备注
展板主体	120φ矩管2800mm×3800mm（框管焊接）	m²	10.64	
斜面雨棚	长3800mm×宽60mm×厚5mm（镀锌板激光裁切，折弯造型，双层）	m²	2.28	
信息栏底板	2560mm×1325mm（镀锌板激光裁切，折弯造型）	m²	3.39	
画面	内置画面2400mm×1200mm（5mmPVC＋高清写真）	m²	2.88	
耐力板	2400mm×1200mm×3mm耐力板画面板	m²	2.88	
展板横梁	230mm×2860mm×120φ矩管	m²	0.65	
水晶字	亚克力水晶字＋乳白色面板	m²	0.24	
造型连接处	面框和柱子焊接，75*50矩管	m²	0.37	
信息栏面板	2560mm×1325mm（镀锌板激光裁切，折弯造型）	m²	3.39	
漆面	环氧底漆＋汽车漆喷漆	m²	7.00	

注：
1.本图标注尺寸单位为毫米，高程单位为米。

四川省公路规划勘察设计研究院有限公司
Sichuan Highway Planning,Survey,Design and Research Institute Ltd

环水保信息展板
(1:40)

图中标注：
亚克力水晶字＋乳白色面板
静电喷塑，斜面雨棚
120φ方管焊接，静电喷塑
外框镀锌板焊接，静电喷塑
内框宣传版面
镀锌板焊接，静电喷塑
120φ方管焊接，静电喷塑

尺寸标注：60、150、3800、2860、5954、2560、490、430、120、1200、1325、75、230、5、2770、2900

图号	ZN2-10
设计	
复核	
审核	
版次	A
日期	2022.12

四川高速公路建设生态环境保护指南 通用参考图集
隧道施工环保措施

施工驻地环保措施说明

1 适用范围

本图适用于高速公路施工驻地环保标准化建设。包含了大气污染防治、水污染防治、固体废物处置等措施。

2 一般要求

2.1 施工驻地场坪后应立即规划排水系统，做好截排水设施，做到雨污分流、场外设置截水沟、截水沟末端应设置沉砂池并定期清理，避免雨水进入场地内。场内需实施雨污分流，雨水全部通过排水沟汇流至沉砂池沉淀后直接排入自然水系。

2.2 施工驻地场坪内生活污水须施工驻地生活污水中的厕所污水、厨余废水与洗浴洗衣废水应分类单独收集、处理。厕所污水和经油水分离器后的厨余废水排入化粪池、定期清掏、处理后用于农林灌溉，洗浴洗衣废水经油水一体化处理设备处理后，处理后达标水质回用于驻地绿化、洒水降尘和周边林木、草灌。

2.3 施工驻地产生的生活污水应采用成品成品化粪池进行收集。化粪池购买成品、选择玻璃钢化粪池，每个场站应配置2套，容量应根据施工驻地人数进行选择。

2.4 施工驻地厨余废水应设置油水分离器进行油水分离。油类物质作为厨余垃圾进入垃圾桶，废水和厕所污水一并进入化粪池。油水分离器相关参数：油水分离器为成品购买，型号大小可根据施工驻地人数进行选择。

2.5 多个施工驻地在有条件共用一套生活污水一体化污水处理设备，提高污水处理设备处理效率，降低设备维护和管理费用。一体化污水处理设备相关参数：成品购买，其设备处理能力应与污水量相匹配并应冬季考虑保温加热功能。

2.6 施工驻地厨房食堂应配备油烟净化器，油烟净化器应布设于厨房通风口处。应成品购买，其设备处理能力应根据施工驻地人数进行选择。

2.7 施工驻地四分类生活垃圾桶应布设于食堂、厕所、宿舍等易产生污区域。

2.8 在满足上述环保措施要求且经监理、建设单位验收通过后，施工单位方可进行主体生产作业。

3 材料与设备

3.1 驻地清水池等池体采用C30混凝土，沉砂池池体采用C30混凝土、基础垫层采用C15混凝土；构筑物的混凝土均采用C30混凝土抗渗标号为P6。

3.2 驻地清水池进水管：进水口材质均采用PVC管。

3.3 施工驻地内须配备的玻璃钢化粪池、油水分离器、生活污水一体化污水处理设备、油烟净化器、加盖四分类垃圾桶均为成品购买，其处理能力不得低于技术指南要求。

4 施工要求

4.1 驻地清水池结构基础按场地地基承载能力特征值 $f_{ak}=120$ kN/m² 进行设计；基坑开挖至设计标高后，必须经监理现场验槽，确认场地地基承载能力能够达到上述要求和设备不稳定边坡等不良地质现象。杜绝因场地地基承载能力不够导致池体破裂。

4.2 驻地清水池基础施工完毕后应及时回填，两侧填土应均匀对称进行。

4.3 图纸标高为相对标高，±0.00 可根据实际情况进行调整，需由业主、监理现场确定后方可施工。

4.4 各道工序应按照施工技术标准进行质量控制，每道工序完成后，应进行检查并由监理工程师检查认可。

4.5 施工单位在施工过程中应充分重视施工安全，加强施工人员的安全教育工作，做好安全保障措施，以确保施工安全，做到"文明施工，安全第一"。

4.6 未尽事宜详见设计文件及相关规范。

5 质量检验

5.1 施工过程中，应对每一道工序进行认真检查并符合质量要求。

5.2 池体结构施工质量验收应满足《混凝土结构工程施工质量验收规范》（GB50204—2015）要求。

5.3 环保设施设备投产前，应对其施工工艺、处理能力方可进行验收收。

5.4 相关质量验收要求如下：

表 5-1　质量要求

项次	项目	要求
1	清水池	不低于设计处理能力，使用合格的混凝土，池体接缝严密；不得存在裂缝、蜂窝麻面等质量缺陷
2	成品购买环保设备	按技术指南要求购置相应参数的合格产品

6 运行维护

6.1 施工单位应定期对场地沉砂池进行淤泥清掏，雨后既清。

6.2 施工单位应定期对油水分离器、生活一体化污水处理设备、油烟净化器等环水保设备的运行情况进行检查，确保其能正常运行；若出现故障设备，应立即维修。建议设备检查频次不少于每月 1 次。

6.3 加盖四分类垃圾桶、玻璃钢化粪池应视场地产污情况，及时清运，确保不出现垃圾溢出现象。

6.4 施工单位在进行上述措施、设备运营管理时，应做好台账记录、影像资料，生活垃圾和生活污水须保存转运协议、清运票据。

施工驻地环保综合措施工程数量表

序号	措施类型	主要设施设备名称	场地类别			单位	数量			备注
			S型	M型	L型		S型	M型	L型	
			I型	II型	III型					
1	水污染防治	沉砂池	I型	II型	III型	个	4	4	4	见图ZN2-3
2		驻地清水池	I型 容积:30m³	I型 容积:60m³	I型 容积:90m³	个	1	1	1	见图ZN3-3
3		玻璃钢化粪池	容积:30m³	容积:60m³	容积:90m³	个	1	1	1	成品
4		生活污水一体化处理设备	处理能力10m³/d	处理能力20m³/d	处理能力40m³/d	台	1	1	1	成品,多个施工驻地可共用一套生活污水一体化污水处理设备
5		油水分离器	处理能力1m³/h	处理能力2m³/h	处理能力5m³/h	台	1	1	1	成品
6	大气污染防治	油烟净化器	处理风量1000m³/h 除尘率95%	处理风量2000m³/h 除尘率95%	处理风量3000m³/h 除尘率95%	台	5	8	10	成品
7	固废危废污染防治	加盖四分类垃圾桶	240L	240L	240L	个				成品

注:

1.本表配备各环保措施数量表为最低配备要求,实际情况可结合现场地实际需求进行适当增加。

2.本表备注成品单元,购买过市场购买获得。购买成品设备功能情况,施工单位可根据现场实际情况,适当选取配套设施方案。

3.S型:驻地人数50人以下;
M型:驻地人数50~100人;
L型:驻地人数100人以上;
污染防治表采用措施方案。

1.本表配备各环保措施数量表为最低配备要求,实际情况可结合现场地实际需求进行适当增加。

2.本表备注成品单元,购买过市场购买获得。购买成品设备功能情况,施工单位可根据现场实际情况,适当选取配套设施方案。

四川省公路规划勘察设计研究院有限公司
Sichuan Highway Planning,Survey,Design and Research Institute Ltd

图号	ZN3-1
设计	罗帆
复核	蔡杨
审核	七6/5
版次	A
日期	2022.12

四川高速公路建设生态环境保护指南　通用参考图集　施工驻地环保措施

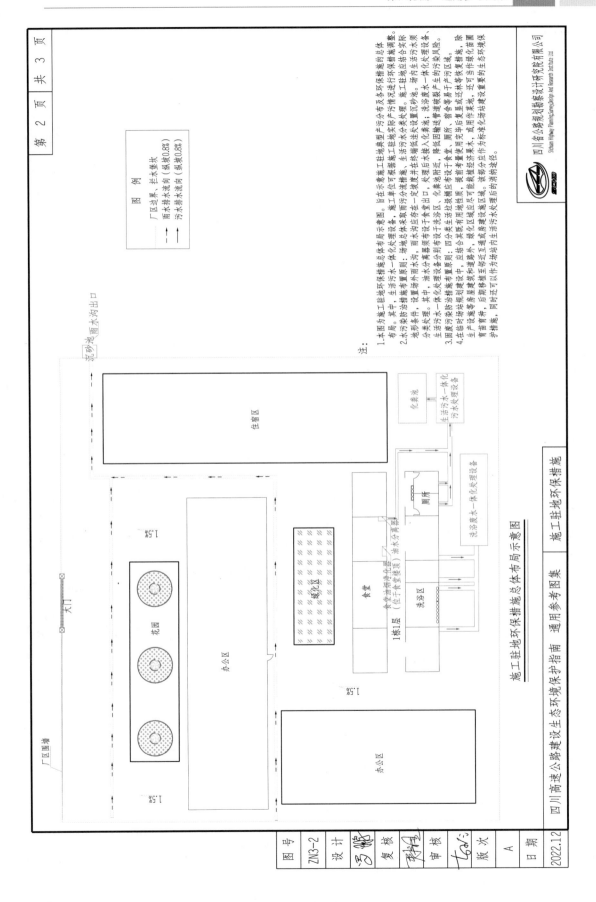

施工驻地环境保护措施总体布局示意图　　施工驻地环境保护措施

施工驻地环境保护措施总体布局示意图

注：

1. 本图为施工驻地环保措施总体布局示意图，旨在示意施工驻地典型产污分布及各环保措施的总体布局。其中，生活污水措施布局原则、施工单位可根据施工驻地实际产污情况进行环保措施调整。

2. 水污染防治措施布局：场地内应存在一定坡度并在终端汇入设备。施工驻地生活污水须分区处理。其中，油水分离器宜设于食堂附近，化粪池应接入化粪池，洗涤废水一体化处理设备、厂区内生活污水须分类处理。

3. 固废污染防治措施布置原则：四分类垃圾桶布设于食堂、厕所、宿舍等多产污区域。

4. 在临时驻地规划建设中，应结合其既有用地性质，提前考量使用完毕后可能还林复绿措施。绿化区域尽可能植草木，或用作蔬菜地，还可当作绿化苗圃育苗，同时还可以作为场站内生活污水处理后的生态水源。

图例

————————　厂区边界、栏水埂坎

————→　雨水排水流向（纵坡0.8%）

————→　污水排水流向（纵坡0.8%）

四川省公路规划勘察设计研究院有限公司
Sichuan Highway Planning,Survey,Design and Research Institute Ltd

四川高速公路建设生态环境保护指南　通用参考图集

图号	ZN3-2			版次	A
设计		复核		审核	
日期					2022.12

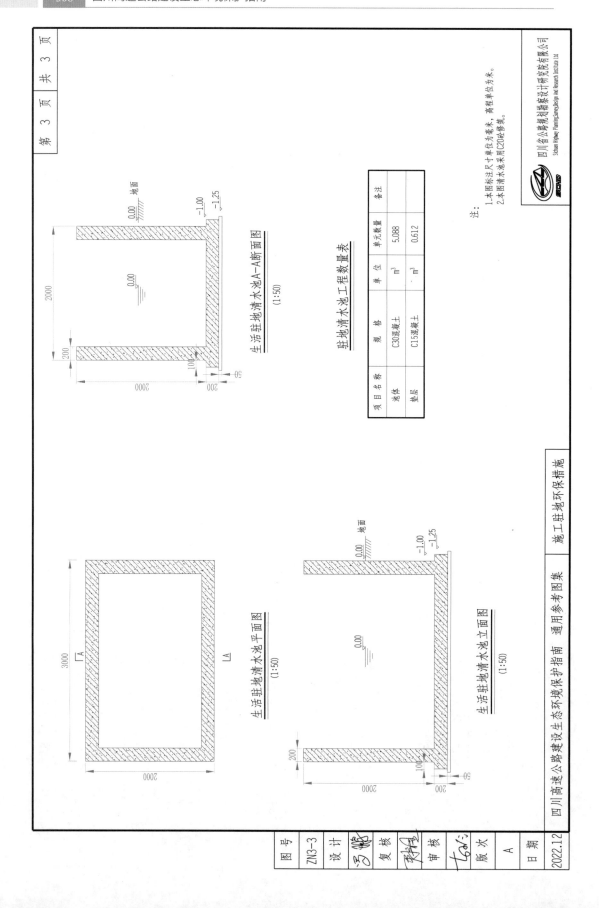

生活驻地清水池A-A断面图
(1:50)

生活驻地清水池平面图
(1:50)

生活驻地清水池立面图
(1:50)

驻地清水池工程数量表

项目名称	规格	单位	单元数量	备注
池体	C30混凝土	m³	5.088	
垫层	C15混凝土	m³	0.612	

注：
1.本图标注尺寸单位为毫米，高程单位为米。
2.本图清水池采用C20砼砌筑。

四川省公路规划勘察设计研究院有限公司
Sichuan Highway Planning,Survey,Design And Research Institute Ltd

图号	ZN3-3
设计	
复核	
审核	
版次	A
日期	2022.12

四川高速公路建设生态环境保护指南　通用参考图集　施工驻地环保措施　施工驻地环保措施

第 3 页　共 3 页

拌和站环保措施说明

1 适用范围

本图适用于高速公路拌和站（混凝土拌和站、水稳拌和站、沥青拌和站）环保标准化建设，包含了污水治理、固体废物处置、大气污染处治、噪声污染防治等措施。

2 一般要求

2.1 拌和站在场坪应立即规划划定污水分流、场外设置截水沟，做好截排水设施。场内造坡排水设沟。避免雨水进入场地内。场内造坡坡排水设排水设计，集中收集场内废水及雨水，结合现场实际及成功经验，避免雨水沟末端应设置沉砂池并定期清理。

2.2 拌和站场内应在场地低洼注水体汇流水井，并同步配套设置 2 套切水闸门。非雨水天气时，通往沉淀池的切水闸门关闭。通往沉淀池的切水闸门开启，场地内冲洗废水、生产作业废水通过排水沟引入隔油沉淀池；下雨天，初期雨水（10 mm 降雨量）进入隔油沉淀池，后期清洁雨水通过排水沟通过进闸门切换，进入场外截水沟，经沉砂池沉淀后排放。

2.3 隔油沉淀池应结合场地总体布局，地面坡度布设在地表水流汇集处；板框压滤机、砂石分离器配置在隔油沉淀池旁。

2.4 隔油沉淀池宜采用斜坡式五级隔油沉淀池，其中第一级采用斜坡式隔油沉淀池，场地所有生产废水均应进该池体；混凝土罐车洗罐废水和搅拌机清洗废水均由罐车直接转运至砂石分离机，分离后砂石回收利用，废水排入第一级斜坡式沉淀池。将含大量悬浮物的废水搅拌均匀后形成浆液，由污水泵接入板框压滤机进行压滤，泥饼由人工或装载机转运进入斜坡式沉淀池中转，无害化处理后集中清运至弃渣场。

2.5 拌和站污水无害化处理方法可采用水泥固化法。压滤机出水经重力流排入斜坡式五级隔油沉淀池第三、四级继续进行沉淀处理，于第五级设置清水泵按需要将清水进行回用于道路洒水，禁止外排。酸碱中和和生产作业，应在线在线监测设备。

2.6 拌和站应在场界和堆料区配备除尘加湿器、扬尘在线监测设备。硬化地面产尘、生产设备冲洗和生产作业，易产尘区域应布置降尘、扬尘在线监测设备。

2.7 拌和站应在危废暂存间应布置于施工工地地下风向且尽可能远离施工人员居住地、堆料区、生产区等易产生

还须远离火灾隐患处。固废污防治措施布置原则：四废分类生活垃圾桶应设于生产区，厕所等易于产污区域。

2.8 拌和站周边分布有居民时，场内高噪声器械尽量远离居民；存在噪声影响居民生活时，应在靠近居民一侧设置实体围挡，降低噪声对居民点的影响。

2.9 拌和站环水保信息展板应结合场地总体布局，选择地势开阔、尽可能远离生产区位置布设环水保信息展板、展板内容涵盖：场地相关手续、环水保措施平面布局图、环水保措施介绍、环水保新工艺、新方法和新材料介绍等。

2.10 在满足上述环水保措施要求且经监理、建设单位方可进行主体生产作业。

3 材料与设备

3.1 斜坡式五级沉淀池、斜坡式五级沉淀池、切水井等池体采用 C30 混凝土、沉砂池池体采用 C30 混凝土，基础垫层采用 C15 混凝土；混凝土抗渗标号为 P6，构筑物的混凝土水比不大于 0.5。

3.2 池体受力钢筋采用二级钢筋，HRB400 级钢筋之间用 E50。

3.3 池体进水管、基础垫层均用 PVC 管。

3.4 砂石分离器、加湿器、高压微雾除尘加湿器、雾炮、噪声扬尘生在线监测设备。进出口冲洗设备、进出口冲洗设备，其处理能力不得低于技术指南要求。

3.5 危废暂存间均为成品购买，加湿四分类垃圾桶均为成品购买，其储存容积不得低于技术指南要求；其防渗材料为至少 1 mm 厚黏土层或 2 mm 厚高密度聚乙烯或 2 mm 厚其他人工材料，其渗漏系数应满足≤10⁻⁷ cm/s。

3.6 环水保信息展板可委托厂家生产制作，展板主体、横梁等框架材质宜为矩管焊接并进行环氧底漆喷绘，信息栏面宜为耐力板+镀锌板+乳白色面板。

4 施工要求

4.1 池体结构基础按照场地地基承载能力特征值 $f_{ck}=120$ kN/m² 进行设计；基坑开挖至设计标高后，必须经监理现场验槽，确认场地地基承载能力能够达到上述要求和没有不稳定边坡等不良

地质现象。杜绝因场地地基承载能力不够从而导致池体裂。

4.2 池体基础施工完毕后应及时回填，两侧填土应均匀对称进行，基坑填土压实系数应不小于 0.94。

4.3 受力钢筋保护层厚度：池壁内侧和外侧均为 35 mm。底板上下层均为 40 mm。施工时，预留洞和预埋件位置必须严格按照施工工艺图留设，并且在浇注混凝土时进行复查，以免错漏，造成返工。

4.4 图纸标高为相对标高，±0.00 可根据实际情况进行调整，监理现场确定后方开展施工。

4.5 各道工序应按照施工技术标准进行质量控制，每道工序完成时，应进行检查并由监理工程师检查认可。

4.6 施工单位在施工过程中应充分重视施工安全，加强施工人员的安全教育工作，做好安全保障措施，以确保施工安全，做到"文明施工，安全第一"。

4.7 未尽事宜详见相关设计文件及相关的设计、施工技术规范。

5 质量检验

5.1 施工过程中，应对每一道工序进行认真检查并符合质量要求。

5.2 池体施工质量应满足《混凝土结构工程施工质量验收规范》（GB50204—2015）、《钢结构工程施工质量验收规范》（GB50205—2020）要求。

5.3 环水保设施设备投产前，应对其处理工艺、处理能力逐一进行验收。

5.4 相关质量验收要求如下：

表 5-1 质量要求

项次	项目	要求
1	沉淀池	不低于技术指南设计处理能力，使用合格的钢筋及混凝土，池体接缝严密；不得存在裂缝、蜂窝麻面、露筋等质量缺陷
2	水处理、降尘、固废设备	按技术指南要求采购置相应参数的合格产品
3	危废暂存间	储存容积不低于技术指南设计能力，防渗能力满足 ≤10^{-7} cm/s

| 4 | 环水保信息展板 | 抗风、挡雨、不易损坏，展示场地相关手续、面布局图、环水保措施等 |

6 运行维护

6.1 施工单位应定期对场地沉砂池、沉淀池进行淤泥清掏，沉砂池两后既清、沉淀池清掏频次视池体内负荷运行状况而定，建议清掏频次不少于每周 1 次。

6.2 施工单位应定期对板框压滤机、砂石分离器、进出口冲洗设备、高压微雾除尘加湿器、雾炮、噪声扬尘在线监测设备等环水保设备的运行情况进行检查，确保其能正常运行；若出现故障设备，应立即维修。

6.3 加盖四分类垃圾桶应视场地产污情况，及时清运，确保不出现垃圾溢出现象。

6.4 施工单位应将场地危险废物按危废管理名录分类收集至危废收集暂存间，定期将危废交由有资质单位处置。

6.5 施工单位在进行上述措施、设备运维管理时，应做好台账记录、影像资料，生活垃圾和危险废物须保存转运协议、清运票据；危险废物转移时还应填写危废转移单并保存。

拌和站环保综合措施工程数量表

序号	措施类型	主要设施设备名称	场地类别			单位	数量			备注
			S型	M型	L型		S型	M型	L型	
			I型	II型	III型					
1	水污染防治	沉砂池	I型	II型	III型	个	4	4	4	见图ZN2-3
2		切水井	I型	I型	I型	个	1	1	1	见图ZN2-4
3		切水闸门	切水闸门横断面面积不小于场地截排水沟断面积			个	2	2	2	成品
4		砂石分离器	滚筒/单车位T30	滚筒/单车位T40	振动/单车位T50	个	1	1	1	成品
5		板框压滤机	过滤面积:20m²	过滤面积:60m²	过滤面积:100m²	台	1	1	1	成品
6		斜板式五级沉淀池	I型	II型	III型	个	1	1	1	见图ZN2-5、6、7
7		废水沉淀池	I型	I型	I型	个	1	1	1	适用于湿喷桩等小型场地 见图ZN4-3
8	大气污染防治	进出口冲洗设备	洗轮机/功率7.5kW	洗轮机/功率4.5kW,除尘率不低于98%	龙门束冲洗机 功率15kW	台	1	1	1	成品
9		高压微雾除尘抑尘设备		射程不低于20m,雾粒收为50~150μm范围		台	3	3	3	成品
10		雾炮		颗粒物、温度、风速		台	1	1	1	见图ZN2-9
11		扬尘噪声在线监测设备	测量精度:±2℃或±2%	噪声、颗粒物 温度、风速		个	1	1	1	成品装配式集装箱
12	固废危废污染防治	斜坡式污泥池	I型	II型	III型	个	1	1	1	见图ZN4-4
13		危废暂存间	储存容积:20m³	储存容积:20m³	储存容积:20m³	个	1	1	1	成品装配式集装箱 见图ZN2-9
14		加盖四分类垃圾桶	240L	240L	240L	个	3	3	3	成品
15	宣传	环保信息展板				个	6~8	6~8	6~8	见图ZN2-10

注:
1. 本表配备环保措施数量为满足低配备要求,实际情况可结合各措施实际需要表进行适当增加。
2. 本表备注成品设备为市场购置的,均通过市场购买获得,施工单位可根据现场实际情况,适当选取购置市场地污染防治类成品设备或表中的治措施方案。
3. S型:日生产量800万~1600方;
   M型:日生产量800万~1600方;
   L型:日生产量1600万~2400方。

四川省公路规划勘察设计研究院有限公司
Sichuan Highway Planning Survey Design And Research Institute Ltd.

图号	ZN4-1	四川高速公路建设生态环境保护指南 通用参考图集	拌和站环保措施
设计	罗鹏		
复核	程利玉		
审核	七邮石		
版次	A		
日期	2022.12		

第 1 页 共 4 页

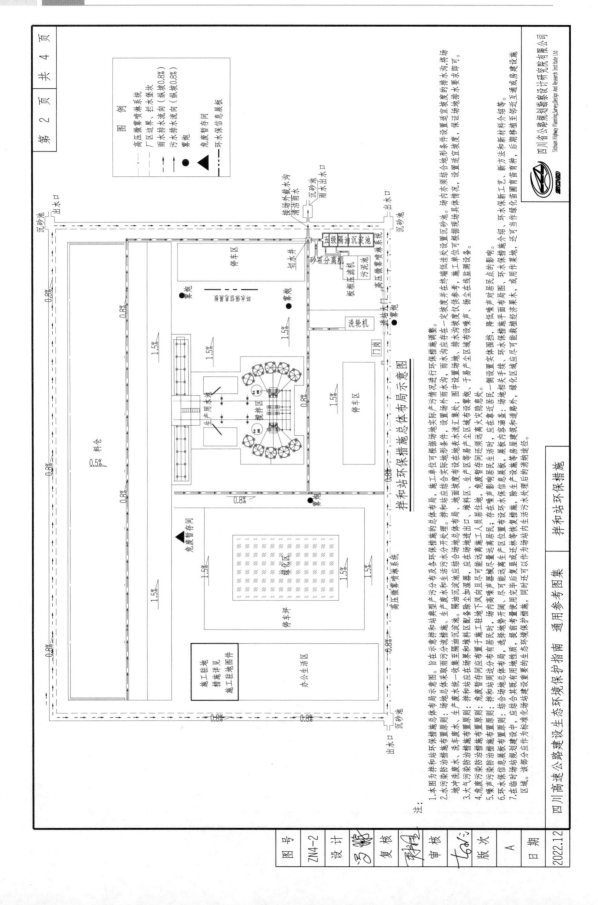

图 例

高压微雾喷淋系统	
厂区边界	挡水堡坎
雨水排水流向（纵坡0.8%）	
污水排水流向（纵坡0.8%）	
● 雾炮	
▲ 危废暂存间	■ 环保信息展板

拌和站环保措施总体布局示意图

拌和站环保措施

注：
1.本图为拌和站环保措施总体布局示意图，旨在示意拌和站典型产污分布及各环保措施布局。
2.水污染防治措施布置原则：场地环保措施布置，施工单位可根据场地实际产污情况进行环保措施调整。拌和站应结合实际地形条件，设置雨水和生活污水分流排水沟。场内雨水排水结合地形条件设置处设置沉砂池。
3.大气污染防治措施布置原则：拌和站应统一收集产生废水，洗车废水、生产废水和生活污水经处理后回用于洒水降尘。
4.危废污染防治措施布置原则：拌和站危废暂存间应设置于拌和站地下风向且与居民区保持一定距离。
5.噪声污染防治措施布置原则：拌和站噪声主要来源于拌和作业，选择地形开阔、远离居民区的场地布置拌和站。
6.环保信息展板布置原则：结合场地整体布局，设置于拌和站出入口位置或醒目位置。
7.在临时用地规划建设中，应结合各类规划用地性质，提前考虑建设设置永临结合措施，除生产运营期环保措施外，绿化区域应尽可能选择近期苗木，还可当作绿化苗圃苗木，后期移植至沿线绿化措施。

四川省公路规划勘察设计研究院有限公司
Sichuan Highway Planning,Survey,Design And Research Institute Ltd

四川高速公路建设生态环境保护指南 通用参考图集

图号 ZN4-2
设计
复核
审核
版次 A
日期 2022.12

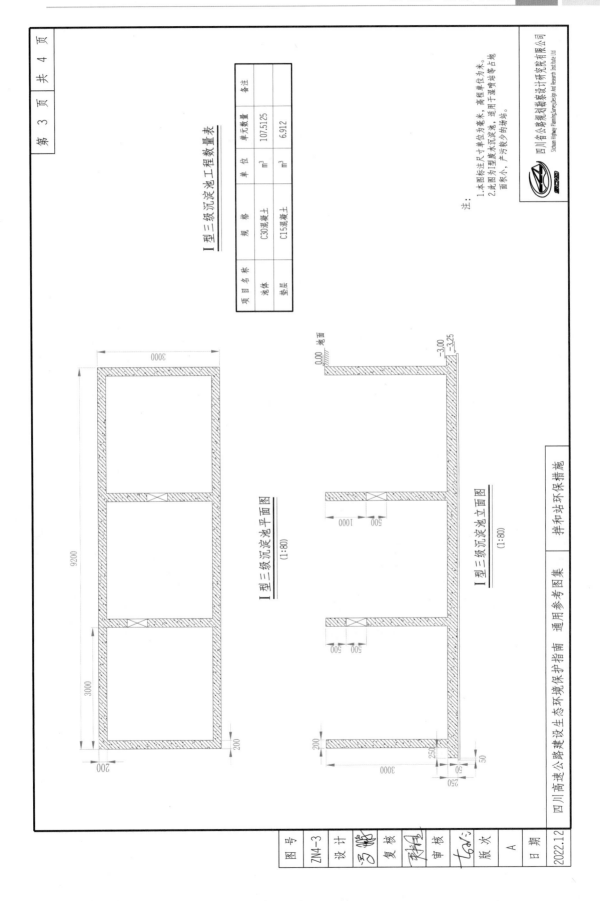

I型三级沉淀池工程数量表

项目名称	规 格	单 位	单元数量	备注
池体	C30混凝土	m³	107.5125	
垫层	C15混凝土	m³	6.912	

注：
1.本图标注尺寸单位为毫米，高程单位为米。
2.此图为I型废水沉淀池，适用于建筑站等占地面积小、产污较少的场站。

四川省公路规划勘察设计研究院有限公司
Sichuan Highway Planning Survey Design And Research Institute Ltd

I型三级沉淀池平面图
(1:80)

I型三级沉淀池立面图
(1:80)

3000
9200
3000
200
200

0.00 地面
-3.00
-3.25
1000
500
500
500
3000
250
50
50
250
200

拌和站环保措施

四川高速公路建设生态环境保护指南　通用参考图集

图号	ZN4-3
设 计	罗嫦
复 核	蔡科锋
审 核	七61子
版 次	A
日 期	2022.12

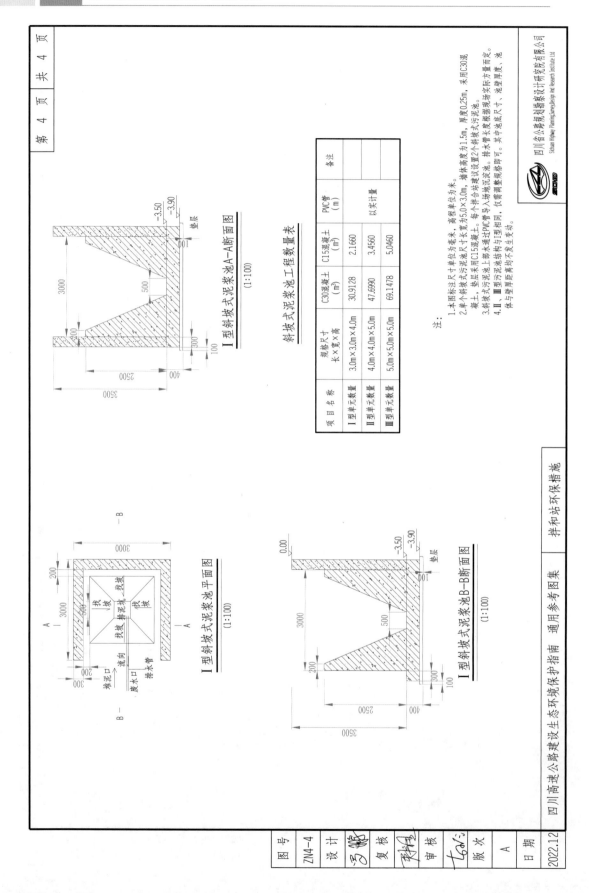

斜坡式泥浆池工程数量表

项目名称	规格尺寸 长×宽×高	C30混凝土 (m³)	C15混凝土 (m³)	PVC管 (m)	备注
Ⅰ型单元数量	3.0m×3.0m×4.0m	30.9128	2.1660		
Ⅱ型单元数量	4.0m×4.0m×5.0m	47.6990	3.4560	以实计量	
Ⅲ型单元数量	5.0m×5.0m×5.0m	69.1478	5.0460		

注:

1.本图标注尺寸单位为毫米,高程单位为米。
2.单个斜坡式污泥池尺寸长宽为5.0×3.0m,墙体高度为1.5m,采用C30混凝土,垫层采用C15混凝土。每个斜坡式泥池设置2个斜坡式污泥池。
3.斜坡式污泥池上部采用通过PVC管引入场地沉淀池。排水管通过PVC管导入场地沉淀池,依据现场实际定。其中池底尺寸、池壁厚度,池体与墙厚距离均不发生变动。
4.Ⅱ、Ⅲ型污泥池结构与Ⅰ型相同,仅需调整观观格即可,其中池底尺寸、池壁厚度,池体与墙厚距离均不发生变动。

四川省公路规划勘察设计研究院有限公司
Sichuan Highway Planning Survey Design And Research Institute Ltd

图号	ZN4-4
设计	罗娜
复核	祭林松
审核	七6小5
版次	A
日期	2022.12

四川高速公路建设生态环境保护指南　通用参考图集　拌和站环保措施

钢筋加工厂环保措施说明

1 适用范围

本图适用于高速公路钢筋加工厂环保标准化建设，包含了水污染防治、固体废物处置等措施。

2 一般要求

2.1 钢筋加工厂在场坪后应立即规划排水系统，做好截排水设施，场外设置截水沟，末端应设置沉砂池并定期清理，避免雨水进入加工场地内。

2.2 钢筋加工厂内应设置四分类垃圾桶收集生活垃圾，垃圾桶应布设于易产生垃圾区域。

2.3 钢筋建材加工厂产生的废弃料应在室内集中妥善存放，禁止乱丢乱弃，并及时进行回收。

2.4 钢筋加工厂地周边分布有居民时，场内高噪声器械尽量远离居民；存在噪声影响居民生活时，应在靠近居民一侧设置实体围挡，降低噪声对居民点的影响。

2.5 在满足上述环水保措施要求且经监理、建设单位验收通过后，施工单位方可进行主体生产作业。

3 材料与设备

3.1 沉砂池池体采用 C30 混凝土。

3.2 四分类垃圾桶均为成品购买，其储存能力不得低于技术指南要求。

4 施工要求

4.1 沉砂池应与截水沟衔接顺畅。

5 质量检验

5.1 施工过程中，应对每一道工序进行认真检查并符合质量要求。

5.2 池体施工应满足《混凝土结构工程施工质量验收规范》（GB50204-2015）要求。

5.3 环水保设施设备投产前，应对其处理工艺、处理能力逐一进行验收。

5.4 相关质量验收要求如下：

表 5-1 质量要求

项次	项目	要求
1	沉砂池	使用合格的混凝土，池体接缝严密，不得存在裂缝、蜂窝麻面等质量缺陷
2	加盖四分类垃圾桶	不低于技术指南设计处理能力

6 运行维护

6.1 施工单位应定期对场地沉砂池进行淤泥清掏，雨后即清。

6.2 加盖四分类垃圾桶应视场地产污情况，及时清运，确保不出现垃圾溢出现象。

6.3 施工单位在进行上述措施、设备运维管理时，应做好台账记录、影像资料，生活垃圾处理须保存转运协议、清运票据。

钢筋加工厂环保综合措施工程数量表

序号	措施类型	主要设施设备名称	型号	单位	数量	备注
1	水污染防治	沉砂池	I型	个	4	见图ZN2-3
2	固废危废污染防治	加盖四分类垃圾桶	240L	个	3	成品

注:
1.本表配套环保措施数量要求为最低配套要求,实际情况可可结合场地实际需求进行适当增加。
2.本表备注注成成品单元,均通过市场采购获得。厨天或品设备功能要求,通过市场采购现场实际情况,适当选取能满足反映场地污染防治要求的措施方案。
单位可根据现场实际情况,适当选取能满足反映场地污染防治要求的措施方案。

四川省公路规划勘察设计研究院有限公司
Sichuan Highway Planning Survey Design And Research Institute Ltd

图 号	ZN5-1
设 计	罗鹏
复 核	邓科
审 核	七剑行
版 次	A
日 期	2022.12

四川高速公路建设生态环境保护指南　通用参考图集　钢筋加工厂环保措施

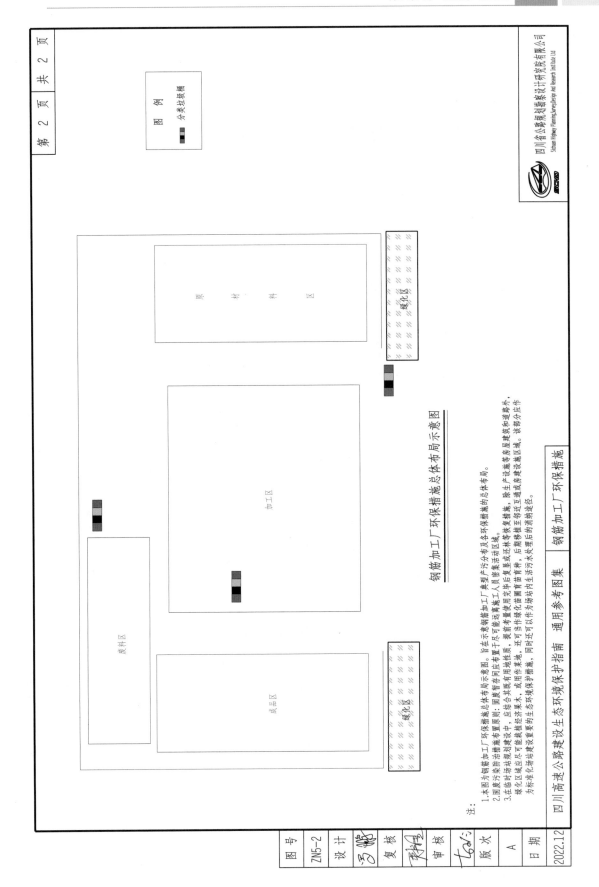

第 2 页　共 2 页

图　例

分类垃圾桶

钢筋加工厂环保措施总体布局示意图

原　材　料　区

绿化区

加工区

废料区

成品区

绿化区

钢筋加工厂环保措施总体布局示意图

注：
1.本图为钢筋加工厂环保措施总体布局示意图，旨在意钢筋加工厂典型产污分布及各环保措施的总体布局。
2.固废污染防治措置原则：固废暂存间应布置于人员密集活动区域。
3.在临时场站规划建设中，应结合其具有用规地性质，经济技术经济考量使用完毕后复垦复耕等措施，除生产设施等房屋建筑和道路外，提置考量复垦或还耕后甲甲里绿化苗圃或建设施区域。该部分应作
绿化区域或应尽可能采植经济速苗木，采用绿化苗圃苗种，后期移植至邻近互通或建设房建设施区域。诸部分应作
为标准化场站建设重要的生态环境保护措施，同时还可以作为场站内生活污水处理后的消纳途径。

四川高速公路建设生态环境保护指南　通用参考图集　钢筋加工厂环保措施

图　号　ZN5-2
设　计
复　核
审　核
版　次　A
日　期　2022.12

预制场环保措施说明

1 适用范围

本图适用于高速公路隧道施工场地环保标准化建设，包含了水污染防治、固体废物处置、噪声污染防治措施等。

2 一般要求

2.1 水污染防治措布置原则：场地总体采取雨污分流措施，雨水、生产废水分开处理。并和站应结合实际地形条件，设置场外雨水沟、雨水沟应存在一定坡度并在终端低凹处进行集中，场内亦须结合地形条件设置适宜坡度的排水沟，将场地冲洗废水、养护用水统一收集至隔油沉淀池。隔油沉淀池应结合场地总体布设在地表水流汇集处；砂石分离器配置在隔油沉淀池旁。

2.2 危废污染防治措施布置原则：危废暂存间应布置于施工工地下风向且尽可能远离施工人员居住地，危废暂存间还须远离明火灭隐患处。固废暂存间应远离生产作业区，四分类生活垃圾桶应布设于易于产产区区。

2.3 噪声污染防治措施布置原则：拌合站周边分布有居民时，场内高噪声器械尽量远离居民存在噪声影响居民生活时，应在靠近居民一侧设置实体围挡，降低噪声对居民点的影响。

2.4 环保水信息展板布置原则：结合场地总体布设。场地相关手续、场地水保措施平面布局图、环水保措施施介绍、环水保新工艺、新方法和新材料介绍等。

2.5 再满足上述环水保措施要求且经监理、建设单位验收通过后，施工单位方可进行主体生产作业。

3 材料与设备

3.1 本单元所须修建的三级隔油沉淀池、切水井等池体采用 C30 混凝土，沉砂池体采用 C30 混凝土，基础垫层采用 C15 混凝土；混凝土抗渗标号为 P6，构筑物的混凝土水灰比不大于 0.5。

3.2 进水管、进水口材质均采用 PVC 管。

3.3 本场站所须配备环水保设施设备及要求如下：

① 加盖四分类垃圾桶均为成品购买，其储存容积不得低于技术指南要求；

② 危废暂存间为成品购买，其储存容积不得低于技术指南要求；其储存容积不得低于技术指南要求；其防渗材料为至少 1 mm 厚黏土层或 2 mm 厚高密度聚乙烯或 2 mm 厚其他人工材料，其渗透系数至少满足 ≤10⁻⁷ cm/s。

4 施工要求

4.1 结构基础按场地地基承载能力特征值 f_{ak}＝120 kN/m² 进行设计；基坑开挖至设计标高后，必须经监理现场验槽，确认场地地基承载能力能够达到上述要求和没有不稳定边坡等不良地质现象。杜绝因场地地基承载能力不够从而导致池体破裂。

4.2 图纸标高为相对标高，±0.00 可根据实际情况进行调整，需由业主、监理现场确定后方开展施工。

4.3 各道工序应按照施工技术标准进行质量控制，每道工序完成后，应进行检查并由监理工程师检查认可。

4.4 施工单位在施工过程中应充分重视施工安全，加强施工人员的安全教育工作，做好安全保障措施，以确保施工安全，做到"文明施工、安全第一"。

4.5 未尽事宜详见设计文件及相关的设计、施工技术规范。

5 质量检验

5.1 施工过程中，应对每一道工序进行认真检查并合格质量。

5.2 池体水保设施投产前，应对其处理工艺、处理能力进行逐一进行验收。

5.3 环水保设施验收完后，处理其他工艺、处理能力进行逐一进行验收。

5.4 相关质量验收要求如下：

池体水保设施施工应满足《混凝土结构工程施工质量验收规范》（GB50204—2015）要求。

四川高速公路建设生态环境保护指南 通用参考图集

表 5-1　质量要求

项次	项目	要求
1	三级隔油沉淀池	不低于技术指南设计处理能力，使用合格的混凝土，池体接缝严密；不得存在裂缝、蜂窝麻面等质量缺陷
2	加盖四分类垃圾桶	不低于技术指南设计处理能力
3	危废暂存间	储存容积不低于技术指南设计能力，防渗能力满足 ≤10^{-7} cm/s

6　运行维护

6.1　施工单位应定期对场地三级隔油沉淀池进行淤泥清掏。

6.2　加盖四分类垃圾桶应视现场地产污情况，及时清运，确保不出现垃圾溢出现象。

6.3　施工单位应将场地危险废物按危险废物名录分类收集至危废暂存间，定期将危废交由有资质单位处置。

6.4　施工单位在进行上述措施、设备运维管理时，应做好台账记录、影像资料、生活垃圾和危险废物须保存转运协议、清运票据；危险废物转移时还应填写危废转移单并保存。

预制场环保综合措施工程数量表

序号	措施类型	主要设施设备名称	场地类别			单位	数量			备注
			S 型	M 型	L 型		S 型	M 型	L 型	
1	水污染防治	沉砂池	I 型	II 型	III 型	个	4	4	4	见图ZN2-3
2		切水井	I 型	I 型	I 型	个	1	1	1	见图ZN2-4
3		切水闸门	切水闸门襄面面积不小于场地襄葬木沟断面面积			个	2	2	2	成品
4		三级隔油沉淀池（总体）	I 型	II 型	III 型	个	1	1	1	见图ZN6-3、4
5	固废危废污染防治	危废暂存间	储存容积:20m³	储存容积:20m³	储存容积:20m³	个	1	1	1	成品装配式集装箱 见图ZN2-9
6	固废危废污染防治	加盖四分类垃圾桶	240L	240L	240L	个	3	3	3	成品

注：

1.本表配备环保措施数量要求为最低配备要求，实际情况可结合场地实际需求进行适当增加。

2.本表备注成品措施单元，均通过市场购买获得。购天成品或现场建设满足场地端污染防治要求的措施方案。

单位可根据现场实际情况，选适当选取端污染防治要求的措施方案。

3.S型：日最大养护量<14片；

M型：日最大养护量14片～28片；

L型：日最大养护量>28片。

四川省公路规划勘察设计研究院有限公司
Sichuan Highway Planning Survey Design And Research Institute Ltd

图号	ZN6-1		
设计	习晓	预制场环保措施	
复核			
审核			
版次	A		
日期	2022.12		

第 2 页　共 4 页

预制场环保措施总体布局示意图

图例
- 厂区边界、栏杆堡坎
- 雨水排水流向（纵坡0.8%）
- 污水排水流向（纵坡0.8%）
- 危废暂存间

沉砂池　停车区（露天）　危废暂存间　洗车池　门岗切木车沉淀池　五级隔油沉淀池　进站大门　存梁区　40米预制梁区　25米预制梁区　运梁通道　龙门吊轨道　封闭罩棚　预制梁钢筋加工区　0.5%

四川省公路规划勘察设计研究院有限公司
Sichuan Highway Planning Survey Design And Research Institute Ltd

注:
1. 本图为预制场环保措施总体布局示意图，旨在示意预制场典型产污分布及各环保措施的总体布局。施工单位可根据预制场实际情况进行环保措施调整。
2. 水污染治理措施布置原则：场地总体采取雨污分流措施，生产废水和生活污水分开处理。预制场应结合实际地形条件，设置场外雨水沟、雨水沉淀池至终端低至终端设置沉砂池。
3. 场地雨水废水、生产废水、洗车废水应统一收集至雨水沉淀池。图中设置场地，地面坡度有设计地下地表水设置坡度，设置适宜坡度，保证场地排水表及时顺畅。
4. 噪声污染治理措施布置原则：危废暂存间应布设于远离居民区的生产区，危废暂存间应尽可能布风向且尽可能远离居民，应远离居民，降低噪声影响对居民生活带来的影响。并在临近居民一侧布设在线监测设备。
5. 在临时规划建设中，应结合本措施利用现有地貌有重复使用的半永久或复林等措施，除生产后设施场地外，绿化区域应尽可能植经济果木，或用作苗木绿化苗育苗培，后期移植至邻近民房建设施。诸部分应作为标准化细则建设至邻近至通衢房建设施，同时诸可以作为场站内生活污水处理后用于该等待绿后的消防途径。
[区域。诸部分应作为标准化细则建设至建设的生态环境重要的生态环保措施]

四川高速公路建设生态环境保护指南　通用参考图集

预制场环保措施

图号	ZN6-2
设计	
复核	
审核	
版次	A
日期	2022.12

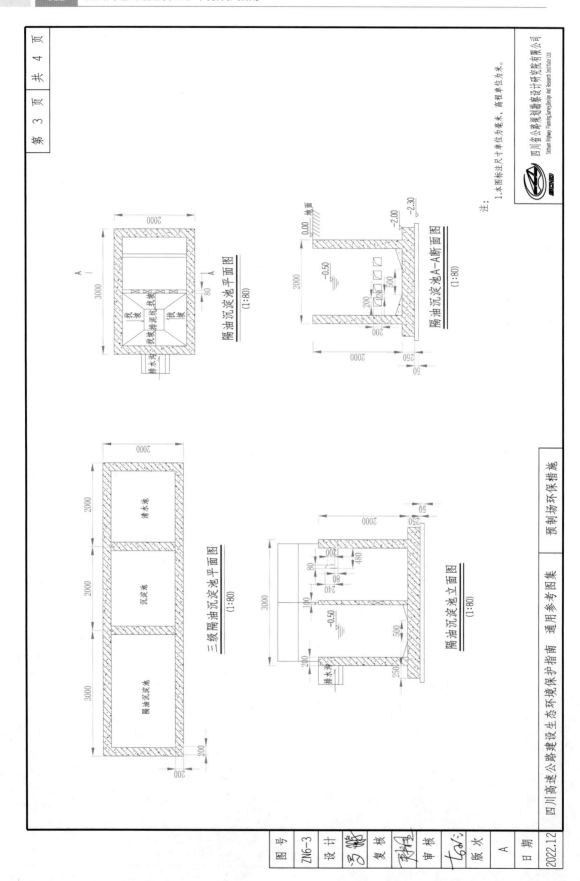

隔油沉淀池平面图
(1:80)

隔油沉淀池A-A断面图
(1:80)

三级隔油沉淀池平面图
(1:80)

隔油沉淀池立面图
(1:80)

清水池

沉淀池

隔油沉淀池

注：
1.本图标注尺寸单位为毫米，高程单位为米。

四川省公路规划勘察设计研究院有限公司
Sichuan Highway Planning,Survey,Design And Research Institute Ltd

图号	ZN6-3
设计	
复核	
审核	
版次	A
日期	2022.12

四川高速公路建设生态环境保护指南　通用参考图集　预制场环保措施

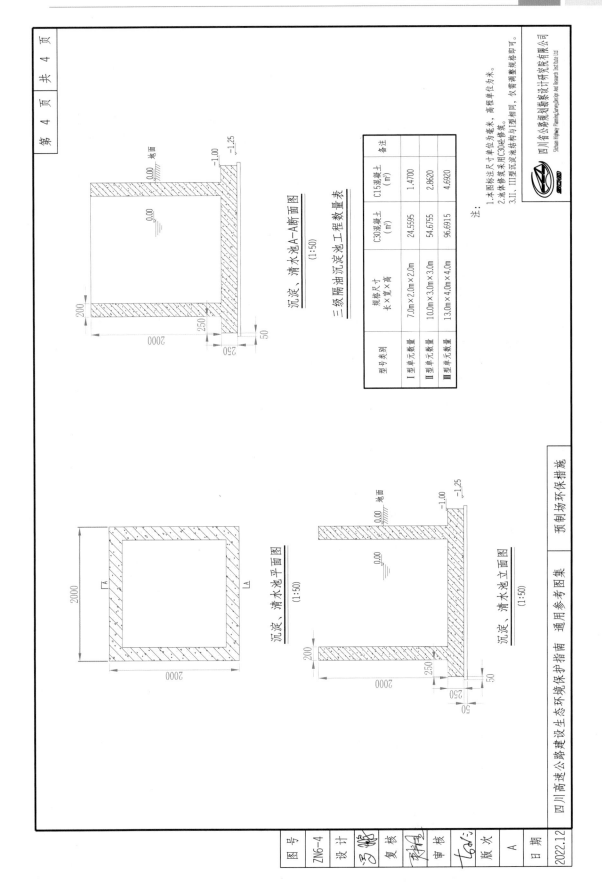

沉淀、清水池A—A断面图
(1:50)

三级隔油沉淀池工程数量表

型号类别	规格尺寸 长×宽×高	C30混凝土 (m³)	C15混凝土 (m³)	备注
I型单元数量	7.0m×2.0m×2.0m	24.595	1.4700	
II型单元数量	10.0m×3.0m×3.0m	54.6755	2.8620	
III型单元数量	13.0m×4.0m×4.0m	96.6915	4.6920	

注：
1.本图标注尺寸单位为毫米，高程单位为米。
2.池体修筑采用C30砼修筑。
3.II、III型沉淀池结构与I型相同，仅需调整规格即可。

四川省公路规划勘察设计研究院有限公司
Sichuan Highway Planning,Survey,Design And Research Institute Ltd

沉淀、清水池平面图
(1:50)

沉淀、清水池立面图
(1:50)

四川高速公路建设生态环境保护指南 通用参考图集

预制场环保措施

图号	ZN6-4
设计	
复核	
审核	
版次	A
日期	2022.12

施工便道环保措施图说明

1 适用范围

本图适用于高速公路隧道施工场地环保标准化建设，包含了污水防治措施、大气污染防治措施等。

2 一般要求

2.1 所有硬化施工便道应按照水土保持报告及设计文件要求设置排水沟及沉砂池，雨后及时清理；靠山坡侧应修建简易排水沟将积水导排，引入路旁天然沟道。

2.2 所有与国省干线交叉的施工便道出入口必须进行硬化，硬化长度应不低于 80 m，设置"泥不上路"公示牌。

2.3 施工便道与国省干线交叉口应设置洗轮机。洗轮机长度不应低于 4.8 m。喷淋系统喷淋长度应不低于 80 m。喷淋系统收集至隔油沉淀池。洗车废水统一收集至隔油沉淀池。

2.4 施工便道进出口应结合实际地形条件，在终端低洼处设置隔油沉淀池，将场地冲洗废水生产作业。

2.5 应在道路两侧配备除尘加湿器。

2.6 在满足上述环水保措施要求且经监理、建设单位方可进行主体生产作业。

3 材料与设备

3.1 本单元所须修建的三级隔油沉淀池、切水井等池体采用 C30 混凝土，基础垫层采用 C15 混凝土；混凝土抗渗标号为 P6，构筑物的混凝土灰比不大于 0.5。

3.2 本场地所须配备高压微雾雾炮除尘加湿器、进出口冲洗设备、雾炮环水保施设设备均为成品购买，其他处理能力不得低于技术指南要求。

4 施工要求

4.1 结合基础按场地地基承载力特征值 $f_{ak}=120$ kN/m^2 进行设计；基坑开挖至设计标高后，必须经监理现场验槽，确认场地地基承载力能够达到上述要求和没有不稳定边坡等不良地质现象。杜绝因场地地基承载能力不够从而导致池体破裂。

4.2 受力钢筋保护层厚度：池壁内侧和外侧均为 35 mm。底板上下层均为 40 mm。施工时，预留洞和预埋件位置必须严格按照工艺图留设，并且在浇注混凝土时进行复查，以免错漏，造成返工。

4.3 图纸标高为相对标高，±0.00 可根据实际情况进行调整，需由业主、监理现场确定后方开展施工。

4.4 各道工序应按照施工技术标准进行质量控制，每道工序完成后，应进行检查并由监理工程师检查认可。

4.5 施工单位在施工过程中应充分重视施工安全，加强施工人员的安全教育工作，做好安全保障措施，以确保施工安全，做到"文明施工，安全第一"。

4.6 未尽事宜详见设计文件及相关的设计、施工技术规范。

5 质量检验

5.1 施工过程中，应对每一道工序进行认真检查并符合质量要求。

5.2 池体施工应满足《混凝土结构工程施工质量验收规范》（GB50204—2015）要求。

5.3 环水保设施设备投产前，应对存在裂缝、处理能力进一步验收。

5.4 相关质量验收要求如下：

表 5-1　质量要求

项次	项目	要求
1	三级沉淀池	不低于技术指南设计处理能力，使用合格的混凝土，池体接缝严密，不得存在裂缝，蜂窝麻面等质量缺陷
2	降尘设备	按技术指南要求购置相应参数的合格产品

四川高速公路建设生态环境保护指南 通用参考图集

6 运行维护

6.1 施工单位应每日对三级隔油沉淀池进行淤泥清掏。

6.2 施工单位应定期对进出口冲洗设备、高压微雾除尘加湿器、雾炮等环水保设备的运行情况进行检查，确保其能正常运行；若出现故障设备，应立即维修。

6.3 施工单位在进行上述措施、设备运维管理时，应做好台账记录、影像资料。

第 1 页　共 2 页

施工便道环保综合措施工程数量表

序号	措施类型	主要设施设备名称	场地类别 S型	场地类别 M型	场地类别 L型	单位	数量 S型	数量 M型	数量 L型	备注
1	水污染防治	三级隔油沉淀池（总体）	—	I型	I型	个	1	1	1	见图ZN6-3、4
2	大气污染防治	进出口冲洗设备	高压水枪 供水压力300bar	洗轮机功率7.5kW	无门架洗轮机 功率15kW	m	1	1	1	成品
3	大气污染防治	高压微雾除尘加湿器	功率不低于4.5kW，除尘率不低于98%			台	1	1	1	成品
4	大气污染防治	雾炮	射程不低于20m，雾粒度处于50~150μm范围			台	1	1	1	成品

注：
1.本表配备环保措施单元，措施数量要求为最低配备要求，实际情况可结合场地实际需求进行适当增加。
2.本表备注成品单元，均通过市场购买获得。购买成品设备功能参数不得低于本表要求，施工单位可根据现场实际情况，适当选取能满足场地污染防治要求的措施方案。
3.S型：货车车次小于40车次/日；
M型：货车车次40车次~80车次/日；
L型：货车车次大于80车次/日。

四川高速公路建设生态环境保护指南　通用参考图集　施工便道环保措施

四川省公路规划勘察设计研究院有限公司
Sichuan Highway Planning,Survey,Design and Research Institute Ltd

图号	ZN7-1
设计	
复核	
审核	
版次	A
日期	2022.12

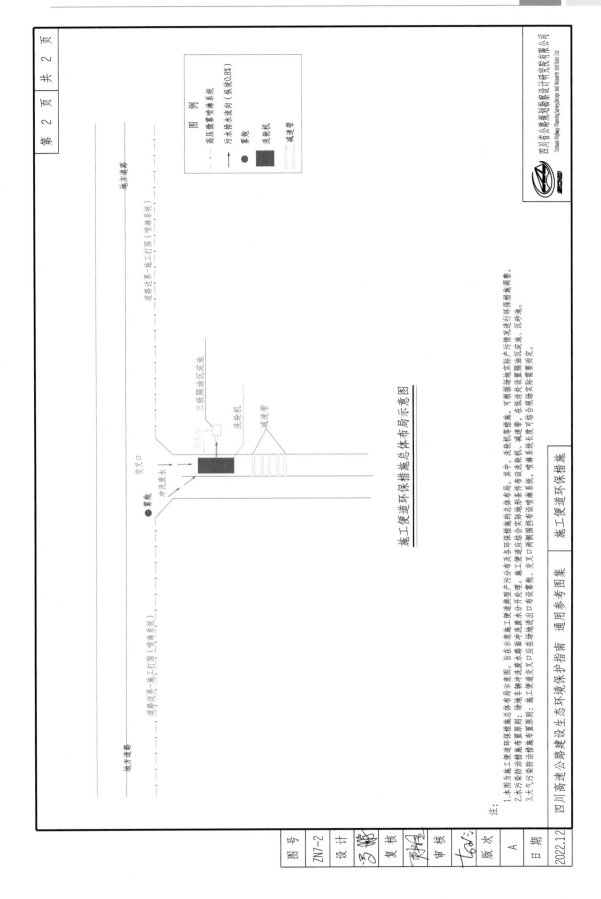

施工便道环保措施总体布局示意图

图 例

	高压微雾喷淋系统
→	污水排水流向（纵坡0.8%）
●	雾炮
■	洗轮机
▭	减速带

注：
1. 本图为施工便道环保措施总体布局示意图，旨在表示施工便道典型产污分布及各环保措施的总体布局。其中，洗轮机等措施，可根据现场地形、地质实际产污情况进行环保措施调整。
2. 水污染防治措施布置原则：场地车辆冲洗废水分开处理。施工便道应结合实际地形条件布设洗轮机、减速带，在低处设置隔油沉淀池，沉砂池。
3. 大气污染防治措施布置原则：施工便道交叉口应在场地起始布设雾炮，交叉口两侧围墙布设喷淋系统，喷淋系统长度可结合现场实际需要而定。

四川高速公路建设生态环境保护指南　通用参考图集　施工便道环保措施

图号	ZN7-2
设计	罗崎
复核	苏晖
审核	
版次	A
日期	2022.12

第 2 页　共 2 页

四川省公路规划勘察设计研究院有限公司
Sichuan Highway Planning Survey Design And Research Institute Ltd

采石场环保措施说明

1 适用范围

图适用于高速公路隧道施工场地环保标准化建设，包含了水污染防治、大气污染防治、噪声污染防治措施等。

2 一般要求

2.1 在场地汇水处设置斜坡式五级隔油沉淀池，对场区内雨水带入的泥沙及少量废油进行隔油、沉淀处理。斜坡式五级隔油沉淀池容量宜选用 360 m³，单个池子尺寸长×宽×高：4.0 m×4.0 m×5.0 m。处理后水回用于洒水降尘、场地及便道洒水降尘。

2.2 场地总体采取雨污分流措施，雨水、生产废水分开处理。场地应结合实际地形条件、设置场外雨水沟，雨水应存在一定坡度并在终端低处连续设置沉淀池。场内水须结合地形条件设置适宜坡度的排水沟、将场地冲洗废水、洗车废水、生产废水统一收集至隔油沉淀池。隔油沉淀池应结合场地总体布局、地面坡度布设在地表水流汇集处。

2.3 堆料区配备除尘加湿器、应在场地出口、堆料区、生产区等易产尘区域布设雾炮、干易产尘区域布设喷雾、扬尘在线监测设备。

2.4 周边分布有居民时，场内高噪声器械尽量远离居民一侧，存在噪声影响居民生活时，应在事近居民一侧设置实体围挡，降低噪声对居民点的影响。

2.5 环水保信息展板布置原则：结合场地总体布局，选择地势开阔，尽可能远离生产区位置布设环水保信息展板，展板内容涵盖：场地相关布局、环水保措施平面布局、环水保措施介绍、环水保新工艺、新方法和新材料介绍等。

2.6 在满足上述环水保措施要求且经监理、建设单位验收通过后，施工单位方可进行主体生产作业。

3 材料与设备

3.1 本单元所须修建的斜坡式五级沉淀池、切水井等池体采用 C30 混凝土，沉砂池池体采用 C30 混凝土，基础垫层采用 C15 混凝土；混凝土抗渗标号为 P6，构筑物的混凝土灰比不大于 0.5。

3.2 受力钢筋采用二级钢筋，焊接采用电弧焊，HRB400 级钢筋之间用 E50。

3.3 进水管：进水口材质均采用 PVC 管。

3.4 本场站所须配备高压微雾除尘加湿器、进出口冲洗设备、雾炮、噪声扬尘在线监测设备、加盖四分类垃圾桶均为成品购买，其处理能力不得低于本技术指南要求。

4 施工要求

4.1 结构基础按场地地基承载能力特征值 f_{ak}=120 kN/m² 进行设计；基坑开挖至设计标高后，必须经监理现场地质验槽，确认场地地基承载能力能够达到上述要求和没有不稳定边坡等不良地质现象。杜绝因场地地基承载能力不够从而导致池体破裂。

4.2 基础施工完毕后应及时回填，两侧填土应均匀对称进行。

4.3 图纸标高为相对标高，±0.00 可根据实际情况进行调整，需由业主、监理现场确定后方开展施工。

4.4 各道工序应按照施工技术标准进行质量控制，每道工序完成后，应进行检查并由监理工程师检查认可。

4.5 施工单位在施工过程中应充分重视施工安全、加强施工人员的安全教育工作、做好安全保障措施，以确保施工安全。做到"文明施工，安全第一"。

4.8 未尽事宜详见设计文件及相关规范、施工技术规范。

5 质量检验

5.1 施工过程中，应对每一道工序进行认真检查并符合质量要求。

5.2 池体施工质量满足《混凝土结构工程施工质量验收规范》（GB50204—2015）、《钢结构工程施工质量验收规范》（GB50205—2020）要求。

5.3 环水保设施设备投产前，应对其处理工艺、处理能力逐一验收。

5.4 相关质量验收要求如下：

四川高速公路建设生态环境保护指南 通用参考图集

表 5-1　质量要求

项次	项目	要求
1	斜坡式五级隔油沉淀池	不低于技术指南设计处理能力，使用合格的钢筋及混凝土，池体接缝严密；不得存在裂缝，蜂窝麻面、露筋等质量缺陷
2	沉砂池	使用合格的混凝土，池体接缝严密；不得存在裂缝、蜂窝麻面等质量缺陷
3	降尘、固废处理设备	按技术指南要求购置相应参数的合格产品

6 运行维护

6.1 施工单位应定期对场地沉砂池、沉淀池进行淤泥清掏，沉砂池雨后既清，沉淀池清掏频次视池体内负荷运行状况而定，建议清掏频次不少于 2 天 1 次。

6.2 施工单位应定期对砂石分离器、板框压滤机，进出口冲洗设备、高压微雾除尘加湿器、雾炮、噪声扬尘在线监测设备等环水保设备的运行情况进行检查，确保其能正常运行；若出现故障设备，应立即维修。

6.3 加盖四分类垃圾桶应视场地产污情况，及时清运，确保不出现垃圾溢出现象。

6.4 施工单位在进行上述设施、设备运维管理时，应做好台账记录、影像资料，生活垃圾和须保存转运协议、清运票据。

第 1 页 共 2 页

采石场环保综合措施工程数量表

序号	措施类型	主要设施设备名称	场地类别 S型	场地类别 M型	场地类别 L型	单位	数量 S型	数量 M型	数量 L型	备注
1	水污染防治	沉砂池	I型	II型	III型	个	4	4	4	见图ZN2-3
2		切水井	I型	I型	I型	个	1	1	1	见图ZN2-4
3		切水闸门	切水闸门横截面面积不小于场地截排水沟断面面积			个	2	2	2	成品
4		斜坡式五级沉淀池	I型	II型	III型	个	1	1	1	见图ZN2-5、6、7
5	大气污染防治	进出口冲洗设备	洗轮机功率7.5kW	洗轮机功率15kW	龙门架洗轮机功率15kW	m	1	1	1	成品
6		高压微雾除尘加湿器	功率不低于4.5kW，除尘率不低于98%			台	1	1	1	成品
7		雾炮	射程不低于20m，雾粒度水平50~150μm范围			台	3	3	3	成品
8	污染源防治	扬尘噪声在线监测设备	须监测粉尘、颗粒物、噪声、温度、风速 测量精度：±2℃或±2%			台	1	1	1	成品
9	固废危废污染防治	加盖四分类垃圾桶	240L	240L	240L	个	3	3	3	成品

注：

1.本表配备环保措施数量要求为最低配备要求，实际情况可结合场地实际需求表进行适当增加。

2.本表备注成品单元，均通过市场购买获取。购买成品设备功能不得低于本表要求，施工单位可根据现场实际，适当选配现有设备。

3.S型：占地面积10亩（100m×60m）以下；

M型：占地面积10亩~50亩（200m×150m）；

L型：占地面积50亩（200m×150m）以上。

四川省公路规划勘察设计研究院有限公司
Sichuan Highway Planning,Survey,Design And Research Institute Ltd

图 号	ZN8-1
设 计	
复 核	
审 核	
版 次	A
日 期	2022.12

四川高速公路建设生态环境保护指南　通用参考图集　　采石场环保措施

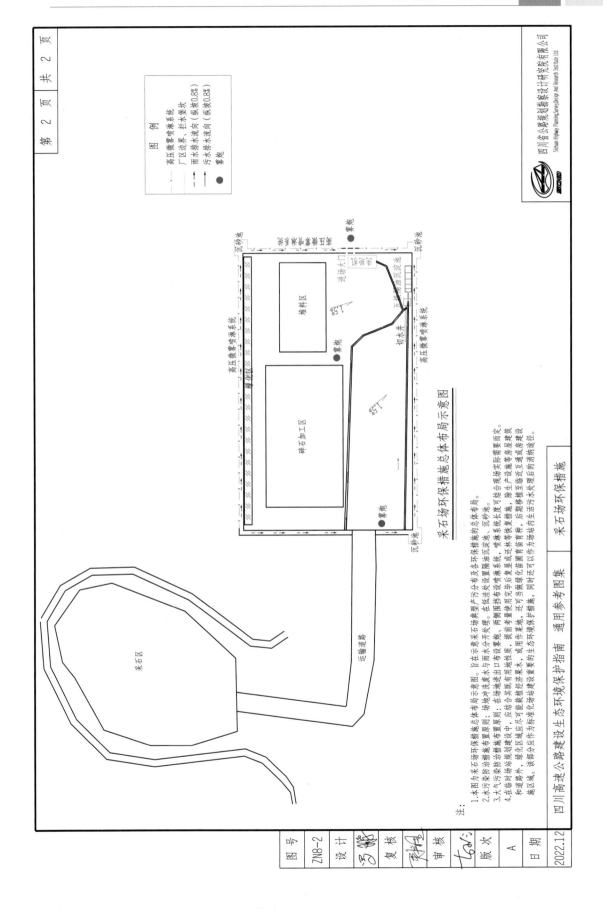

采石场环保措施总体布局示意图

图例

-----	高压微雾喷淋系统	
-----	厂区边界、拦水埂坎	
--→	雨水排水流向（纵坡0.8%）	
—→	污水排水流向（纵坡0.8%）	
●	雾炮	

注：
1.本图为采石场环保措施总体布局示意图，旨在示意采石场典型产污分布及各环保措施的总体布局。
2.水污染防治措施布置原则：场地冲洗表水与雨水分开处理。在低洼汇水设置隔油沉淀池、沉砂池。
3.大气污染防治措施布置原则：在场地进出口布设雾炮，围绕产区设置喷淋系统，喷淋系统长度可结合现场实际需要而定。
4.在临时场站规划建设中，应结合具有用地性质，提着考量使用已建或更新建等房屋建筑和道路，绿化建设尽可能植经济果木，或用作果苗培育苗育苗圃种，后期移植至临近通风通道或建设建区或。该部分应作为标准化建设重要的生态环境保护措施，同时还可以作为场内生活污水处理后的消纳途径。该部分应作为标准化建设重要的生态环境保护措施，同时还可以作为场内生活污水处理后的消纳途径。

图号	ZN8-2
设 计	罗鹏
复 核	张利
审 核	谢华
版 次	A
日 期	2022.12

四川高速公路建设生态环境保护指南　通用参考图集　采石场环保措施

四川省公路规划勘察设计研究院有限公司
Sichuan Highway Planning Survey Design And Research Institute Ltd

砂石料场环保措施说明

1 适用范围

本图适用于高速公路隧道施工场地环保标准化建设，包含了水污染防治、固体废物处置、大气污染防治、噪声污染防治措施等。

2 一般要求

2.1 施工场地应采取雨污分流措施，雨水、生产废水分开处理。应结合实际地形条件，设置场外雨水沟、雨水沟在终端排水沟，将场地冲洗废水、洗车废水、生产废水在地表流汇集。应结合场地总体布局，地面坡度布设至地表水流汇集。废水经收集后采用板框压滤机进行处理，出水回用于生产。

2.2 废水经收集后采用板框压滤机进行压滤处理，泥沙及时清运至弃渣场填埋，出水回用于生产。

2.3 施工场地应在场界和堆料区配备除尘加湿器，于易产尘区域布设雾炮、扬尘在线监测设备。

2.4 隧道施工场地危废暂存间应布置于施工驻地下风向且尽可能远离施工人员居住地，危废暂存间还须远离火灾隐患处。固废污染防治措施布置原则：四废分类生活垃圾桶布设于易于生产污水区域。

2.5 施工场地周边分布有居民时，场内高噪声器械尽量远离居民，存在噪声影响时，应在靠近居民一侧设置实体围挡，降低噪声对居民生活的影响。

2.6 结合场地总体布局、选择地势开阔、尽可能远离生产区的区域布设环水保信息展板、展板内容涵盖：场地相关工作、环水保措施平面布局图、环水保新工艺、新方法和新材料介绍等。

2.7 在满足上述环水保措施要求且经监理、建设单位验收通过后，施工单位方可进行主体生产作业。

3 材料与设备

3.1 斜坡式五级沉淀池、切水井等池采用 C30 混凝土，沉砂池池体采用 C15 混凝土，基础垫层采用 C30 混凝土；混凝土抗渗标号为 P6，构筑物的混凝土水灰比不大于 0.5。

3.2 受力钢筋采用二级钢筋，焊接采用电弧焊，HRB400 级钢筋之间用 E50。

3.3 进水管：进水口材质均采用 PVC 管。

3.4 本场站所须配备各环水保设施及要求如下：

①板框压滤机、高压微雾除尘加湿器、进出口冲洗设备、雾炮、噪声扬尘在线监测设备、加盖四分类垃圾桶均为成品购买，其处理能力不得低于本指南要求；

②危废暂存间为成品购买，其储存容积不得低于其他人工材料，其防渗材料为至少 1 mm 厚地黏土层或 2 mm 厚高密度聚乙烯或 2 mm 厚其他人工材料，其渗透系数至少满足 $\leqslant 10^{-7}$ cm/s；

③环水保信息展板：可委托厂家生产制作、展板主体、横梁等框架材质宜为矩管焊接并进行环氧底漆喷绘，信息栏宜为耐力板+镀锌板+乳白色面板。

4 施工要求

4.1 池体结构基础按场地地基承载能力特征值 $f_{ak}=120$ kN/m² 进行设计：基坑开挖至设计标高后，必须经现场地基验槽，确认场地地基承载能力能够达到上述要求和没有不稳定边坡等不良地质现象。杜绝因场地地基承载能力不够从而导致池体破裂。

4.2 各池体基础施工完毕后应及时回填，两侧填土应均匀对称进行，基坑填土压实系数应不小于 0.94。施工期间注意基坑排水，防止基坑集水造成水池上浮。

4.3 在施工期间，施工单位应验算各施工阶段的抗浮稳定，当不能满足抗浮要求时，必须采取施工抗浮措施。池体完毕后应做回填及饰面，并沿水池四周分层均匀夯填直至设计标高。

4.4 受力钢筋保护层厚度：池壁内侧和外侧均为 35 mm，底板上下层均为 40 mm。施工时，预埋洞和预埋件位置必须严格按照工艺图留设，并且在浇注混凝土时进行复查，以免错漏，造成返工。

4.5 图纸标高均为相对标高，±0.00 可根据实际情况进行调整，需由业主、监理现场确定方开展施工。

4.6 各道工序应按照施工技术标准进行质量控制，每道工序完成后，应进行检查并由监理工开展施工。

程师检查认可。

4.7 施工单位应在施工过程中应充分重视施工安全，加强施工人员的安全教育工作，做好安全保障措施，以确保施工安全，做到"文明施工，安全第一"。

4.8 未尽事宜详见设计文件及相关的设计、施工技术规范。

5 质量检验

5.1 施工过程中，应对每一道工序进行认真检查并符合质量要求。

5.2 池体施工应满足《混凝土结构工程施工质量验收规范》（GB50204—2015）、《钢结构工程施工质量验收规范》（GB50205—2020）要求。

5.3 环水保设施设备投产前，应对其处理工艺、处理能力逐一进行验收。

5.4 相关质量验收要求如下：

表5-1 质量要求

项次	项目	要求
1	沉淀池	不低于技术指南设计处理能力，使用合格的钢筋及混凝土，池体接缝严密；不得存在裂缝、蜂窝麻面、露筋等质量缺陷
2	水处理、降尘、固废设备	按技术指南要求购置相应参数的合格产品
3	危废暂存间	储存容积不低于技术指南设计能力，防渗能力满足 $\leq 10^{-7}$ cm/s
4	环水保信息展板	抗风、挡雨、不易损坏，展示场地相关手续、环水保措施平面布局，环水保措施等

6 运行维护

6.1 施工单位应定期对场地沉砂池、沉淀池进行淤泥清掏，沉砂池两后既清、沉淀池清掏频次视池体内负荷运行状况而定，建议清掏频次不少于2天1次。

6.2 施工单位应定期对板框压滤机、进出口冲洗设备、高压微雾除尘加湿器、雾炮、噪声扬尘在线监测设备等环水保设备的运行情况进行检查，确保其能正常运行；若出现故障设备，应立即维修。

6.3 加盖四分类垃圾桶应视现场地产污情况，及时清运，确保不出现垃圾溢出现象。

6.4 施工单位应将现场地危废物按危废管理名录分类收集至危废暂存间，定期将危废交由有资质单位处置。

6.5 施工单位在进行上述措施、设备运维管理时，应做好台账记录、影像资料、生活垃圾和危险废物须保存转运协议、清运票据；危险废物转移时还应填写危废转移转单并保存。

砂石料场环保综合措施工程数量表

序号	措施类型	主要设施设备名称	场地类列 S型	场地类列 M型	场地类列 L型	单位	数量 S型	数量 M型	数量 L型	备注
1	水污染防治	沉砂池	I型	II型	III型	个	4	4	4	见图ZN2-3
2		切水井	I型	I型	I型	个	1	1	1	见图ZN2-4
3		切水闸门	切水闸门横截面面积不小于场地堆载排水沟断面面积			个	2	2	2	成品
4		砂石分离器	滚筒车位/T30	滚筒车位/T40	振动车位/T50	个	1	1	1	成品
5		板框压滤机	过滤面积:20m²	过滤面积:60m²	过滤面积:100m²	个	1	1	1	成品
6		斜坡式五级沉淀池	I型	II型	III型	个	1	1	1	见图ZN2-5、6、7
7	大气污染防治	进出口冲洗设备	洗轮机/功率7.5kW	洗轮机/功率1.5kW	龙门架洗轮机功率1.5kW	m	1	1	1	成品
8		高压微雾除尘加湿器	功率不低于4.5kW,除尘率不低于98%			台	3	3	3	成品
9		雾炮	射程不低于20m,雾粒度处于50~150μm范围			台	3	3	3	成品
10		颗粒物噪声在线监测设备	须监测粉尘、颗粒物、噪声、温度、风速 测量精度:±2℃或±2%			台	1	1	1	成品
11	固废危废污染防治	斜坡式污泥池	I型	II型	III型	个	1	1	1	见图ZN4-7
12		危废暂存间	储存容积:20m³	储存容积:40m³	储存容积:60m³	个	1	1	1	成品或置式集装箱 见图ZN2-9
13		加盖四分类设备收集器	240L	240L	240L	个	3	3	3	成品
14	宣传	环水保信息展板			III型	个	6~8	6~8	6~8	见图ZN2-10

注：
1.本表配备环保措施数量表为最低配备要求，实际情况可结合场地实际需要进行适当增加。
2.本表备注成品单元，买成品设备功能性不得低于本表要求，可通过市场购买获得；施工单位可根据现场实际情况，适当选取能满足现场地污染防治要求的措施方案。
3.S型：日用水量500方；M型：日用水量500方~1000方；L型：日用水量1000方~2000方。

四川省公路规划勘察设计研究院有限公司
Sichuan Highway Planning Survey Design And Research Institute Ltd

图号	ZN9-1
设计	
复核	
审核	
版次	A
日期	2022.12

四川高速公路建设生态环境保护指南 通用参考图集 | 砂石料场环保措施 | 砂石料场环保综合措施工程数量表

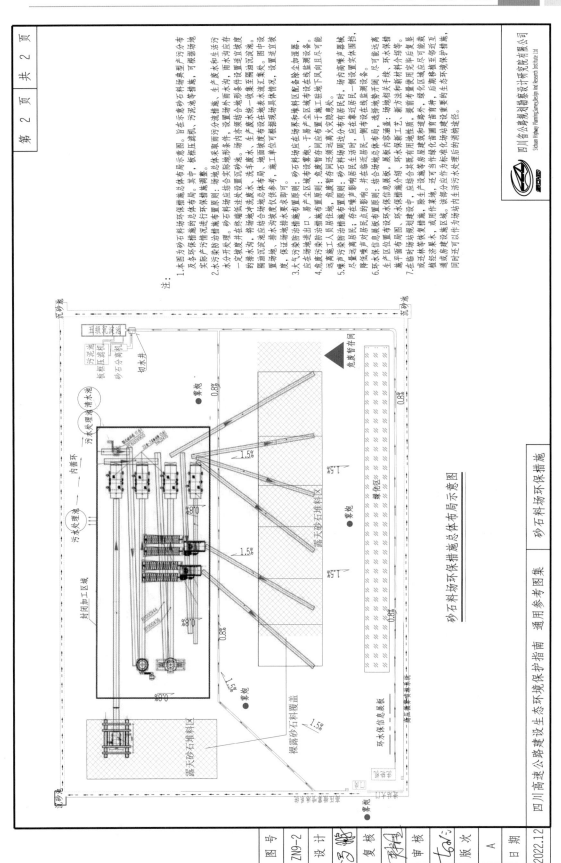

砂石料场环保措施总体布局示意图

砂石料场环保措施

表土堆放场环保措施说明

1 适用范围

本图适用于高速公路隧道施工场地环保标准化建设，包含了水土保持、水污染防治措施等。

2 一般要求

2.1 场地应结合地形条件合理布设土排水沟；并在堆放边界处设置置吨袋进行挡护。

2.2 弃渣土过程中应及时对堆放的裸露渣土进行撒播草籽绿化，严禁超弃。

2.3 在满足上述环保措施要求且经监理、建设单位验收通过后，施工单位方可进行主体生产作业。

3 材料与设备

3.1 本场站所须配备的吨袋为成品购买，装袋材料为土石方。

4 施工要求

4.1 各道工序应按照施工技术标准进行质量控制，每道工序完成后，应进行检查并由监理工程师检查认可。

4.2 施工单位在施工过程中应充分重视施工安全，加强施工人员的安全教育工作，做好安全保障措施，以确保施工安全，做到"文明施工，安全第一"。

4.3 未尽事宜详见设计文件及相关施工技术规范。

5 质量检验

5.1 施工过程中，应对每一道工序进行认真检查并通过验收。

5.2 环水保措施投产前，应对其施工工艺、处理能力逐一进行验收。

5.3 相关质量验收要求如下：

6 运行维护

6.1 施工单位应定期对场地排水沟、吨袋进行检查，确保其功能的正常运行。

6.2 施工单位在进行表土堆放场脚处、设备运维管理时，应做好台账记录、影像资料。

表 5-1 质量要求

项次	项目	要求
1	吨袋	吨袋高度不低于 0.6 m，平地区表土堆放场应在场地四周均布设吨袋；坡地型表土堆放场应在坡脚处（水土流失方向）布设吨袋

表土堆放场环保综合措施工程数量表

序号	措施类型	主要设施	单位	数量	备注
1	临时排水	土排水沟 宽0.6m×深0.4m	个	以实计量	土建
2	临时挡护	吨袋	个	以实计量	成品

注：
1.本表配备环保措施数量要求为最低配备要求，实际情况可结合场地实际需求进行适当增加。
2.本表备注成品单元，均通过市场购买获得。购买成品设备功能性不得低于本表要求，施工单位可根据现场实际情况，适当选取能满足场地污染防治要求的措施方案。

四川省公路规划勘察设计研究院有限公司

第 1 页 共 2 页

图号 ZN10-1
设计
复核
审核
版次 A
日期 2022.12

四川高速公路建设生态环境保护指南 通用参考图集 表土堆放场环保措施

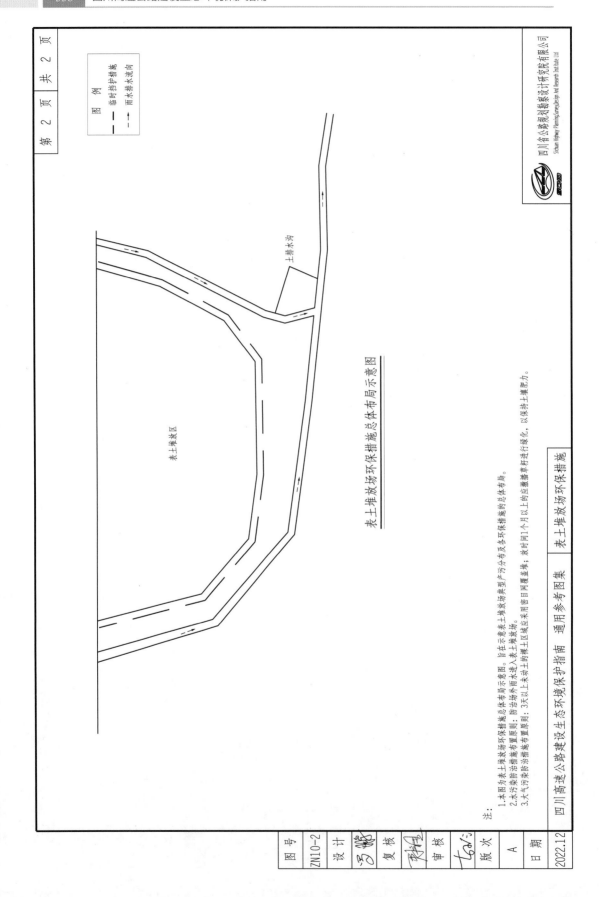

表土堆放场环保措施总体布局示意图

注：
1.本图为表土堆放场环保措施总体布局示意图。旨在示意表土堆放场典型污染物分布及各环保措施的总体布局。
2.水污染防治措施布置原则：防治场外雨水进入表土堆放场。
3.大气污染防治措施布置原则：3天以上未动土的裸土区域应采用密目网覆盖堆；放时间1个月以上的应播撒草籽进行绿化，以保持土壤肥力。

图　号	ZN10-2
设　计	罗婷
复　核	邓利
审　核	七印
版　次	A
日　期	2022.12

四川高速公路建设生态环境保护指南　通用参考图集　表土堆放场环保措施

第 2 页　共 2 页

图　例
—— 临时挡护措施
——→ 雨水排水流向

土排水沟

表土堆放区

四川省公路规划勘察设计研究院有限公司
Sichuan Highway Planning,Survey,Design And Research Institute Ltd